基礎からわかる
自動車エンジンのモデルベースト制御

金子 成彦
監修

山﨑 由大
編著

大森 浩充・平田 光男・水本 郁朗
一柳 満久・松永 彰生・神田 智博
共著

コロナ社

監修のことば

監修者がチームリーダーを務めた，内閣府 SIP（Strategic Innovation Promotion Program）「革新的燃焼技術」（2014〜2018 年度）の制御チームでは，革新的燃焼技術を具現化するモデリングと制御の研究開発に取り組んできた。その中で，エンジンのリアルタイム制御とエンジンのシリンダ内挙動の数値可視化に役立てることを目指したモデルの構築やシミュレーションツールが生み出された。このたび，その活動成果をモデルの解説や利用方法を中心に，2 冊の書籍の形にまとめることとした。

1 冊目は，自動車用エンジンの新たな制御アーキテクチャーとして提案した「RAICA（雷神）」において，次世代ディーゼルエンジンの制御を物理によって表現したモデルを用いるモデルベースト制御アルゴリズムに関する解説書で，2 冊目は，ガソリンエンジンを対象に開発されたエンジンシミュレーションコードの「HINOCA（火神）」の解説書である。

RAICA が提唱する制御アルゴリズムは，厳しい排出ガス規制を満たしつつ，高効率を狙う新しい燃焼方式の実現には欠かせないロバストな制御を可能にする。これは，従来の制御 MAP に代わる，オンボード実装可能な計算負荷の軽い物理モデルに基づくアルゴリズムで，過渡状態を含む実走行にも適用できるリアルタイム制御を可能にしている。また，RAICA では，このモデルベースの制御アルゴリズムを基盤に，IoT や AI 技術と組み合わせてドライバの特性までも考慮した制御への発展を描いている。

一方，HINOCA は，ガソリンエンジンのシリンダ内挙動の数値可視化のための統合シミュレーションソフトである。このソフトでは，吸排気バルブやピストンの移動境界に加え，吸気行程の乱流現象から液体燃料の噴射，分裂，蒸発，さらには混合気の燃焼・化学平衡，既燃ガスの膨張，燃焼過程における壁面からの熱損失，さらには排気バルブからの排気という複雑な過程から，ノッキング，PM 生成までを扱うことができる。

この 2 冊の書籍に共通する特徴は，実際にアルゴリズムやソフトの開発に従事された産学の多くの研究者によって執筆されたもので，実体験に基づいて書かれた類まれな書籍であるという点である。

本書が，自動車業界でエンジンの開発に携わっておられる方に限ることなく，広くエンジン技術者や内燃機関を学ぶ大学院の学生が，最前線のエンジン制御やエンジン CAE を学ぶ際の参考となることを大いに期待している。

2019 年 1 月

金子　成彦

内閣府 SIP 革新的燃焼技術制御チームリーダー

まえがき

自動車産業は大きな変革期を迎えている。演算速度の向上したGPU（graphics processing unit）などを活かした自動運転の導入，IoT（internet of things）による常時ネットワーク接続での新たなサービスの提供，とこれまでになかった新たなシステムの導入が始まろうとしている。このような状況のもと，パワートレインにも電動化の大きな波が来ており，これまでパワートレインとしてはもちろんのこと，自動車産業の中でも主要な装置，技術として大きな役割を果たしてきた内燃機関（エンジン）の役割や立場も変わろうとしている。このパワートレインの電動化の潮流は，2015年に米国で発覚したディーゼルエンジンの排出ガス規制に関するディフィートデバイスを用いた不正問題を機に拍車が掛かっている。

一方で，中国やインドなどでは経済的な発展が急速に進んでいるものの，先進国の自動車普及率（0.6台/人程度）にはまだ及んでいない。今後も経済発展に伴い先進国並みの自動車普及率に近づいていくことは間違いないと思われるが，その過程においては，現状安価なガソリンエンジンを搭載した自動車から普及しはじめる可能性が高い。また，IEA（International Energy Agency，国際エネルギー機関）の自動車用パワートレインの将来シナリオにおいては，エンジンのみを搭載した自動車の割合は開発途上国の経済発展に伴い，いったん増加するが，その後は減少し，代わって日本国内では一般的となっているが，世界的に見ると現時点ではその導入割合が高くないHV（hybrid vehicle）やPHV（plug-in hybrid vehicle）などの割合が増え，2050年で全体の7割近くになるとしている[1)†]。パワートレインの電動化といわれる場合，いかにもモータとバッテリーのみとなるEV（electric vehicle）になるであろうと認識され

† 肩付き数字は巻末の引用・参考文献の番号を表す。

ている方も多いと思うが，HV 化することも電動化であり，使用形態は異なってもエンジンを搭載する自動車の割合は 30 年後においても大半を占めると考えられる。なお，EV の普及に関しては，電源構成がどのようになるかによって，二酸化炭素（CO_2）の排出量が大きく異なることもあり，自動車産業の動きのみでは決められないといった側面もある。いずれにしても，エンジン技術の継続的な向上による熱効率向上や排気の浄化は，少なくともこの先 30 年は重要な課題となることは間違いない。

ディーゼルゲートの報道で知ることになった方もいると思うが，自動車の排出ガス規制や燃費，および基準達成の評価は，シャシダイナモ（台上試験）上で，ある特定の速度パターンの評価走行モードを用いて行われる。評価走行モードの速度パターンは，路上の状況をできるかぎり評価できるように設計がされているものの，実際には路上の状況はさまざまであり，評価用の速度パターンも見直しはされているものの，カタログ燃費と実燃費には現在も乖離がある。このような背景のもと，欧州を中心に，実際の路上での走行を評価しようとする動きがあり，実路での性能向上が問われるようになってきている。路上での燃費や排出ガスの改善を行うには，エンジンのハードウェアの絶対的な性能（定常での性能）を向上させることも重要であるが，ソフトウェアや制御の果たす役割（過渡の性能向上）が大きくなる。

エンジン開発において，制御の果たす役割が多くなると同時に，その開発工数も多大なものとなっている。また，制御性能の向上だけでなく，現在の多くの実験の結果をもとに制御系を構築する仕組みでは，制御設計が開発の後半に集約されることになり，開発期間の制約のある状況下では前工程での遅れなども吸収する必要が生じることなどから，時間的に厳しい状況となることも多く，開発方法自体の開発も必要な状況となっている。実際の開発現場においては，エンジンの核となる燃焼開発（者）とそのポテンシャルをいかんなく発揮させるための制御開発（者）の間に，少なからずギャップがあるのも事実である（これは，筆者がもともとエンジン燃焼を専門としてきたところから，燃焼の知識を活かしつつエンジン制御をやろうと思い立ち，これまで取り組んできた中での経験でもあり，このような経験をいろいろなところでお話しした際に，共感いただいたことから間違いないと思われる)。このギャップはいろいろな側面があるが，顕著なところでは，同じ言葉であってもその意味するところが同じではないことがある。例えば，「制御」という言葉が一つの例といえる。燃焼開発で「制御」というと，“何と何のアクチュエータを動かすか”ということを指していることが多く，いわゆる制御則といえるようなもので，ここでは時間的な概念は入っていない。一方で，制御開発で「制御」というと，“どのように動かすか”ということを指し，時間の概念（ダイナミクス）が入ってくる。また，興味の対象としても，燃焼開発では，そのメカニズムにあり，制御開発では，その入出力関係となる。このような異なる文化を背景とした両者のギャップを取り払い，密な連携のもとで開発を行っていくことが，今後，実際の路上でのエンジンやパワートレインの性能向上には必要となってくる。その両者を共通の言語として有機的に結ぶのは，数式および汎用のプログラム言語で記述されたモデルであると考える。自動車産業では，これまで試作と改良，すり合わせによる開発を行ってきた。近年では，開発期間の短期化，コストの低減などの要求が厳しくなり，モデルを用いた開発（モデルベース開発，model based development，MBD）が取り入れられるようになってきた。エンジンは，シリンダ内の燃焼現象が複雑なことからも，モデル構築の難しさはあるが，モデルを利用した設計，制御が進められていくことは間違いないであろう。

このような背景のもと，2014 年から始まった内閣府が主導する省庁横断型のプロジェクトである SIP（Cross-ministerial Strategic Innovation Promotion Program）[2] の 11 個のテーマの一つとして，「革新的燃焼技術」[3]が実施されている。この活動は，大きく分類して四つのチームで取り組んでおり，ガソリンエンジンおよびディーゼルエンジンそれぞれの燃焼技術の向上や機械損失の低減を目標とする取組みに加え，実際の路上での性能向上を目指した制御システム開発が行われている。特に，SIP の中では，高効率で低公害な革新的燃焼技術の市場導入に向けて新たな制御システムの導入が必要となり，そのような視点によって，モデルに基づいた制御および制御システムの構築手法に関する研究の取組みがなされてきた。制御技術は，各社の商品性を左右する競争的領域としての側面もあるが，今後の開発基盤となるモデルを利用した制御系の開発や制御手法は，共通基盤となるところである。

本書では，おもにこのSIPの制御チーム内の活動から得られた成果をもとに，モデルを活用した制御系を導入する際の基礎や基盤を学べるとともに，本書に従ってプログラムを行えば，モデルを活用した制御系の基本形が構築できるようになっている。また，構築した制御系を実際にエンジンに適用した事例も紹介している。具体的な燃焼や吸排気系の制御モデルの構築手法，各種制御理論の解説，およびそれらを利用した制御器の設計手法が解説されており，また，各章にはコラムを設けて，章の内容，背景などについてわかりやすく解説した。エンジン制御を取り扱った書籍そのものの数は少なく，本書のように，自動車用エンジンのモデルを用いた制御系の設計手法を体系的にまとめたものは皆無であり，大学院の学生には，エンジンのエッセンスを抽出したモデリング手法，制御理論とその利用価値，および方法の理解を促し，また，産業界においては，エンジニアや研究者の入門書として，今後のモデルを活用したエンジンの制御系設計の導入に役立ててもらいたいという思いのもとで，まとめたものである。

最後に，SIPでの活動としてエンジン制御システムの構築を含め，本書を出版するにあたっては，東京大学の池村亮祐氏，酒向優太朗氏，高橋　幹氏，慶應義塾大学の幾竹優士氏，Jost Kurzrock氏，江口　誠氏，福田直輝氏，宇都宮大学の石月創太氏，小泉　純氏，林　知史氏，旭　輝彦氏，熊本大学の恒松純平氏，藤井聖也氏，内田　智氏，上智大学の小島和樹氏，定地隼生氏，松井大樹氏といった多くの学生，およびコロナ社には多大なるご協力をいただいた。ここに感謝の意を表する。

2019年1月

山﨑　由大

内閣府SIP革新的燃焼技術制御チーム制御グループ長

目　　　次

1. 序　　　論

2. 燃焼のモデリング

3. 吸排気システムのモデリング

4. 制 御 器 設 計

5.　制御システム評価

執　筆　分　担

金子（かねこ） 成彦（しげひこ）（東京大学）	：監修
山﨑（やまさき） 由大（ゆうだい）（東京大学）	：1 章，2.1〜2.7 節，4.1.1 項，4.2.1 項，5 章
大森（おおもり） 浩充（ひろみつ）（慶應義塾大学）	：4.1.4 項，4.2.4 項，コラム 4.1
平田（ひらた） 光男（みつお）（宇都宮大学）	：3 章，4.1.2 項，4.2.2 項，4.3 節
水本（みずもと） 郁朗（いくろう）（熊本大学）	：4.1.3 項，4.2.3 項
一柳（いちやなぎ） 満久（みつひさ）（上智大学）	：2.8 節，コラム 2.2
松永（まつなが） 彰生（あきお）（トヨタ自動車）	：コラム 1.1，コラム 3.1
神田（かんだ） 智博（ともひろ）（本田技術研究所）	：コラム 2.1

（2018 年 12 月現在）

1 序　　論

1.1 自動車のエンジンシステム

1876年にNikolaus August Otto（ドイツ）がガソリンエンジンの基礎となる熱力学サイクルであるオットーサイクルを確立し，1893年にはRudolf Christian Karl Diesel（ドイツ）がディーゼルエンジンの特許を取得して以来，1世紀以上にわたってガソリンエンジンおよびディーゼルエンジンは自動車の主要な動力源としての役割を果たしてきた。

一般的な自動車用の往復動型のエンジン（動力の取り出し方として，ピストンの往復運動をクランク軸の回転運動に変換するピストンクランク機構を採用しているもの）は，つぎのような動作メカニズムとなっている。まず，吸気バルブを介して燃料と空気の予混合気あるいは空気をシリンダに導入し，ピストンによる圧縮を行う。ピストン圧縮によってシリンダ内のガスの温度，圧力が高くなったところで，火花点火（ガソリンエンジン）や燃料噴射（ディーゼルエンジン）を起点に着火，燃焼を生じさせる。この燃焼によって発生した熱を利用してシリンダ内のガスの圧力が上昇し，ピストンに対して仕事を行い，その後，燃焼ガスは排気バルブから排出される。このような熱力学の基本サイクルに基づいたエンジンの動作機構（図**1.1**）は，100年以上，なんら変わることなく最新のエンジンでも利用されている。

基本的な動作機構は変わらないものの，さまざまな要素技術が盛り込まれることで，排出ガス性能や熱効率は向上している。この性能の向上には各国とも

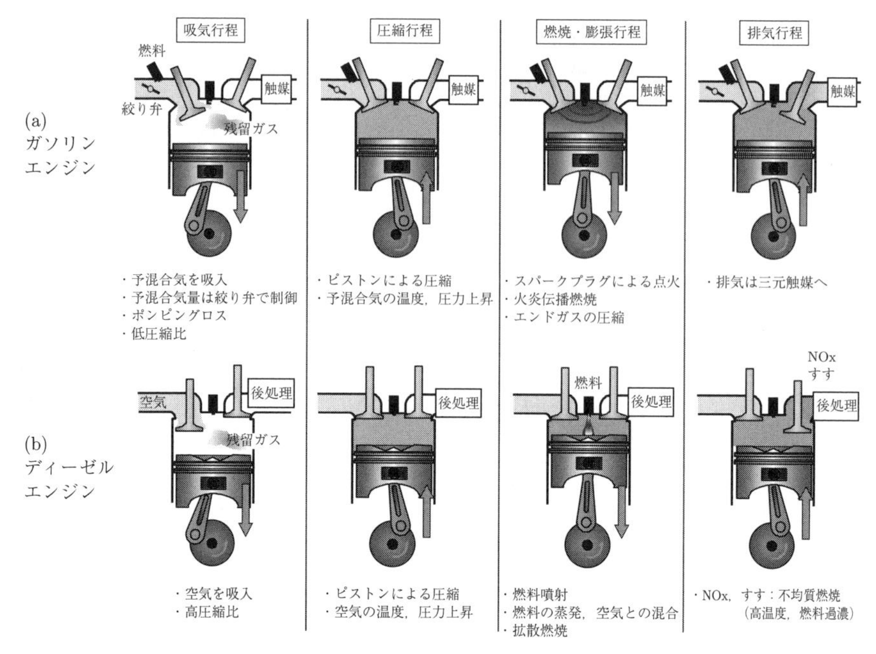

図 1.1　ガソリンエンジンとディーゼルエンジンの動作機構および特徴

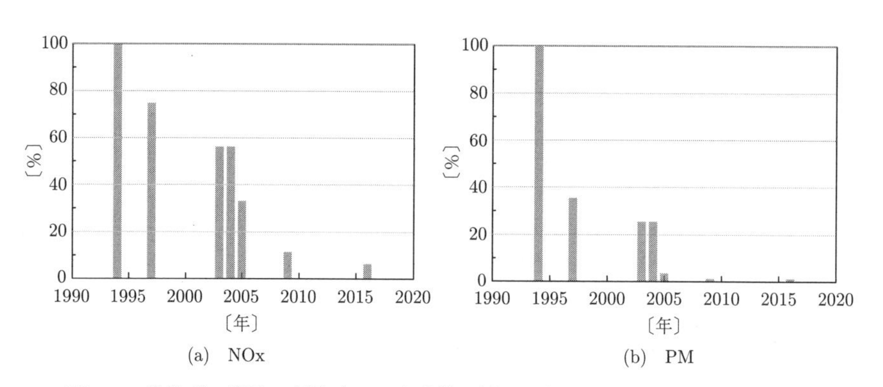

図 1.2　排出ガス規制の変遷（1994 年基準，例：日本におけるディーゼル中量車）

年々厳しさを増す排出ガス規制の強化[1)]（**図 1.2**）や燃費基準の導入がおおいに関係している。

その例として，ガソリンエンジンエンジンでは，1970 年の米国での大気浄化法改正法（通称，マスキー法）に準じた 1978（昭和 53）年排出ガス規制への対応のため，未燃燃料（HC），一酸化炭素（CO），窒素酸化物（NOx）の同時低減を実現する三元触媒の導入が行われた。また，広域の回転数，負荷（トルク）条件での使用が前提となり，使用条件に応じて吸排気特性の最適化を行うために，1990 年頃からは吸気バルブ，排気バルブの位相，およびリフトを可変とする機構の導入が行われはじめ，近年では比較的価格帯の低い軽自動車などにも採用される要素技術となっている。

ディーゼルエンジンにおいても，排出ガス規制は 1970 年代から年々厳しくなり，特に 1990 年代からは NOx に加えてディーゼル燃焼に特徴的な粒子状物質（particulate matter，PM）の規制も行われるようになった。NOx は一般的に燃焼室内の高温部分で生じやすい一方で，PM（おもな成分としてはすす）は比較的低温や，酸素が不足するような場で，燃料どうしが結合するような形で形成されるのがおもな生成機構であるが，温度が高い場所ではいったん生成されたとしても酸化され消滅することもある。このため，NOx と PM には一般的にはトレードオフの関係があり，燃焼改善だけではその同時除去は容易ではなく，排気バルブから排出後の後処理装置の導入が必須となっている。後処理装置はディーゼルエンジンの燃焼とガソリンエンジンの燃焼が異なることから，おもに NOx を還元するためのシステムと PM を除去するためのシステムが必要となり，ガソリンエンジンの三元触媒を利用するものより複雑で高コストとなっている。

また，容易ではないにしろディーゼルエンジンの燃焼改善も重要な課題として取り組まれており，要素技術として燃料噴射装置が大きく進化した。1990 年代以前のディーゼルエンジンでは，クランク軸の回転と同期したポンプで圧送された燃料の圧力を利用して，機械的な機構で開閉する燃料噴射ノズルが用いられていた。1990 年代後半からは，クランク軸の動力を利用して圧送した燃料をいったん圧力容器に溜め込み超高圧としたものを，微粒化を促進するために小さくした噴孔を持ち，さらにソレノイドやピエゾ素子による電気的な開閉機構を有した噴射ノズルを利用して噴射することで，空気との混合をより促進できるようなコモンレールシステムが採用されるようになった。燃料の噴射圧は，初期のコモンレールシステムでは 130 MPa 程度であったが，近年では 250 MPa

に到達している。

噴射装置以外にも，**EGR**（exhaust gas recirculation，排気ガス再循環）システムの導入も行われてきた（**図 1.3**）。EGR は排出ガスを吸気に取り込み，再度シリンダに導入することで，排出ガス中に存在する比熱の高い成分である二酸化炭素（CO_2）によって，燃焼時の温度を低下させ NOx の低減を図るものである。さらに，排気の未利用熱エネルギーの有効利用による熱効率向上や燃焼場への空気の効率的な導入による排出ガス低減，ほかにもさまざまな効果を生むものとしてターボ過給機が広く使われている。特に，最新のディーゼルエンジン（図 1.3）では必須の装置となっており，ここでも運転条件に応じて空気を効率的にシリンダに導入できるように，タービン翼へ排出ガスを当てる角度を任意に調整できる機構を持った可変ジオメトリーターボ（variable geometry turbo, VGT）の採用も一般的となっている。EGR とターボ過給機が搭載されている場合，ターボによって過給圧が高くなると，排気時の圧力とのバランスで所望の EGR をシリンダに導入できない場合が生じてくる。これに対しては，通常のディーゼルエンジンにおいては必要とされない吸気の空気量を制限する

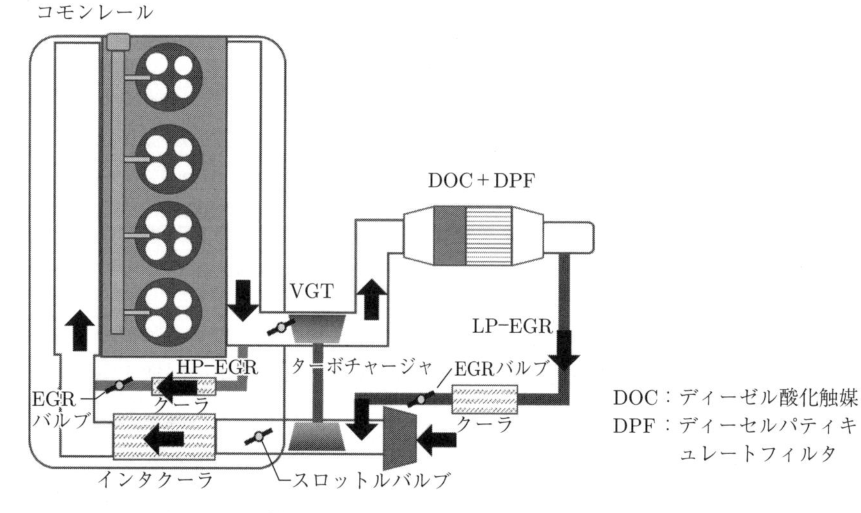

図 1.3　最新のエンジンシステム（例：ディーゼルエンジン）

スロットルバルブを搭載し，その制御によって適切なEGRを確保するなどの対応がとられている。また一方で，過給圧を増加させたい場合には，EGRを多くするとターボに供給されるエネルギーが低下し，所望の過給圧が得られなくなるといった課題も生じる。これに対しては既燃ガスを吸気に循環させる経路を，通常の排気バルブ直後とターボのタービン出口後の2か所に設け，高い過給圧が要求される場合にはタービンで仕事を行わせた後の排出ガスがEGRとして利用される。前者はHigh pressure EGR（HP–EGR）と呼び，後者はタービンで仕事を行う分エンタルピーが下がる（圧力が下がる）ためLow pressure EGR（LP–EGR）と呼ばれている。両者は吸気までの経路長が変わってくるために，過渡でのEGRとしての応答が異なることになる。

このようにガソリンエンジンおよびディーゼルエンジンともに基本的な動作原理は発明された当時とは変わらないが，おもに排出ガス規制への対応から，新たな技術を搭載した多くのデバイスが追加され，非常に複雑なシステムとなっていった。

1.2　従来のエンジンの制御と適合

先に述べたように，排出ガス規制や燃費基準を満たすためにエンジンシステムを構成するアクチュエータ数や機能が増えていった。また，エンジンの基本動作を担う部品についても，要求される精度は高くなっていった。例えば，ガソリンエンジンの場合は，以前はスロットルバルブの開閉に応じて変化するインテークマニホールドの圧力変化を利用して，投入される燃料量の調整を行うキャブレタを利用していた。排出ガス浄化のための三元触媒の効率的な動作のためには，燃料と空気の比率を量論混合比（燃料と空気が過不足ない状態）でエンジンに供給することが要求されるが，キャブレタのような機械式のアクチュエータでは，十分な精度での燃料流量制御が行われず，電子制御式のインジェクタが用いられるようになっていった。また，ディーゼルエンジンにおいても，クランク軸に取り付けられた燃料ポンプで発生する圧力と，燃料噴射弁内のばねにおけるばね定数のバランスで，燃料の噴射時期や噴射期間が決まるような燃料噴射の機構を採用していたが，現在では適切な噴射時期と噴射量の高精度化の要求のもと，燃料ポンプが発生する圧力とは独立して，ソレノイドやピエゾを利用してインジェクタの弁を電子制御で開閉する噴射装置が利用されるようになっている。このように，機械式の成行き的な制御から電子制御へと移行することで，制御精度の向上が図られた。現在では，先に例として挙げた燃料のインジェクタに限らず，火花点火装置，可変バルブ，可変ジオメトリーターボ，EGR バルブなど，ほぼすべてのアクチュエータが電子制御でその動作を行っている。

アクチュエータの電子制御を行うにあたっては，その動作指示を設定する必要がある。最終的な要求としては，最低限排出ガス規制および燃費基準を満たすことになるが，それに加えて商品性としての騒音やドライバビリティーなども考慮して，各アクチュエータへの指示値を決定することになる。しかしながら，各アクチュエータは直接的，間接的，および複合的に着火や燃焼過程にさまざまな影響を及ぼし，さらにエンジンの使用される条件は，回転数，トルクとも広範囲にわたっており，指示値の決定は困難なものとなっている。現状では，事前にさまざまなエンジンに使用条件を想定した実験を行い，その結果をもとに設定したアクチュエータの指示値をルックアップテーブルとして **ECU**（electronic control unit または engine control unit）に記録し，運転条件に応じて，ルックアップテーブルの値を参照して，各アクチュエータは動作している。このルックアップテーブルに従って，アクチュエータが動作することから，**制御 MAP** と呼ばれることが多い（以下，制御 MAP）。

この制御 MAP を構築する過程は，適合と呼ばれており，排出ガス規制や燃費基準が厳しくなるに従い，アクチュエータの指示値の精度要求が厳しくなり，新たなアクチュエータが追加されると，必要な制御 MAP の数が増加する。また，エンジンの回転数やトルクの使用範囲が広いことに加え，エンジン燃焼は非線形性が強く，各アクチュエータの影響はある制御量に対しては相互干渉を生じたりするため，多くの制御 MAP が必要となる。さらに，世界各国での使用を考えると，外気温では極寒地での −50℃ から砂漠などでの 50℃，気圧も 100 kPa から高地では 80 kPa にわたる広範囲となり，基本となる制御 MAP の値を補正する制御 MAP が必要となる。

エンジンはドライバのアクセル操作に従って動き，基本的には運転条件によって各制御量の目標値自体も異なることから，目標値自体が時々刻々と変化してゆくため，設定されたある目標値を達成するまで待つというような一般的なシステムの制御とは異なる。したがって，エンジンの制御は，運転条件に応じて制御 MAP にある値をアクチュエータに入力して動作させるオープンループのいわゆるフィードフォワード（feedforward，FF）制御がおもな役割を果たすシステムとなっている。現在では，排出ガス規制，燃費基準に対応するために，後処理システムを含めて，制御 MAP を作成する適合工程がエンジン開発の工数の 7 割を占めるともいわれている。なお，比較的時定数の遅い過給圧の制御などはフィードバック（feedback，FB）制御の持つ役割も大きいため，FB 制御も行われており，制御器の調整（定数や重み付けの設定）や制御目標値の設定なども適合工程に含まれることとなる。

1.3　走行モード，燃料，新燃焼と，制御 MAP との関係性，およびその適合

自動車のエンジン研究，開発にあたって，排出ガス規制や燃費基準が重要な指標であることはここまでに紹介してきたとおりであり，ここでは，その評価方法について少し触れておく。

排出ガス規制値や燃費基準の値自体は，ガソリンエンジン，ディーゼルエンジンといったエンジンの種類や車両重量によって細かく分類されているが，実際の路上での走行時に取得したデータを評価するようにはなっておらず，路上の走行状態をできるかぎり反映できるように考慮した，特定の速度パターンを利用して走行した際のデータを評価の対象としている。**図 1.4** には日本（JC 08），米国（US 6），欧州（NEDC）の評価速度パターンから求めた速度と加速度の

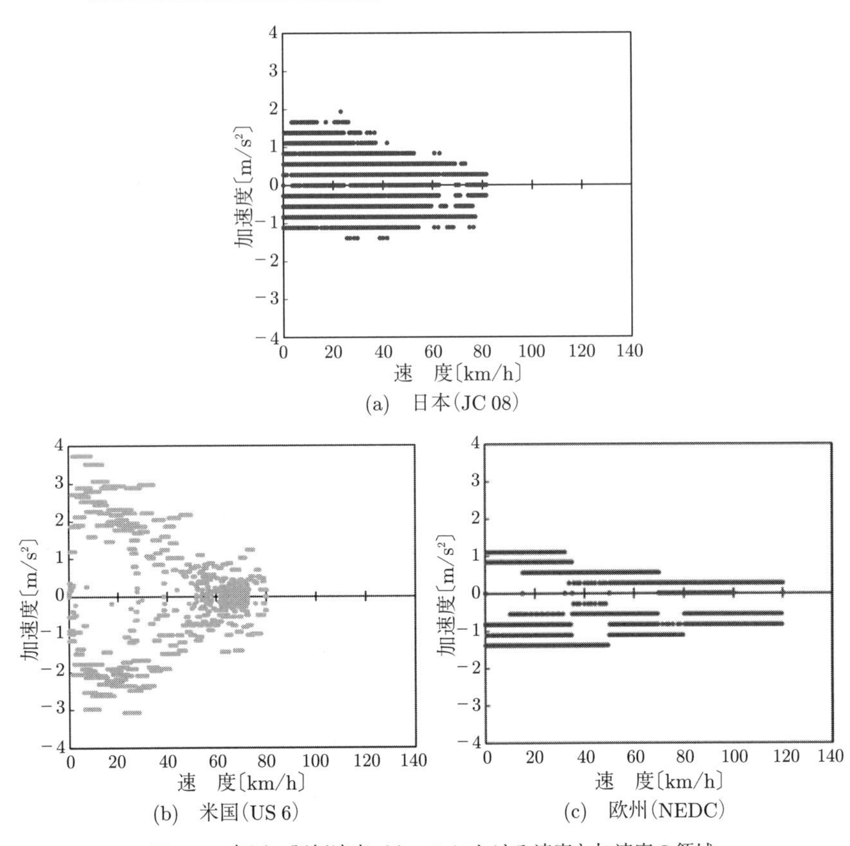

図 1.4　各国の評価速度パターンにおける速度と加速度の領域

使用領域を示す。実際の路上では制限速度の違いや道路環境などの違いがあり，日本では欧州に比べて加減速が多く速度域が低いなどのように状況が異なり，これまでは国によって異なる速度，加速度条件で評価が行われ，規制値自体も国によって異なっていた。日本国内では，型式認定を受ける自動車については2011 年より JC 08 モードと呼ばれる速度パターン（**図 1.5**）[2)]が使用されてきた。それ以前の日本での速度パターンは 10・15 モードと呼ばれるパターンであったが，実際の路上に比べて加減速にかかる時間が長く，速度域が低いなどの乖離があったため，現在の JC 08 モードへの見直しが図られた。ここで，型式認証について，少し説明を加える。

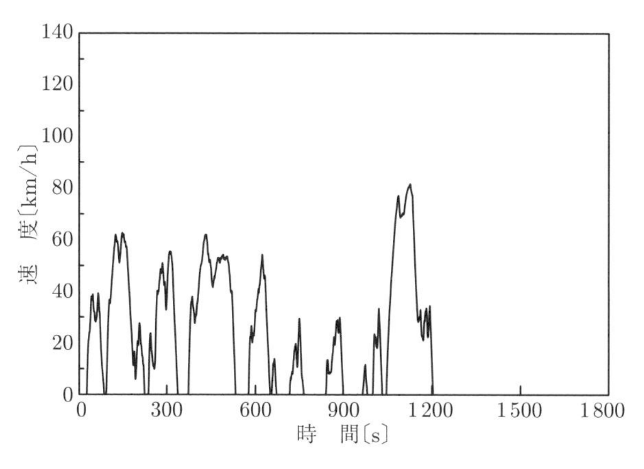

図 **1.5** JC 08 モード

型式認証とは，自動車メーカーが新型の自動車の生産，販売を行う際に，保安基準への適合性などについて国土交通省管轄で審査を受けるもので，この審査を通らないと自動車の販売ができない仕組みとなっている。この審査項目の中の一つに排出ガスの評価が含まれ，したがって，この審査に通ることが，制御 MAP に求められる最低限の要求となる。特定の速度パターンでの試験は，シャシダイナモを用いたいわゆる台上試験によって行われる。試験は図 **1.6** に示すように，シャシダイナモの回転するドラムの上に自動車の駆動輪を置き，ドライバは評価速度パターンに沿うようにアクセル操作を行うことによって実施される。台上試験は，速度パターンが決められているため，路上の状況を必

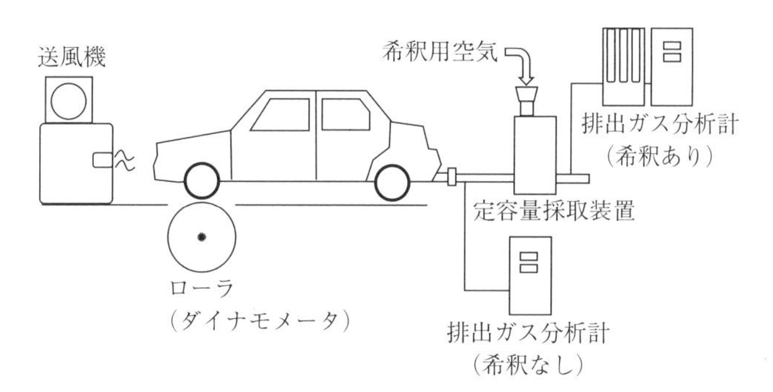

図 **1.6** シャシダイナモ試験

ずしも再現できないものの，試験環境を整えることができるため，同一条件での試験が可能となるメリットがある。なお，試験速度パターンは国によって異なっているが，自動車は世界に流通するものであるため，世界各国の自動車の使用状況を踏まえた共通の速度パターンとなる**国際調和排出ガス・燃費試験法**（Worldwide harmonized Light vehicles Test Procedure，WLTP）が国際連合にて検討され，日本では2018年10月から全面導入が行われることになっている。WLTPは，市街地，郊外，高速道路，超高速での使用を想定した速度パターンのモード（**図1.7**）が設定されており，日本では最高速度制限の関係から，超高速（時速130 km/hまで）を除く速度パターンを採用することになっているが，燃費の数値はこれまでのJC 08に比べて，同水準または低くなる傾向[3]を示し，実燃費により近づく形となる。WLTPの導入により，世界中で同じ基準で評価が可能となり，また実際の路上環境により近い評価値を得られるようになるが，それでも実際の路上とは排出ガス，燃費は異なる。その理由としては，実際の路上では交通状況などに応じて，ドライバの運転の仕方が異なること，また制御MAPには走行パターンでの性能は規定できるが，それ以外

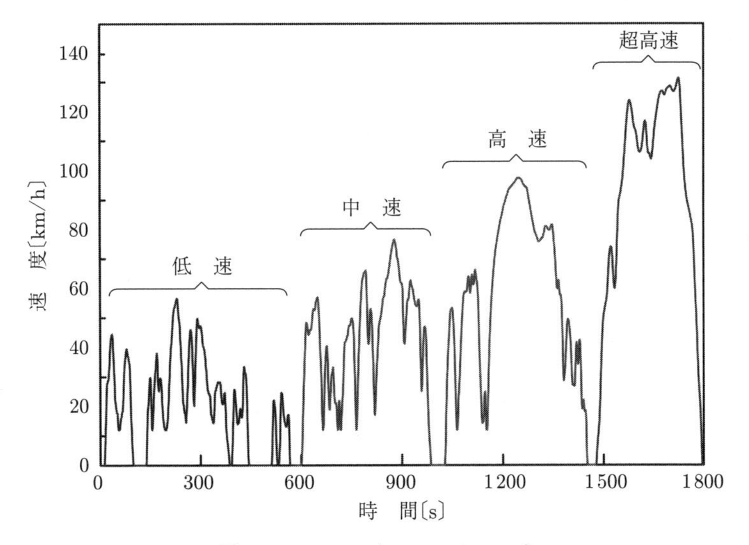

図1.7　WLTP（WLTC Class 3）
（WLTC：Worldwide harmonized Light duty Test Cycle）

では各メーカーの商品性などに委ねられることになる。そこで，実際の路上での評価を行う **RDE**（real driving emissions，実路走行試験）が，欧州を中心に導入が始まろうとしている。RDE が導入されると，これまで以上に，過渡走行時の性能の向上が必要となり，制御 MAP の適合および制御の重要性がさらに増すこととなる。

排出ガス規制および燃費基準を満たすにあたって，供給される燃料の特性は重要となる。燃料の品質規定は各国で定められているが，その規定は国によって異なる。また，規定内でも組成が異なるなど，必ずしも燃焼および排気特性は等しくなるとは限らない。日本国内においても，特にディーゼルエンジンで使用される軽油については，地域や季節によって異なった組成となる。このような国，地域，季節によって燃料性状が変化することで，同じ車両，同じエンジンであっても制御 MAP の適合を修正する必要があり，その作業工数が膨大となることは想像に難くない。さらに，石油資源への依存度を減らすために，現在でもバイオマス資源から得られたエタノールやバイオディーゼルがガソリンや軽油に混合されて使用されているが，今後さらに新たな燃料を活用してゆくには，制御 MAP をさまざまな燃料に対応させていく必要が生じる。

さらなる排出ガスの低減および燃費向上は，つねにエンジンに課される課題である。排出ガス低減については，特にディーゼルエンジンでは，先にも記したように高価な後処理システムへの依存度が高いのが現状であり，エンジンからの有害な排出ガスの量そのものを低減し，後処理システムへの依存度を減らすことは重要である。また，燃費に関しては，エンジンのみでなく車両重量などの影響も大きいが，エンジンの熱効率自体を向上させる必要がある。そのため，新たな燃焼技術の開発は継続的に行われている。**HCCI**（homogeneous charge compression ignition，均質予混合圧縮自己着火）燃焼や **PCCI**（premixed charge compression ignition，予混合圧縮自己着火）燃焼は，それぞれ従来のガソリンエンジンでの火炎伝播燃焼やディーゼルエンジンでの拡散燃焼に比べて高効率かつ低公害の同時実現をできる新たな燃焼技術として，市販車への導入が期待されている。これらの燃焼は共通して燃料と空気をあらかじめ混合した予混合気の自己着火を起点とする燃焼となっている。従来の燃焼方式では，ガソリンエンジンでは火花点火で，ディーゼルエンジンでは燃料噴射で比較的容易に着火や燃焼を制御できたが，この予混合気の自己着火を利用する燃焼は，化学反応に大きく依存し，予混合気の組成，シリンダ内のガス温度によってほぼ決まる。したがって，従来燃焼のような外部からの強制的なアクチュエータでの制御方式はとれず，要求する着火や燃焼が行えるように，シリンダ内の予混合気の組成や温度を，バルブタイミングやEGR，燃料噴射などを用いて間接的に制御することが必要になる。また，シリンダ内の予混合気の状態は，人為的に制御しやすい吸入空気量や燃料量に加え，成行きで決まるような前サイクルの燃焼で残ったいわゆる残留ガスや，壁面からの熱伝達，また環境温度など，いわば外乱といえるものが多く存在し，化学反応に大きな影響を与える。そのため自己着火燃焼はロバスト性が低い燃焼となり，従来のように制御MAPを用いて制御を行うには，より精密な制御MAPが必要となる。

このように，さまざまな条件を想定して制御MAPを構築する（適合を行う）必要があり，これに現状では実験で対応している。近年では，エンジンベンチの自動化も進んでおり，実験の運転点を効率的に設定し，結果を統計的な処理で解析し制御MAPを構築していくような適合ツールも多く使われるようにはなってきている。特に欧州において，このような適合ツールの開発，提供がよく行われている。このように，適合ツールが発達してきてはいるものの，過渡の走行状態を含む無限大の運転範囲（実際にはエンジンのハードウェアの限界があるので，無限大ではない）をカバーする完璧な制御MAPを作るのは難しく，過渡走行への対応も可能になってきてはいるが，基本的には定常実験に基づいて適合が行われている。近年では実験だけでなく，コンピュータ上である程度の適合（過渡も含め）が行えるように，車両までを含めたモデルを用いて評価走行モードによるシミュレーションを行い，基本的に定常実験で構築した制御MAPやその補正MAPを調整して過渡性能も確保するよう，最終の実車試験前の適合を行う**Model Based Calibration**（MBC）も利用されるようになってきている。

1.4 モデルと制御系設計

制御 MAP の適合も，ツールを利用することによって実験を効率的に進められるようになり，また MBC によって過渡を含めた検討もある程度行えるようになってきている。一方で，制御 MAP を持たずに，モデルを用いて逐次アクチュエータへの入力値を求める，いわゆるモデルベースト制御（model based control）も注目されている。先に示したように，適合自動化のツールを利用しても路上での過渡も含めた全運転条件について完璧な制御 MAP を構築することは難しく，また，新たなアクチュエータ追加の際には制御 MAP やその補正 MAP の数が増えてしまうこと，さらには，今後ロバスト性の低い新燃焼を利用するためには，これまで以上に制御 MAP には高い解像度が必要となること，などの多くの課題が残る。これに対して，適切な関数系で表現された制御 MAP の代わりに利用できるモデル（以下，制御モデルと呼ぶ）があれば，制御 MAP の各要素間の解像度も上げることができる。また，過渡走行時には，定常試験では想定できない過給圧や吸気バルブが閉じた際のシリンダ内酸素濃度を取る可能性がある。そのようなガスの状態の把握，その状態に対して適切なアクチュエータへの入力を導出できる制御モデルが構築されていれば，過渡走行への対応も容易になる。さらに，離散的な値の羅列となる制御 MAP ではなく，制御モデルが関数の構造を持つことによって，FB 制御器を設計する場合にもさまざまな制御理論の適用も可能となるなどの利点がある。

ここで，制御モデルの特性を明確にしておくために，いくつかの視点でモデルを整理しておく（図 **1.8**）。まず，制御モデルに要求される仕様としては，計算速度が速いことが挙げられる。エンジン，特にシリンダ内の燃焼を対象にしたモデルは，流体を扱う **CFD**（computational fluid dynamics，計算流体力学）や燃焼の反応計算，またその組合せで利用するようなものが多く，現象解明やハードウェアの初期設計に利用されるが，計算負荷は非常に高い。しかしながら，制御モデルはエンジンを運転しながら，場合によっては 1 サイクル内

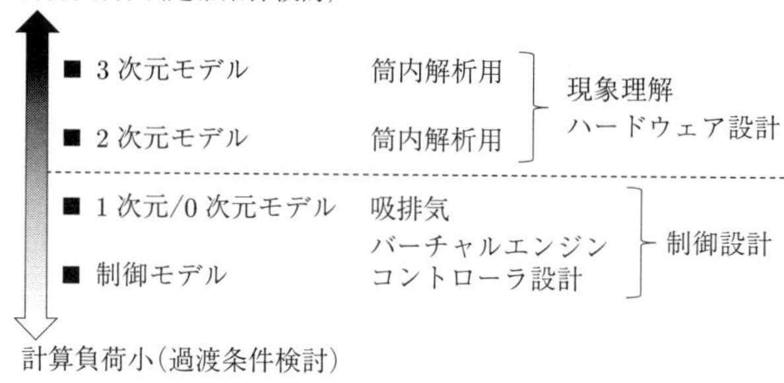

図 1.8　モデルの仕様と役割

に計算を終了する必要があり，また計算環境となるECUの仕様は，パソコン（以下，PC）などに比べても低いため（**表 1.1**），計算負荷が低いことが要求される。

表 1.1　計算能力の比較

	現行ECU	デスクトップPC	ラップトップPC	ラピッドプロト	スマートフォン
CPU		Intel Core i7-4770K	Intel Core i7-4900MQ	Freescale PowerQUICCTM III MPC8548 (ETAS ES910)	Apple A11 (iphoneX)
クロック/ビット数	200 MHz 程度/32bit	3.5 GHz/64bit	2.8 GHz/64bit	800 MHz/—	2.39 GHz/64bit
メモリ	2 MB	—	—	512 MB	3 GB
コア数	—	4	4	—	6

モデルの構造，構築方法に関しては，大きく分けて二つの手法が考えられる。一つは，物理や化学反応論に基づいた物理モデル，もう一つは，実験や先に挙げた流体や反応を考慮した精緻なシミュレーション結果をもとに，統計的な手法で入出力関係を作るいわゆる統計モデルである。前者はWhite box modelといわれ，物理に基づいているため汎用性が高く，広い運転領域を再現できる可能性が高く，他のエンジンへの転用もしやすく，エンジンのハードウェアが完成する前から制御系の検討が可能になる。一方で，エンジンのシリンダ内のような複雑な現象を，計算負荷を考慮していかに再現させるかが難しい。後者

の統計的な手法を用いるモデルはBlack box modelといわれ，制御MAPの各点をつないだようなもので汎用性がなく外挿領域は補償できないが，入出力関係のみを見ているので，モデル化自体は比較的容易である。また，統計に用いるデータの取得については，精緻なシミュレーションでは現状スーパーコンピュータクラスの計算機でも1サイクル日単位で時間がかかるため，実機で取得することになり，実機完成後にならないと制御系の検討ができない。

以上より，制御MAPの適合に関わる工数を減らし，さらに新たな技術の導入も効率的に進められる可能性が，制御モデルを用いた制御系構築にはあり，またモデル自体は物理に基づくものとすることで，汎用性を確保することができるといえる。

本書は，このような物理を基本とした制御モデルを用いるエンジンの制御系の設計方法について，新燃焼の導入も見据えたディーゼルエンジンを例に，シリンダ内の燃焼および吸排気の制御モデルの基本的な構築方法，そのモデルを用いた制御器の設計手法，さまざまな制御理論の適用方法，構築した制御系の試験例を含めてまとめる。2章では，エンジンのシリンダ内の燃焼についてのモデル化手法を紹介し，3章では，過給機やEGRシステムを含めた吸排気システムのモデル化手法を紹介する。4章では，今回適用したいくつかの制御理論および制御モデルを用いての制御器設計手法について紹介する。5章では，構築した制御システムを用いて，実際にエンジンを運転した例を紹介する。

コラム 1.1

適　　合

制御開発者の視点から考える適合とは，与えられたシステムの性能を最大限に利用するため，これに備わるさまざまな機構が最適に動作するための状態を探索，設定する作業の総称である。本書で示すような多数のアクチュエータを電子制御により動作させることが前提となったエンジンでは，ECU内の各種制御の定数設定をすることを指している。これらの定数は，自動車の運転手および乗員が期待する気持ちいい加速感や心地よいサウンドを満たしつつ，燃費や排出ガスといった環境負荷を低減する，などといった複数の要求や制約を満足する必要がある。

電子制御化により，エンジンの動作点ごとに詳細に定数が設定でき，顧客の要求を高いレベルで達成することが可能となっている。しかし，動作点ごとに，複数のアクチュエータを動作させる定数の最適点を探索することは容易ではない。また，より高い性能を引き出すには想定する動作点も多いほうがよく，定数の調整はさらに難しくなる。自動車会社にとって，これらの定数調整にかかる時間を低減することは，よりよい商品を早く市場に投入するための課題である。

定数の調整に時間がかかる理由は，その数が多いこととともに，一つの定数に対してもさまざまな要求や制約が課せられるためである。要求には，クルマの移動手段として距離，時間という数値で示されるものだけでなく，その際の加速感や快適さといった感覚的な期待が含まれる。それらは，顧客の特性，使用目的，種類，走行環境によって変化し，心地よいとか静かというヒトの感性に基づく定性的な表現で示され，定量的に取り扱うことが容易でない。一方，制約には，燃料消費量や排出ガスがあるが，開発時には単位距離当りの燃料消費量や排出ガスが目標値として与えられる。その目標値を達成できるよう，それらの削減量が制御の制限値としてさまざまな運転状態の動作点ごとに分配され制約が担保される。これらの分配は決して容易ではないが，定量的に取り扱うことは可能である。このように，調整すべき定数は，定量的に扱えるものとそうでないものの二つの特性の異なるものがある。これらの特性の違う要求および制約について定数を同じ土俵で取り扱うのが難しく，これまでその最適化の作業と良否判断は開発者の経験に頼ることが多く，開発期間の長期化の原因の一つとなってきた。

適合の効率化を進めるための方策として，2000 年代に入ってモデルベース開発の導入が始まった。モデルベース開発では，複数の動作点ごとの要求を数値モデル化し，動作点ごとの最適点を開発者の判断を介さず自動で判断，設定できることを目指す。実現のために，必要な設備，ツールも大幅に進化した。モデル化には多数の動作点においてさまざまな運転状態を想定したデータ計測を行う必要があり，エンジン実験設備の自動運転化や効率的なデータ計測手法による時間の短縮などが取り入れられてきた。最適解を短時間で求めるために，実験計画法（design of experiments，DoE）に基づく効率的なデータ取得手法や，それと連動した最適値探索の作業を支援するツールも開発されている。これらで求められた適合値が最適であるか否かを評価するには実車両で検証することが必要になるが，開発者に運転を行わせると個々の特性が入るなどで適切な評価が難しくなる。そこで，エンジンは実物を用い，車両は，実車同等の走行応答が模擬できる低慣性動力計と車両モデルを組み合わせた過渡シミュレーションベンチによる検証の高精度化，効率化が進んだ。同時に，燃費や排出ガスを計測する分析計の高応答化もなされた。これらの装置，ツールの進化によって開発期間は短縮し，省人化も進んでいる。

しかし，まだまだ改善の余地はある。例えば，各動作点に分配された目標値の精度が不足すると，各動作点で精度の低い目標値に対して最適化された定数では，過渡シミュレーションベンチでの検証によって，要求を満たしていないことが見つかり，やり直しが発生する場合がある。この原因の一つとして，動作点ごとの最適点探索が局所解となっていることが考えられる。対策として，目標分配時に用いるエンジンモデルの精度向上や，局所解に陥らないような最適探索アルゴリズムの開発を進めている。また，他の原因として目標設定値に対する余裕度が大きすぎることもある。クルマは，長い場合では数十年，数十万キロ使用される。その期間，安定した動作状態を保証するため，部品の経時変化を想定した余裕度を目標値に含めている。これは品質保証の観点からは大きいほうがよいが，大きくとりすぎると加速感や音の要求の達成度が低下する可能性がある。より高度な最適点を見つけるには余裕度をできるだけ小さくしたい。この対策の一つとして，本書で示されるモデルベースト制御への期待が大きい。推定精度の高いフィードフォワードモデル，モデルと初期の部品公差や経時変化による実機とのずれを補償する学習制御，走行状態，地域環境（大気圧，気温など）の変化を補償するフィードバック制御からなるモデルベースの制御システムがECU上で動作することで，市場走行時につねに最適な動作を実行する。これによって，モデルベース開発以前に設けていた適合余裕度の一部が削減でき，適合値の探索に要する時間も大幅に短くすることが可能になる。

これまでも，モデルベースト制御開発は進んでいる。しかし，それらはアクチュエータごとに個別に開発されてきた。本書では燃焼，噴射，吸排気のエンジンシステム全体をモデルベースト制御の構造とする手順が示されている。今後，この構造をもとに，さらなる先端の制御技術を組み合わせると，一層高度なレベルでシステムの性能を最大限に発揮しながら，現在開発者が行っている適合作業もすべて車両上でコンピュータが自動で行うことも可能となる。その時には，これまで開発者が苦労して行ってきた適合という行為や概念そのものがなくなっているかもしれない。

2 燃焼のモデリング

本章では，従来のディーゼルエンジンの燃焼方法である拡散燃焼ではなく，予混合気の自己着火を利用するような先進的な燃焼技術を導入することを見据えたディーゼルエンジンを例に，燃焼の制御系設計に用いることのできるモデル[1),2)]の構築手順を紹介する。ここでモデル化の対照とするディーゼルエンジンは，多段の燃料噴射を行うもので，まず吸排気システムによって，吸気バルブ閉時（圧縮開始時）のシリンダ内のガスの状態が決まる。シリンダ内の着火および燃焼を再現する制御モデル（以下，燃焼制御モデル）はここからスタートし，制御したいシリンダ内圧力あるいは熱発生を再現し，排気バルブが開くまでの過程をモデル化する。

なお，燃焼制御モデルは，物理に基づいてモデル化を行うが，シリンダ内の現象は複雑であり，すべてを物理でモデル化することは難しい。したがって，可能なかぎり物理に基づくものとし，必要に応じて統計モデルを採用していくものとする。なおこのようなモデルは，White box model と Black box model の中間ということで Gray box model と呼ばれる。

2.1 離散化モデル

燃焼制御モデルへの要求として，計算負荷が低いことが大きな要件となる。通常，エンジン燃焼のモデル化では，エンジンの燃焼現象を詳細に解析し把握するために，シリンダ内ガス圧力履歴や熱発生率履歴を再現することを目指す。しかしながら，このような履歴を求めようとすると計算負荷は高くなり，また，最終的にはエンジン出力，熱効率，騒音，排気などを所望の状態にしたいのであり，それには必ずしもそれらの履歴までを制御する必要はない。最終的な所望の状態と相関の高い指標を適切な値に制御できればよく，例えば，熱効率と相関の高いものとしては，シリンダ内ガス圧力のピーク時期や熱発生の時期，騒音と相関の高いものとしてはシリンダ内ガス圧力のピーク値や熱発生率のピーク値などが挙げられ，これらが制御対象となる。燃焼制御モデルとして，このような履歴中のある値だけを求めることにすれば，履歴全体を求めるよりも計算負荷は低くなる。そこでシリンダ内ガス圧力履歴や熱発生率履歴の中で，制御すべき値だけを求める，というコンセプトに基づいて，燃焼制御モデルの構築を行っていく。

図 2.1 に，燃焼制御モデルの基本コンセプトとなる離散化されたサイクルを示す。シリンダ内ガス圧力履歴を 1 サイクル分示しており，圧力履歴上の点が離散点で，この例では，シリンダ内ガス圧力のピークの値および時期を最終的に制御することを念頭に組んだモデルである。このシリンダ内ガス圧力のピークの値および時期を求めるにあたり，シリンダ内ガス圧力履歴上にある点のガスの圧力，温度，組成などといった状態量を順番に求めていく。このように離散的にガスの状態量を求めることで，計算負荷の削減を図っている。なお，この離散点ごとにガスの状態量を求めていく手法は，熱工学で出てくるサイクル論に基づいた基本的な考え方であり，米国スタンフォード大学の Ravi らが HCCI エンジンの燃焼制御モデルを構築するにあたり，最初にこの手法を提案している[3)]。ここではディーゼルエンジンで 3 段の燃料噴射を想定しており，HCCI

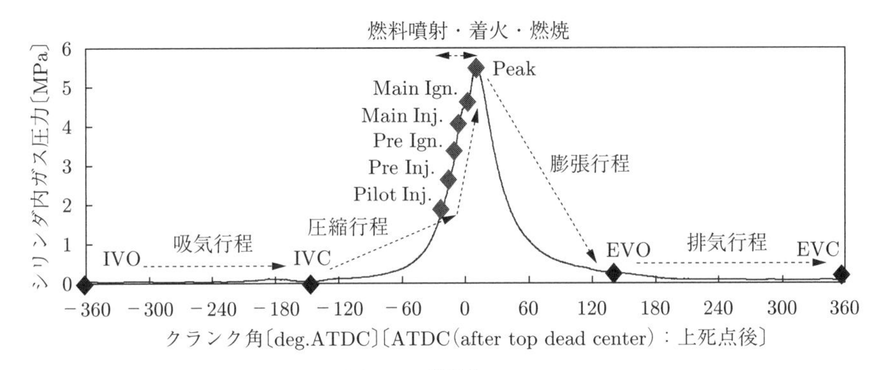

図 2.1 離散化モデル

エンジンの場合よりも，離散点の数は増えている。今回設定した離散点を**表 2.1** にまとめる。基本的な離散点の設定の仕方としては，吸気バルブや排気バルブの開閉，燃料の噴射，着火時期などのイベントが生じるタイミングであり，熱力学的には閉じた系が開く瞬間と見なせる点を採用した。次節より，各行程，離散点での計算方法を順に説明していく。

表 2.1　離　散　点

IVO	intake valve opening/吸気バルブ開
IVC	intake valve closing/吸気バルブ閉
Pilot Inj.	pilot fuel injection/パイロット燃料噴射
Pre Inj.	pre fuel injection/プレ燃料噴射
Pre Ign.	pilot and pre fuel ignition/パイロット＋プレ燃料着火
Main Inj.	main fuel injection/メイン燃料噴射
Main Ign.	main fuel ignition/メイン燃料着火
Peak	in-cylinder gas pressure peak/シリンダ内ガス圧力ピーク
EVO	exhaust valve opening/排気バルブ開
EVC	exhaust valve closing/排気バルブ閉

2.2 吸　気　行　程

吸気行程となる IVO（intake valve opening, 吸気バルブ開）から IVC（intake valve closing, 吸気バルブ閉）の区間において，前サイクルからの残留ガスと新気（空気），EGR が均一に，断熱的に混合すると仮定し，IVC のシリンダ内のガスの状態を求める。

まず，残留ガス（前サイクルの燃焼ガスで，排気されずにシリンダ内に残ってしまうガス）について，残留ガスのモル数 n_{RG} は，気体の状態方程式より，EVC（exhaust valve closing, 排気バルブ閉）の体積 V_{EVC}，圧力 P_{EVC}，気体定数 R，および温度 $T_{RG,k}$ を用いて式 (2.1) のように表される。なお，添え字の k は k サイクル目であることを示す。

$$n_{RG} = \frac{P_{EVC}V_{EVC}}{RT_{RG,k}} \tag{2.1}$$

つぎに，EGR のモル数 n_{EGR} について，EGR 率 x_{EGR} を IVC の新気と EGR の全体積に対する EGR の体積の比率と定義すると，式 (2.2) のように表される。

$$n_{EGR} = \frac{P_{IVC}V_{IVC} - P_{EVC}V_{EVC}}{R\chi T_{RG,k}} x_{EGR} \tag{2.2}$$

なお，EGR の温度は，前サイクルの燃焼ガスの温度 $T_{RG,k}$ から配管を通って吸気に戻されるまでに放熱があることを考慮して，その放熱分を $\chi(0 \sim 1)$ を乗じることで表現している。また EGR 中の酸素モル数 $n_{O_2,EGR}$ は式 (2.3) のように表される。

$$n_{O_2,EGR} = n_{EGR}\frac{n_{O_2,RG,k}}{n_{RG}} \tag{2.3}$$

続いて，新気について，新気の温度を T_{air} とすると新規のモル数 n_{air} は式 (2.4) のように表される。

$$n_{air} = \frac{P_{IVC}V_{IVC} - P_{EVC}V_{EVC}}{RT_{air}} (1 - x_{EGR}) \tag{2.4}$$

また，新規中の酸素モル数 $n_{O_2,air}$ は空気中の酸素濃度を考え，式 (2.5) となる。

$$n_{O_2,air} = 0.21 n_{air} \tag{2.5}$$

以上より，IVC の全ガスのモル数 $n_{gas,IVC}$ および全酸素のモル数は，それぞれ式 (2.6)，(2.7) で求められる。

$$n_{gas,IVC} = n_{RG} + n_{EGR} + n_{air} \tag{2.6}$$

$$n_{O_2,IVC} = n_{O_2,RG,k} + n_{O_2,EGR} + n_{O_2,air} \tag{2.7}$$

最後に，残留ガス，新規，EGR の混合の前後でエネルギー保存の式 (2.8) を考える。

$$\begin{aligned} &C_{p,RG}(T_{RG,k})\, n_{RG}T_{RG,k} + C_{p,EGR}(T_{EGR})\, n_{EGR}T_{EGR} \\ &\quad + C_{p,air}(T_{air})\, n_{air}T_{air} = \overline{C}_{p,gas}(T_{IVC})\, n_{gas,IVC}T_{IVC} \end{aligned} \tag{2.8}$$

これより，つぎに示す圧縮行程の圧縮開始時の温度となる T_{IVC} を求めることができる。なお，$C_{p,RG}$，$C_{p,air}$，$C_{p,EGR}$ はそれぞれ残留ガス，新規，EGR の定圧比熱で，$\overline{C}_{p,gas}$ はこれらの平均の平圧比熱であり温度の関数となっている。また，酸素のモル数については，着火を予測する際に用いることとなる。

2.3 圧縮行程

圧縮行程は，IVC から Pre Inj. までの行程の計算を，ポリトロープ変化を仮定して，ガスの状態量の変化について計算する。IVC のシリンダ内ガスの圧力 P_{IVC} はここでは過給圧センサの値と等しいと仮定する。また，吸気行程で求めた T_{IVC} を用いて，まずは，圧縮行程中の最初のイベントとなる Pilot Inj. までのポリトロープ変化を仮定し，Pilot Inj. のガスの状態量を式 (2.9)，(2.10) によって求める。

$$P_{PilotInj.} = P_{IVC}\left(\frac{V_{IVC}}{V_{PilotInj.}}\right)^{\gamma_{comp.1}} \tag{2.9}$$

$$T_{PilotInj.} = T_{IVC}\left(\frac{V_{IVC}}{V_{PilotInj.}}\right)^{\gamma_{comp.1}-1} \tag{2.10}$$

ポリトロープ指数は圧縮行程中のシリンダ壁とガスとの熱交換の影響を反映した値となり，定常実験で得た統計式を用いる，あるいはエネルギーバランスより求めるなどして与える。なお，エネルギーバランスによるポリトロープ指数の導出については，2.8 節に別途示す。

パイロット噴射の後もピストンによる圧縮は続き，ガスの状態量は同様にポリトロープ変化する。この状態は式 (2.11)，(2.12) と表される。

$$P_{PreInj.} = P_{PilotInj.}\left(\frac{V_{PilotInj.}}{V_{PreInj.}}\right)^{\gamma_{comp.2}} \tag{2.11}$$

$$T_{PreInj.} = T_{PilotInj.}\left(\frac{V_{PilotInj.}}{V_{PreInj.}}\right)^{\gamma_{comp.2}-1} \tag{2.12}$$

なお，IVC から Pilot Inj. まで，および Pilot Inj. から Pre Inj. までは，ポリト

ロープ変化で表現する点については同じであるが，ここでは，ポリトロープ指数自体は変えてある。シリンダ壁とガスとの熱交換に大きな変化がなければ，同じポリトロープ指数を与えても問題ないと考えられるが，圧縮開始時から Pilot Inj. までよりは，Pilot Inj. から Pre Inj. まではシリンダ内のガス温度も上昇していることから，シリンダ壁との熱損失も変化することが考えられるためである。また，このモデルでは，パイロット噴射の燃料は，Pre Inj. までに着火しないことを仮定して記述した。

2.4 燃　料　噴　射

圧縮行程のモデルで，燃料噴射時のシリンダ内のガスの温度，圧力場が決まり，そのガスの条件の中で燃料噴射を行うことになる。燃料噴射のモデルの役割としては，つぎの着火，燃焼に影響を及ぼす燃料濃度や酸素濃度を求めることになる。インジェクタから噴射された燃料の形状をもとに，シリンダ内の燃料，酸素濃度を求める手順を以下に示す。

インジェクタから噴射された燃料の形状は，円錐状に広がっていくと仮定した Reitz らの提案した実験モデル[4)]を用いる。噴霧（spray）が広がっていく際の模式図を**図 2.2** に示す。通常インジェクタは一つのインジェクタに複数の噴孔があり，図のようにシリンダ内に噴射された燃料はシリンダ内に広がっていく。図中の一つの円錐形状は 1 噴孔の噴霧を示しており，一つの噴霧に対する噴霧長 L_{spray} と噴霧角 φ_{spray} は，それぞれ式 (2.13)，(2.14) で表される。

$$L_{spray} = 2.95 \left(\frac{\Delta P}{\rho_{fuel}} \right)^{0.25} \sqrt{d_{hole} t} \tag{2.13}$$

$$\tan(\varphi_{spray}) = \left[3.0 + 0.28 \left(\frac{L_{nozzle}}{d_{hole}} \right) \right]^{-1} 4\pi \sqrt{\frac{\rho_{gas}}{\rho_{fuel}}} \frac{\sqrt{3}}{6} \tag{2.14}$$

ここで，ΔP は燃料の噴射圧力とシリンダ内のガス圧力の差，ρ_{gas} および ρ_{fuel} はそれぞれガスと燃料の密度，d_{hole} は噴孔径，L_{nozzle} は噴孔長さである。なお，噴霧長の式は時間 t の項を含んでおり，この値を設定する必要があ

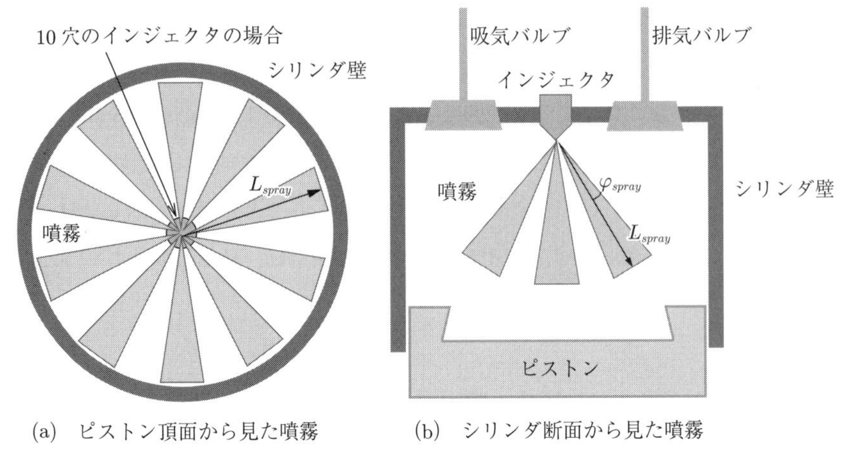

(a) ピストン頂面から見た噴霧　　(b) シリンダ断面から見た噴霧

図 2.2 噴霧モデル

る。本来なら時々刻々と噴霧が伸びていく様子を表現するものであるが，このモデルではサイクルを離散点で表現しているので，そのような計算は行わない。そこで，時間 t は噴霧の開始から終了までの噴射期間を用い，指定された燃料量（燃料量はドライバのアクセル操作で決定，指示されることとなる）を噴ききったときの形状で代表させることとしている。なお，この噴射期間は統計式で与える，あるいは噴射装置の詳細モデルがあればそこから設定することも検討できる。また与えた噴射期間で定義された噴霧形状では，シリンダ壁に噴霧が当たることも考えられるが，ここではシリンダ壁やピストンは噴霧形状には影響を及ぼさないものとして取り扱っている。

1 サイクルに複数回の燃料噴射を行い（今回は 3 回の噴射を想定），全噴射とも同じように噴霧の形状を求めるが，その際の燃料濃度については，**図 2.3** に示す考え方に従う。また，ここでは，パイロット噴射の燃料は着火しないままプレ噴射が行われ，パイロット噴射で形成された噴霧とプレ噴射で形成された噴霧の合計の体積内に，パイロット噴射とプレ噴射で噴射された燃料の総量が平均的に分布するものと仮定する。これを式で表すと式 (2.15) となる。

$$[Fuel_{Pilot+Pre}] = \frac{n_{Pilot} + n_{Pre}}{V_{spray,Pilot} + V_{spray,Pre}} \tag{2.15}$$

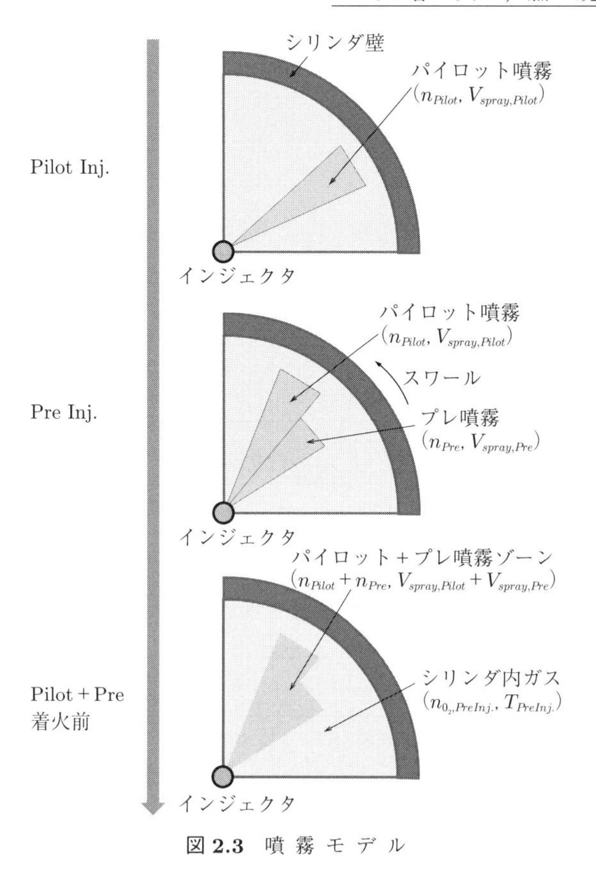

図 2.3　噴 霧 モ デ ル

この予混合気の状態を 2.5 節で紹介する着火モデルに入力し，着火時期の予測を行う。

2.5　着 火 , 燃 焼

圧縮行程のモデルから提供されるガスの温度や組成，燃料噴射のモデルから提供される燃料濃度などの情報をもとに，着火時期の予測を行う。基本となるモデルは，もともとはガソリンエンジンのノック予測を行うモデルで，現在でも予混合気の自己着火時期の予測に広く使われている Livengood–Wu 積分[5) を，離散化モデル用に修正して用いる。

Livengood–Wu 積分を式 (2.16) に示す。

$$K = \int \frac{1}{\tau} dt \tag{2.16}$$

τ は着火遅れを表し，K は定数である（通常は 1）。なお，着火遅れ τ はここでは，化学反応速度を表現する際によく使われるアレニウス型の式を使って式 (2.17) で表されるものとする。

$$\frac{1}{\tau} = A\,[Fuel]^B\,[O_2]^C \exp\left(-\frac{E}{RT}\right) \tag{2.17}$$

A は衝突頻度，B，C は定数，E は活性化エネルギー，R は一般ガス定数，T は温度である。ここで，少し Livengood–Wu 積分の意味するところについて，説明をしておく。式 (2.17) は着火遅れの逆数の形で示しているが，これは化学反応速度に相当する。温度，濃度条件が一定であるとすれば，式 (2.17) より化学反応の進行速度は一定で進行し，あるところまで反応が進行したときに着火となる。エンジンの場合には，予混合気はピストンによる圧縮を受け，温度が時々刻々と変化するため反応速度は一定値を取らないが，着火の現象自体が詳細な化学反応の進行に伴い，なんらかの化学物質が一定量に達するなど，ある決まった反応の進行状態にまで到達した場合に生じるとすると，エンジン内でピストンの圧縮によって時々刻々変化する反応速度を積分したものが一定値になると着火する，と言い換えることができる。この考えを数式で表現したものが，Livengood–Wu 積分となる。

上の概念に基づくと，温度が変化する場での連続的な積分を行う必要があるが，離散点で表現したモデルを利用するため，そのような計算はできない。そこで，式 (2.17) の入力値となる温度や燃料濃度，酸素濃度を離散点の状態量で代表させ，つまり反応速度は一定のもとで Livengood–Wu 積分を行うこととする。この考え方に従うと，パイロットおよびプレの燃料噴射で形成された予混合気の着火時期は，式 (2.7)，(2.15) ～ (2.17) を用いて，式 (2.18) で表されることとなる。

$$\theta_{PreIgn.} = \theta_{PreInj.} + \frac{\omega_{engine} K}{A\left(\frac{n_{Pilot}+n_{Pre}}{V_{spray,\ Pilot}+V_{spray,Pre}}\right)^{B}\left(\frac{n_{O_2,IVC}}{V_{PreInj.}}\right)^{C}\exp\left(\frac{-E}{RT_{PreInj.}}\right)} \tag{2.18}$$

また，圧縮行程のモデルで Pre Inj. までのシリンダ内のガスの状態量を予測していたが，着火に続く燃焼の表現にも温度，圧力の情報が必要となることから，Pre Inj. から着火に至るまでについてもポリトロープ変化を仮定した式 (2.19)，(2.20) より，Pre Ign. の圧力，温度を求める。なお，Pre Ign. のシリンダ内体積 $V_{PreIgn.}$ は式 (2.18) で得られた着火時期を，ピストンクランク系の式に代入することで求めることができる。

$$P_{PreIgn.} = P_{PreInj.}\left(\frac{V_{PreInj.}}{V_{PreIgn.}}\right)^{\gamma_{comp.2}} \tag{2.19}$$

$$T_{PreIgn.} = T_{PreInj.}\left(\frac{V_{PreInj.}}{V_{PreIgn.}}\right)^{\gamma_{comp.2}-1} \tag{2.20}$$

着火後は燃焼行程に移る。予混合度の高い燃焼を想定していることから，燃焼行程も化学反応の依存度が高いとし，モデルを構築していく。燃焼の進行速度は着火遅れの場合と同様，アレニウス型の式 (2.21) で表現する。

$$-\frac{d}{dt}\left[Fuel_{Pilot+Pre}\right] = \alpha\left[Fuel\right]^{\beta}\left[O_2\right]^{\gamma}\exp\left(-\frac{\varepsilon}{RT}\right) \tag{2.21}$$

着火後，着火時の状態量で定義される反応速度で燃焼が進行するものとすると式 (2.21) は式 (2.22) のように書ける。

$$-\frac{d}{dt}\left[Fuel_{Pilot+Pre}\right] = \frac{\alpha}{\omega}\left(\frac{n_{Pilot}+n_{Pre}}{V_{spray,Pilot}+V_{spray,Pre}}\right)^{\beta}\left(\frac{n_{O_2,IVC}}{V_{PreIgn.}}\right)^{\gamma}\exp\left(\frac{-\varepsilon}{RT_{PreIgn.}}\right) \tag{2.22}$$

この燃料の消費される速度に，燃料の熱量 LHV と着火からつぎのイベントとなる Main Inj. までの期間を乗じることで，Main Inj. までに燃焼によって発

生した熱量 $dQ_{PreIgn.-MainInj.}$ を求めることができる（式 (2.23)）。

$$
\begin{aligned}
& dQ_{PreIgn.-MainInj.} \\
& \quad = LHV \frac{\alpha}{\omega} \left(\frac{n_{Pilot} + n_{Pre}}{V_{spray,Pilot} + V_{spray,Pre}} \right)^{\beta} \left(\frac{n_{O_2,IVC}}{V_{PreIgn.}} \right)^{\gamma} \\
& \qquad \exp\left(\frac{-\varepsilon}{RT_{PreIgn.}} \right) (\theta_{MainInj.} - \theta_{PreIgn.})
\end{aligned}
\tag{2.23}
$$

離散点 Pre Ign. と Main Inj. でエネルギー保存を考える（式 (2.24)）。

$$
\begin{aligned}
& n_{gas,PreIgn.} C_{v,PreIgn.} (T_{PreIgn.} - T_{ref.}) + dQ_{PreIgn.-MainInj.} \\
& \quad = n_{gas,MainInj.} C_{v,MainInj.} (T_{MainInj.} - T_{ref.}) + W_{PreIgn.-MainInj.}
\end{aligned}
\tag{2.24}
$$

ここで，$C_{v,PreIgn.}$ および $C_{v,MainInj.}$ は Pre Ign. および Main Inj. のときの定積比熱であり，温度の関数となっている（$T_{ref.}$：参照温度）。また，$W_{PreIgn.-MainInj.}$ は Pre Ign. から Main Inj. までシリンダ内のガスが行う仕事で，式 (2.25) によって近似する。

$$
W_{PreIgn.-MainInj.} = \frac{1}{2} (P_{PreIgn.} + P_{MainInj.}) (V_{MainInj.} - V_{PreIgn.})
\tag{2.25}
$$

また，Main Inj. のシリンダ内ガスの圧力は，理想気体の状態方程式より式 (2.26) で表される。

$$
P_{MainInj.} = \frac{n_{gas,MainInj.} RT_{MainInj.}}{V_{MainInj.}}
\tag{2.26}
$$

式 (2.23) ～ (2.26) より，$T_{MainInj.}$ について解くと式 (2.27) のようになる。

$$
\begin{aligned}
& T_{MainInj.} \\
& = \Big[n_{gas,MainInj.} C_{v,MainInj.} T_{ref.} + n_{gas,PreIgn.} C_{v,PreIgn.} (T_{PreIgn.} - T_{ref.}) \\
& \qquad - \frac{P_{PreIgn.}}{2} (V_{MainInj.} - V_{PreIgn.}) + dQ_{PreIgn.-MainInj.} \Big]
\end{aligned}
$$

$$\times \left[n_{gas,MainInj.} \left(C_{v,MainInj.} - \frac{1}{2} \times R \times \frac{V_{PreIgn.} - V_{MainInj.}}{V_{PreIgn.}} \right) \right]^{-1} \tag{2.27}$$

なお，燃焼の前後で変化するモル数を考慮するために，燃焼の総括反応を式 (2.28) のように与える。この場合は例として燃料組成を $C_{12}H_{26}$ としている。

$$n_{fuel}C_{12}H_{26} + n_{O_2}O_2 \rightarrow 12n_{fuel}CO_2 + 13n_{fuel}H_2O + (n_{O_2} - 18.5n_{fuel})O_2 \tag{2.28}$$

式 (2.28) の総括反応において，Main Inj. での各成分は式 (2.29) ～ (2.32) のように表すことができる。

$$n_{O_2,MainInj.} = n_{O_2,PreIgn.} - 18.5 \left(-\frac{d}{dt} [Fuel_{MainInj.}] \right) (\theta_{MainInj.} - \theta_{PreIgn.}) \tag{2.29}$$

$$n_{CO_2,ManinInj.} = n_{CO_2,PreIgn.} + 12 \left(-\frac{d}{dt} [Fuel_{MainInj.}] \right) (\theta_{MainInj.} - \theta_{PreIgn.}) \tag{2.30}$$

$$n_{H_2O,MainInj.} = n_{H_2O,PreIgn.} + 13 \left(-\frac{d}{dt} [Fuel_{MainInj.}] \right) (\theta_{MainInj.} - \theta_{PreIgn.}) \tag{2.31}$$

$$n_{N_2,MainInj.} = n_{N_2,PreIgn.} \tag{2.32}$$

したがって，Main Inj. での総モル数は式 (2.33) のようになる。

$$n_{gas,MainInj.} = n_{O_2,MainInj.} + n_{CO_2,MainInj.} + n_{H_2O,MainInj.} + n_{N_2,MainInj.} \tag{2.33}$$

なお，燃料のモル数は全体のモル数に対して微小なため，ここでは無視している。

続いて，メインの燃料噴射について考える。メインの燃料噴射についても基本的には，パイロットおよびプレの燃料噴射で考えたように，燃料噴射のモデルで噴霧の体積を考え，燃料濃度などを導出し，簡易化したLivengood–Wu積分で着火時期を求め，その後燃焼によって発生する熱によって温度，圧力が上昇するという手順をたどる。パイロットおよびプレの燃料噴射と異なる点は，メイン噴射時の燃料組成などが，パイロットおよびプレの燃焼状況により異なる点である。以下ではこの点について説明を行う。

Main Inj. における，パイロット，プレ，メインの噴霧の挙動を図**2.4**に示す。まず，Main Inj. でのパイロットとプレで噴射された燃料の未燃分および既燃分は，シリンダ内に均一に分布していると仮定する。こうしたシリンダ内ガスの中に，メインの噴霧が形成され，式(2.13)，(2.14)で求められるメイン噴霧の形状内に周囲のガスが取り込まれる。ここでは，この混合過程は，円錐状に形成される噴霧の領域内にもともとあったガスが，新たにメインとして噴射された燃料と混ざるとする。これらの仮定に従うとメインの噴霧内の燃料濃度は，パイロットとプレの未燃分として残る燃料とメインで新たに噴射された燃料およびメイン噴霧の形状で定義でき，式(2.34)で表されることになる。

$$
\begin{aligned}
&[Fuel]_{MainInj.} \\
&\quad = \frac{1}{V_{spray,MainInj.}}\left[n_{Main} + (n_{Pilot,ub} + n_{Pre,ub}) \times \frac{V_{spray,MainInj.}}{V_{MainInj.}}\right]
\end{aligned}
\tag{2.34}
$$

ただし，パイロットとプレの未燃分である$n_{Pilot,ub}$と$n_{Pre,ub}$は，Main Inj. において，式(2.35)で表される。

$$
n_{Pilot,ub} + n_{Pre,ub} = n_{Pilot} + n_{Pre} - r_{PreIgn.} \times \frac{(\theta_{MainInj.} - \theta_{PreIgn.})}{\omega_{engine}}
\tag{2.35}
$$

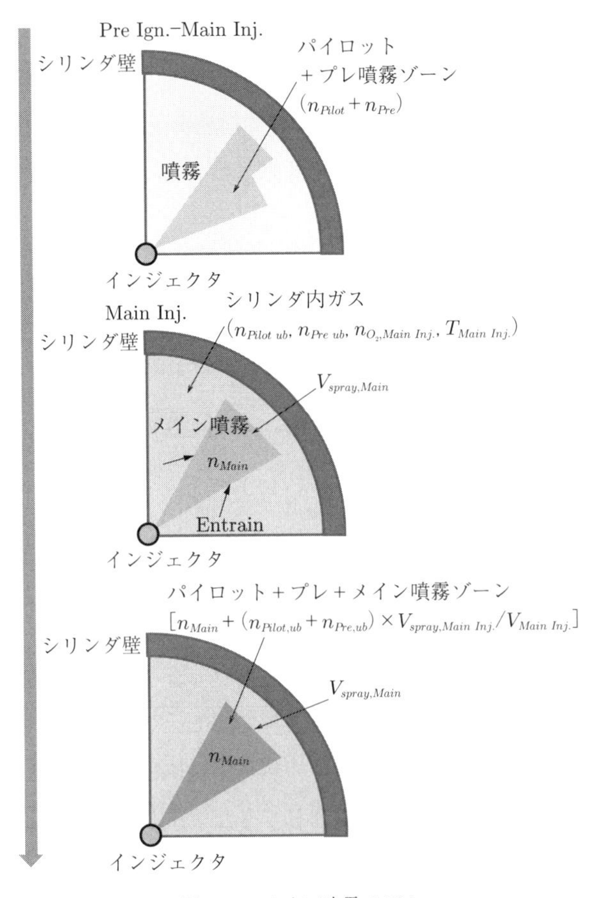

図 2.4 メイン噴霧モデル

なお，$r_{PreIgn.}$ はパイロットとプレの反応の進行速度であり，式 (2.22) のことである。以後は，パイロットおよびプレの場合と同様にして着火の計算を行う。着火後の燃焼の計算もパイロットおよびプレの場合と同様に Main Ign. と Peak でエネルギー保存を考え，Peak の温度を求め，気体の状態方程式により圧力を求めることになる。ここで，燃焼の反応速度はアレニウス型のものをパイロットおよびプレの場合と同様に定義する（モデルパラメータは変更する）が，Peak は燃焼の結果で決まるものである。したがって，パイロットおよびプレの燃焼が Main Inj. のガス状態量に及ぼす影響を求めたように，確定したつぎのイベント（この場合メインの噴射時期）としては設定できないため，モデルが必要となる。これについては，定常実験の結果を用いた統計処理により実験式を作成し，Main Ign. から Peak までの期間を予測することで，Peak の温度，圧力が求まるようになる。この過程によって Peak の温度 T_{Peak} を求めると式 (2.36) のようになる。

$$\begin{aligned} T_{Peak} = \Bigg[& n_{gas,Peak} C_{v,Peak} T_{ref.} \\ & + n_{gas,MainIgn.} C_{v,MainIgn.} (T_{MainIgn.} - T_{ref.}) \\ & - \frac{P_{MainIgn.}}{2} (V_{MainIgn.} - V_{Peak}) + dQ_{MainIgn.-Peak} \Bigg] \\ & \times \left[n_{gas,Peak} \left(C_{v,Peak} - \frac{1}{2} \times R \times \frac{V_{MainIgn.} - V_{Peak}}{V_{MainIgn.}} \right) \right]^{-1} \end{aligned} \tag{2.36}$$

また，燃料噴射の段数が増えた場合にも，基本的には同様の手法で対応できることが確認されている[6)]。さらに，ここまではシリンダ内のガス圧力のピーク値およびその時期をおもな制御対象として，モデル化および説明を行ってきたが，その圧力変化の起源となる燃焼の熱発生自体を制御対象として検討するモデル化も，筆者らは，ここまで紹介してきた手法と同様な考え方に基づいて行ってきた。具体的には，熱発生率と呼ばれる単位時間当りに発生した熱量を示すエンジンの燃焼状態を評価する際によく用いられる指標を制御対象としている。これは，熱発生率に二つのピークを発生させ，それを適切に設定することにより高効率で比較的低騒音の運転を行える燃焼方法が提案[7),8)]されており，その制御に利用しようとしているものである。着火時期を求めるまで同じ手続きを行い，燃焼過程もアレニウス型の式で燃焼の進行を表現するが，圧力ピーク時期を予測する統計モデルの代わりに熱発生のピーク時期を予測する統計モデルとの組合せで計算を行い，熱発生率のピークの時期と値を導出するものとなっている[6)]。

2.6 膨　張　行　程

燃焼までの計算によりPeakの温度，圧力が求まった後の行程については，実際にはまだ燃焼が継続していることもあるが，今回のモデルではPeakの圧力を制御対象としていることもあり，燃焼終了時の状態を必ずしも必要としない。したがって，Peak後からEVOまでを膨張行程とし，ポリトロープ変化とすることで，燃焼が生じる場合にもポリトロープ指数に燃焼熱を反映するなどで，その後のガスの状態量を求めることが可能となる。ポリトロープ変化はこれまでと同様に式(2.37)，(2.38)となる。

$$P_{EVO} = P_{Peak} \left(\frac{V_{Peak}}{V_{EVO}} \right)^{\gamma_{exp.}} \tag{2.37}$$

$$T_{EVO} = T_{Peak} \left(\frac{V_{Peak}}{V_{EVO}} \right)^{1-\gamma_{exp.}} \tag{2.38}$$

なお，このポリトロープ指数は，ガスとシリンダ壁面との熱交換だけでなく，先に説明したように燃焼による発熱の影響も入ったものとなることからも，圧縮行程のものとは異なる。また，後に示すエネルギーバランスによりポリトロープ指数を求める方法では，膨張行程のものについては対象外としており，現状では，定常実験などによる実験式を取得するなどの対応が必要になる。

2.7 排　気　行　程

EVO後の燃焼ガスは，ターボチャージャに流れ込むが，一部のガスはシリンダ内に留まり，つぎのサイクルへと持ち越される残留ガスとなる。ここでは残留ガスの圧力は過給圧と等しいと仮定を置く（式(2.39)）。

$$P_{RG} = P_{exhaust} = P_{boost} \tag{2.39}$$

また，燃焼ガスが排出される過程で，シリンダ内ガスがポリトロープ変化すると仮定すると，排気バルブを介してつながっているシリンダ内の残留ガスと排出ガスの体積の和を $V_{RG}+V_{EG}$ とすると，シリンダ内残留ガスの温度 T_{RG} は，式 (2.40)，(2.41) により求まる。

$$V_{RG}+V_{EG}=V_{EVO}\left(\frac{P_{EVO}}{P_{boost}}\right)^{\frac{1}{\gamma_{exp.}}} \tag{2.40}$$

$$T_{RG,k+1}=T_{EVO}\left(\frac{V_{RG}+V_{EG}}{V_{EVO}}\right)^{1-\gamma_{exp.}} \tag{2.41}$$

式 (2.41) で k サイクルと $k+1$ サイクルの関係が導き出されたことになる。またここで，残留ガスの組成は排出ガスの組成と同じとすると，残留ガス中の各成分のモル数は，EVO におけるシリンダ内ガスの各成分のモル数に，シリンダ内残留ガスと排出ガスの体積比を乗じたものとして，式 (2.42) ～ (2.45) のように求められる。

$$n_{O_2,RG}=n_{gas,RG}\times\left(\frac{n_{O_2,EVO}}{n_{gas,EVO}}\right) \tag{2.42}$$

$$n_{CO_2,RG}=n_{gas,RG}\times\left(\frac{n_{CO_2,EVO}}{n_{gas,EVO}}\right) \tag{2.43}$$

$$n_{H_2O,RG}=n_{gas,RG}\times\left(\frac{n_{H_2O,EVO}}{n_{gas,EVO}}\right) \tag{2.44}$$

$$n_{N_2,RG}=n_{gas,RG}\times\left(\frac{n_{N_2,EVO}}{n_{gas,EVO}}\right) \tag{2.45}$$

ここまでが 1 サイクルの計算となり，残留ガスの情報はつぎのサイクルへ引き継がれることになる。

一連の離散点での計算を順番に変数に代入，統合したモデルの入出力の関係は，シリンダ内ガスの圧力のピーク値およびその時期を制御対象とすることを想定した 3 段噴射のモデルでは**表 2.2** のようになる。

なお，1 サイクル分の計算速度は，MATLAB† で記述したプログラムに従って PC（CPU：Intel Core i7）上で実行した場合は，約 20 μs となっており，CPU のクロック数を 3 GHz，ECU のクロック数を 200 MHz と仮定した場合，単純にそのクロック数で換算すると ECU では 300 μs となり，3 000 回転での

† MATLAB® および Simulink® は The MathWorks, Inc. の登録商標である。

表 2.2 燃焼制御モデルの入出力（3段噴射，シリンダ内ガス圧力制御の場合）

運転条件の入力	
N_{engine}	エンジン回転数〔rpm〕
P_{rail}	燃料噴射圧力〔MPa〕
Q_{total}	総噴射量〔mm^3〕
Q_{Pilot}	パイロット噴射量〔mm^3〕
$\theta_{PilotInj.}$	パイロット噴射時期〔deg. ATDC〕
Q_{Pre}	プレ噴射量〔mm^3〕
$\theta_{PreInj.}$	プレ噴射時期〔deg. ATDC〕
$\theta_{MainInj.}$	メイン噴射時期〔deg. ATDC〕
P_{boost}	過給圧〔kPa〕
r_{EGR}	EGR 率〔−〕
T_{inmani}	吸気マニホールド温度〔K〕
前サイクルからの入力	
Q_{prev}	Previous Cycle における総噴射量〔mm^3〕
T_{RG}	残留ガス温度〔K〕
$n_{x,RG}$	残留ガスにおける O_2, CO_2, H_2O, N_2 のモル
予 測 出 力	
θ_{Peak}	シリンダ内ガスの圧力ピーク時期〔deg. ATDC〕
P_{Peak}	シリンダ内ガスの圧力ピーク値〔MPa〕

運転を想定した場合でも1サイクルは40 ms あり，シリンダ内ガスの初期状態が決まる IVC から制御が始まる Pilot Inj. までの期間でも十分に計算を終えることができるものとなっている。

最後に，3段の燃料噴射で圧力ピーク値とその時期を求める燃焼制御モデル，および4段の燃料噴射で熱発生率のピーク値とその時期を求める燃焼制御モデルでの計算結果例と実験との比較を**図 2.5** に示す。このような計算負荷を低減すべくサイクルを離散的に取り扱った単純なモデルでも，エンジンの運転条件の変化に対するシリンダ内のガスの圧力履歴や熱発生率の履歴の特徴点の挙動を再現できるものになっていることがわかる。なお，本書では，統計的な扱いをする部分についての詳細は説明していないが，既出の論文[1),2),6)]などには説明があるので，必要に応じてそちらを参照されたい。

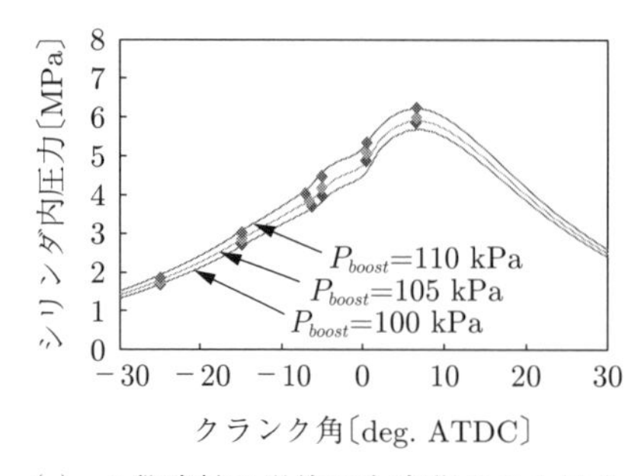

(a)　3段噴射で過給圧を変化させた場合のモデル(圧力を出力とするもの)と実験の比較(N_{engine} = 1 500 rpm, Q_{total} = 15mm^3 / cycle)

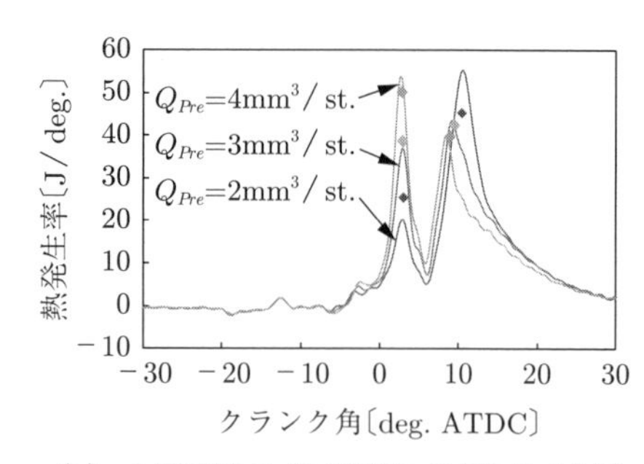

(b)　3段噴射でプレ噴射量を変化させた場合のモデル(熱発生率を出力とするもの)との実験との比較(N_{engine} = 1 500 rpm, Q_{total} = 14.5mm^3 / cycle)

図 2.5　燃焼制御モデルによる計算結果例と実験との比較

2.8　圧縮ポリトロープ指数

本節では，ディーゼルエンジンにおける圧縮ポリトロープ指数を，物理モデルに基づいて推定する方法を示す[9),10)]。本モデルでは，実験式を可能なかぎり排除しているため，実機適用時の適合プロセスを大幅に削減することができる。なお，理解を容易にするため，2.7 節までのモデル化の一部については，再掲しながら説明を進める。

計算の流れは**図 2.6** に示すとおりであり，**表 2.3** に示すエンジン回転数や吸気ガスの質量流量など，センサより取得可能な値を入力値とする。入力値をシリンダ内ガス温度および圧力モデル（2.8.1 項）に適用し，その結果を新たにシ

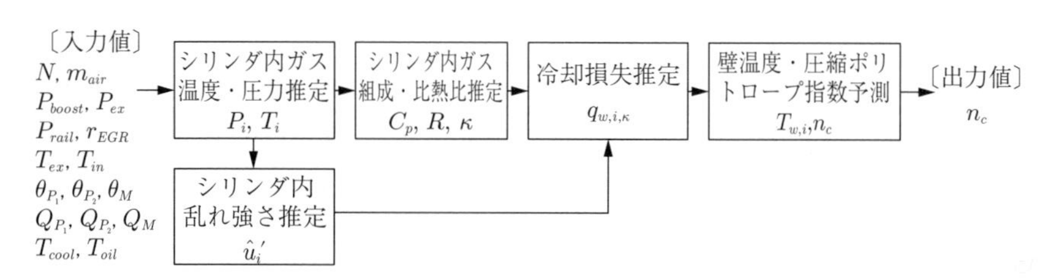

図 2.6　計 算 フ ロ ー

表 2.3　圧縮ポリトロープ指数モデルの入力値

入　力　値	詳　　細
N	エンジン回転数〔rpm〕
$\dot{m}_{air}$	吸気ガスの質量流量〔kg/m^3〕
P_{boost}	過給圧〔Pa〕
P_{ex}	排気圧〔Pa〕
P_{rail}	燃料噴射圧力〔Pa〕
r_{EGR}	EGR 率〔—〕
T_{in}	吸気ガス温度〔K〕
T_{ex}	排出ガス温度〔K〕
θ_{P1}，θ_{P2}，θ_M	燃料噴射時期〔deg.〕
Q_{P1}，Q_{P2}，Q_M	燃料噴射量〔kg〕
T_{cool}	冷却水温度〔K〕
T_{oil}	油　温〔K〕

リンダ内ガス組成および比熱比モデル（2.8.2 項）とシリンダ内ガス流動モデル（2.8.3 項）の入力値とする。それらのモデルより推定したシリンダ内ガス温度，圧力，比熱比，シリンダ内ガス流動の壁面垂直方向の乱れ強さ，前サイクルの壁温度（壁温度モデル（2.8.5 項）より推定）を，冷却損失モデル（2.8.4 項）に適用する。推定した冷却損失およびシリンダ内ガスの比熱比から，圧縮ポリトロープ指数を推定する。

なお，本モデルでは，計算負荷低減のため，1 サイクル当りの計算点を 22 点に離散化した。**表 2.4** に，計算点およびそれぞれの計算点に準ずるクランク角度を示す。計算点は，ディーゼルサイクルに共通して見られる吸気バルブ開時・閉時（IVO・IVC）および排気バルブ開時・閉時（EVO・EVC）などの特徴点，ならびにシリンダ内ガス流動モデルにおいて計算上必要となる点を抽出した。

表 2.4　計算点およびクランク角度

計算点	1	2	3	4	5	6	7	8	9	10	11
クランク角度〔deg.〕	0	EVC	45	60	75	90	135	180	IVC	270	300
計算点	12	13	14	15	16	17	18	19	20	21	22
クランク角度〔deg.〕	320	340	360	369	374	380	395	405	EVO	600	IVO

2.8.1 シリンダ内ガス温度および圧力モデル

表 2.3 に示した入力値を用いて，サイクルごとの各計算点におけるシリンダ内ガス温度および圧力を，熱力学をもとに推定する。ディーゼルエンジンのサイクルは，吸気行程，圧縮行程，膨張行程，排気行程からなっており，**図 2.7** に 1 サイクルにおける各計算点のシリンダ内圧力の時間変化を示す。図中の式番号は，各行程における温度および圧力推定に用いられる式を表している。各行程における温度および圧力の推定方法を以下に示す。

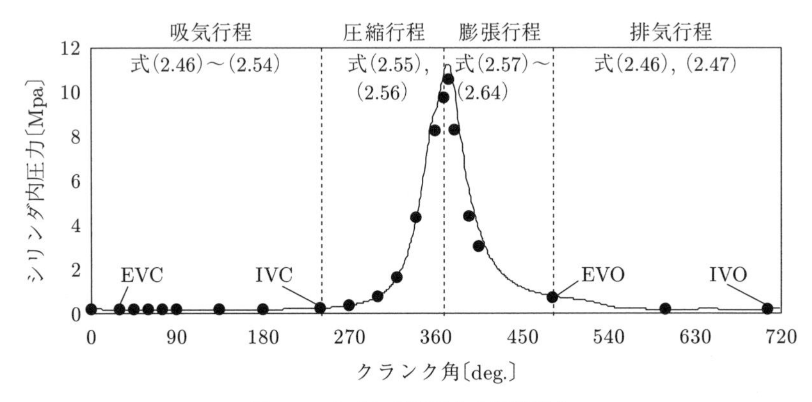

図 2.7 シリンダ内圧力の時間変化

〔1〕 吸 気 行 程

計算点 1 において，吸気バルブおよび排気バルブが同時に開いているバルブオーバラップ時にあたるため，排気管内およびシリンダ内のガスが平衡状態になると考えられる。そのため，シリンダ内ガス温度および圧力は，入力値の排気ガス温度 T_{ex}〔Pa〕および排気圧 P_{ex}〔Pa〕と等しくなると仮定した。また，その際のシリンダ内ガス質量（残留ガス質量）$m_{residual}$〔kg〕は，状態方程式より求められる（式 (2.46) ～ (2.48)）。

$$P_i = P_{ex} \tag{2.46}$$

$$T_i = T_{ex} \tag{2.47}$$

$$m_{residual} = \frac{P_{ex}V_{TDC}}{T_{ex}R} \tag{2.48}$$

ここで，P_i：計算点 i におけるシリンダ内圧力〔Pa〕，T_i：計算点 i におけるシリンダ内圧力〔K〕，V_{TDC}：上死点（TDC）時のシリンダ内体積〔m^3〕，R：気体定数〔J/(kg·K)〕である。

ディーゼルエンジンにはスロットルバルブがないため，計算点 2 ～ 8 におけるシリンダ内圧力 P_i〔Pa〕は，吸気管内およびシリンダ内のガスが平衡状態になり，入力値である過給圧 P_{boost}〔Pa〕と等しくなると仮定できる。また，シリンダ内ガス温度 T_i〔K〕は，状態方程式から推定できる（式 (2.49)，(2.50)）。

$$P_i = P_{boost} \tag{2.49}$$

$$T_i = \frac{P_{boost} V_i}{m_i R} \tag{2.50}$$

ここで，V_i：計算点 i におけるシリンダ内体積〔m^3〕，m_i：計算点 i におけるシリンダ内ガス質量〔kg〕である。

シリンダ内から吸気管へのガスの吹き返しがないと仮定すると，下死点（bottom dead center，BDC）（計算点 8）におけるシリンダ内ガス質量 m_8〔kg〕は，残留ガス質量および吸入される空気の質量 m_{intake}〔kg〕の和で表される（式 (2.51)）。

$$m_8 = m_{intake} + m_{residual} = \frac{\dot{m}_{air}}{C_n \left(\dfrac{N}{2}\right)(1 - r_{EGR})} + m_{residual} \tag{2.51}$$

ここで，$\dot{m}_{air}$：吸入される空気（吸入空気）の質量流量〔kg/s〕，C_n：シリンダ数〔—〕，N：エンジン回転数〔rpm〕，r_{EGR}：排出ガス再循環（EGR）率〔—〕である。

EVC から IVC（計算点 2 ～ 7）におけるシリンダ内ガス質量は，計算点におけるクランク角度 θ_i〔deg.〕を用いて，式 (2.52) で近似できる。

$$m_i = m_8 \sin^{1.5}\left(\theta_i \frac{\pi}{180}\right) \tag{2.52}$$

上記で推定したシリンダ内ガス質量を用いることで，式 (2.50) より計算点 2 ～ 8 におけるシリンダ内ガス温度を推定することができる。また，IVC 時（計算点9）における圧力 P_{IVC}〔Pa〕およびシリンダ内ガス温度 T_{IVC}〔K〕は，それぞれ入力値の過給圧 P_{boost}〔Pa〕および吸気ガス温度 T_{in}〔K〕と等しくなると仮定する（式 (2.53)，式 (2.54)）。

$$P_{IVC} = P_{boost} \tag{2.53}$$

$$T_{IVC} = T_{in} \tag{2.54}$$

〔2〕 圧　縮　行　程

圧縮行程（計算点 10 ～ 14）において，シリンダ内ガスはポリトロープ変化すると仮定すると，シリンダ内ガス温度および圧力は，式 (2.55)，(2.56) で表すことができる。

$$P_i = P_{IVC}\left(\frac{V_{IVC}}{V_i}\right)^{n_c} \tag{2.55}$$

$$T_i = T_{IVC}\left(\frac{V_{IVC}}{V_i}\right)^{n_c-1} \tag{2.56}$$

ここで，V_{IVC}：IVC 時のシリンダ内体積〔m^3〕，n_c：圧縮行程におけるポリトロープ指数〔—〕である。

〔3〕 膨　張　行　程

膨張行程（計算点 15 ～ 19）においても，シリンダ内ガスはポリトロープ変化すると仮定し，シリンダ内ガス温度および圧力は，式 (2.57)，(2.58) で推定する。

$$P_i = P_{EVO}\left(\frac{V_{EVO}}{V_i}\right)^{n_e} \tag{2.57}$$

$$T_i = T_{EVO}\left(\frac{V_{EVO}}{V_i}\right)^{n_e-1} \tag{2.58}$$

ここで，P_{EVO}：EVO 時のシリンダ内圧力〔Pa〕，T_{EVO}：EVO 時のシリンダ内ガス温度〔K〕，V_{EVO}：EVO 時のシリンダ内体積〔m^3〕，n_e：膨張行程におけるポリトロープ指数〔—〕である。なお，P_{EVO} および T_{EVO} の推定は，**図示平均有効圧力**（indicated mean effective pressure，IMEP）を用いて行う。

IMEP（P_{IMEP}〔Pa〕）は，混合気の発熱量 $Q_{comb.}$〔J〕および燃料空気サイクルの理論熱効率 η_{th}〔—〕を用いて，つぎのように推定することができる（式 (2.59) ～ (2.61)）。

$$Q_{comb.} = \frac{\eta_c H_u}{1 + Y\left(\dfrac{1 + r_{EGR}}{1 - r_{EGR}}\right)} \tag{2.59}$$

$$\eta_{th} = 1 - \frac{1}{\varepsilon^{\kappa-1}} \tag{2.60}$$

$$\begin{aligned} P_{IMEP} &= \varphi\frac{W_i}{V_s} = \varphi\frac{\eta_{th}Q_{comb.}}{V_s} \\ &= \varphi\frac{P_{IVC}}{RT_{IVC}} \cdot \frac{\varepsilon}{\varepsilon - 1} \cdot \frac{\eta_c H_u}{1 + Y\left(\dfrac{1 + r_{EGR}}{1 - r_{EGR}}\right)}\left(1 - \frac{1}{\varepsilon^{\kappa-1}}\right) \end{aligned} \tag{2.61}$$

ここで，η_c：燃焼効率〔—〕，H_u：燃料の低位発熱量〔J〕，Y：空燃比〔—〕，ε：圧縮比〔—〕，κ：比熱比〔—〕，W_i：実仕事〔W〕，φ：時間損失係数〔—〕，V_s：行程体積（ピストンが下死点から上死点まで移動する間に排出される体積）〔m^3〕である。

また，IMEP は膨張行程における仕事 $W_{TDC-EVO}$ および圧縮行程における仕事 $W_{IVC-TDC}$ の関係から，式 (2.62) のように求めることができる。

$$\begin{aligned} P_{IMEP} &= \frac{W_{TDC-EVO} - W_{IVC-TDC}}{V_s} \\ &= \frac{\varepsilon}{\varepsilon - 1}\left[\frac{P_{EVO}\left(\varepsilon^{n_e-1} - 1\right)}{(n_e - 1)} - \frac{P_{IVC}\left(\varepsilon^{n_c-1} - 1\right)}{(n_c - 1)}\right] \end{aligned} \tag{2.62}$$

式 (2.61) を式 (2.62) に代入することで，P_{EVO} および T_{EVO} を式 (2.63)，(2.64) のように求めることができる。

$$P_{EVO} = P_{IVC} + \varphi\frac{P_{IVC}}{RT_{IVC}} \cdot \frac{\eta_c H_u}{1 + Y\left(\dfrac{1 + r_{EGR}}{1 - r_{EGR}}\right)} \cdot \frac{\kappa - 1}{\varepsilon^{\kappa-1}} \tag{2.63}$$

$$T_{EVO} = T_{IVC} + \varphi\frac{1}{R} \cdot \frac{\eta_c H_u}{1 + Y\left(\dfrac{1 + r_{EGR}}{1 - r_{EGR}}\right)} \cdot \frac{\kappa - 1}{\varepsilon^{\kappa-1}} \tag{2.64}$$

以上より求めた P_{EVO} および T_{EVO} を式 (2.57) および式 (2.58) に代入することで，膨張行程中のシリンダ内ガス温度および圧力を推定できる。

〔4〕 排 気 行 程

排気行程（計算点 21 および 22）では，排気管内およびシリンダ内でガスが平衡状態になると考えられるため，シリンダ内ガス圧力および温度は式 (2.46) および式 (2.47) で表される。

2.8.2 シリンダ内ガス組成および比熱比モデル

ディーゼルエンジンにおけるシリンダ内ガスは，単一成分ではなく複数の成分が混合するガスである。混合ガスの定圧比熱および比熱比は，各成分の定圧比熱の質量分率より求められ，計算点ごとに算出する。ディーゼルエンジン 1 サイクルにおけるシリンダ内ガスの質量は，**図 2.8** のようにモデル化した。吸気行程では，エアクリーナを通過した空気（吸入空気）および排出ガス再循環（EGR）による排気ガスが吸入される。このとき，シリンダ内の残留ガス質量は十分小さいため無視できるものとした。吸気バルブが閉じ，吸気が終了した際のシリンダ内ガスの質量 m_{IVC}〔kg〕は，その際の吸入空気量 m_{aIVC}〔kg〕，および EGR により吸入された排気ガス量 m_{EGR}〔kg〕の和であり，式 (2.65) のように表される。

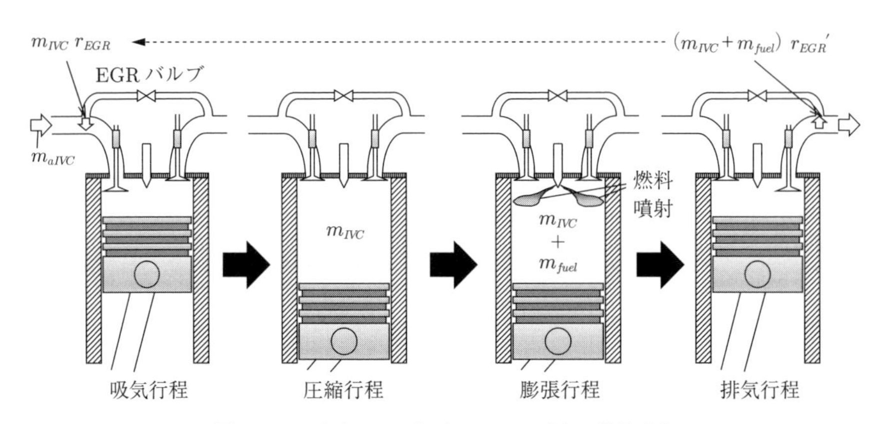

図 2.8　1 サイクルにおけるシリンダ内の質量変化

$$m_{IVC} = m_{aIVC} + m_{EGR} \tag{2.65}$$

ここで，m_{aIVC} は，吸入空気の質量流量およびエンジン回転数より，式 (2.66) のように表すことができる。

$$m_{aIVC} = \frac{\dot{m}_{air}}{\dfrac{N}{2 \times 60}} \tag{2.66}$$

また，EGR により吸入された排出ガス量は，EGR 率を用いて式 (2.67) のように示すことができる。

$$m_{EGR} = m_{IVC}\, r_{EGR} \tag{2.67}$$

圧縮上死点近傍で燃料が噴射されるため，膨張行程でのシリンダ内ガスの質量は m_{IVC}〔kg〕および燃料噴射量 m_{fuel}〔kg〕の和となる。排気行程では，排出ガスのうち，ある割合が排気されずに再循環される。この際に再循環する排出ガスの質量が，吸気行程に吸入する排出ガスの質量と等しいと仮定する。排気行程に再循環させる排出ガスの割合 $r_{EGR}{}'$〔—〕は，式 (2.68)，(2.69) のように表される。

$$m_{EGR} = (m_{IVC} + m_{fuel}) r_{EGR}{}' \tag{2.68}$$

$$r_{EGR}{}' = \frac{m_{IVC}}{m_{IVC} + m_{fuel}} r_{EGR} \tag{2.69}$$

式 (2.66)，(2.69) で定義した変数 m_{aIVC}，$r_{EGR}{}'$ を用い，シリンダ内ガスの各成分の質量分率を推定する。近年のディーゼルエンジンは，希薄燃焼での運転が主のため，燃料は完全燃焼すると仮定した。燃料をヘキサデカン（$C_{16}H_{34}$）とすると，その際の化学反応式は式 (2.70) のとおりである。

$$n_{fuel}C_{16}H_{34} + 24.5 n_{fuel}O_2 \rightarrow 16 n_{fuel}CO_2 + 17 n_{fuel}H_2O \tag{2.70}$$

ここで，n_{fuel}：燃料の物質量〔mol〕である。

IVC 時におけるシリンダ内の物質量を n_i〔mol〕とすると，燃料が噴射され完全燃焼した後の各成分の物質量 $n_i{}'$〔mol〕は，式 (2.71) のように表すことができる。

$$\left.\begin{aligned} n_{O_2}{}' &= n_{O_2} - 24.5n_{fuel} \\ n_{N_2}{}' &= n_{N_2} \\ n_{CO_2}{}' &= n_{CO_2} + 16n_{fuel} \\ n_{H_2O}{}' &= n_{H_2O} + 17n_{fuel} \end{aligned}\right\} \tag{2.71}$$

IVC 時におけるシリンダ内ガスの各物質量は，EGR ガスおよび吸入空気の和であるため，吸入空気における成分 j の質量分率 MF_j〔—〕および成分 j の分子量 M_i〔kg/mol〕を用いて，式 (2.72) のように表すことができる。

$$n_j = n_j{}' r_{EGR}{}' + m_{aIVC}\frac{MF_j}{M_j} \tag{2.72}$$

以上より，IVC 時における燃焼前のシリンダ内ガス質量分率 X_j〔—〕は，各成分の物質量と全物質量の比率であるため，式 (2.73) のように示される。また，燃焼後のシリンダ内ガス質量分率 $X_j{}'$〔—〕は，式 (2.74) として示される。

$$X_j = \frac{n_j M_j}{n_{O_2}M_{O_2} + n_{N_2}M_{N_2} + n_{CO_2}M_{CO_2} + n_{H_2O}M_{H_2O}} \tag{2.73}$$

$$X_j{}' = \frac{n_j{}' M_j}{n_{O_2}{}'M_{O_2} + n_{N_2}{}'M_{N_2} + n_{CO_2}{}'M_{CO_2} + n_{H_2O}{}'M_{H_2O}} \tag{2.74}$$

つぎに，質量分率および各計算点にて推定されたガス温度 T_i を用いて，混合ガスの定圧比熱を計算する。各成分の定圧比熱は，ガス温度に依存するため，温度依存性を加味した各成分 j の定圧比熱 $c_{p,j}$〔J/(kg·K)〕は，式 (2.75) で求められる[11)]。

$$c_{p,j} = a_{1,j} + a_{2,j}\left(\frac{T_i}{100}\right) + a_{3,j}\left(\frac{T_i}{100}\right)^2 + a_{4,j}\left(\frac{100}{T_i}\right) \tag{2.75}$$

ここで，$a_{1,j}$ – $a_{4,j}$：O_2，N_2，CO_2，H_2O の近似式の係数〔—〕であり，文献 11) を参照した。また，混合ガスの定圧比熱 c_p〔J/(kg·K)〕は，式 (2.76) で表せる。

$$c_p = x_{O_2}c_{p,O_2} + x_{N_2}c_{p,N_2} + x_{CO_2}c_{p,CO_2} + x_{H_2O}c_{p,H_2O} \tag{2.76}$$

ここで，x_j：成分 j の質量分率〔—〕である。

混合ガスの気体定数および比熱比は，式 (2.77)，(2.78) から求めることができる。

$$R = \left(\frac{x_{O_2}}{M_{O_2}} + \frac{x_{N_2}}{M_{N_2}} + \frac{x_{CO_2}}{M_{CO_2}} + \frac{x_{H_2O}}{M_{H_2O}} \right) R_u \tag{2.77}$$

$$\kappa = \frac{c_p}{c_p - R} \tag{2.78}$$

ここで，R_u：モル気体定数（=8.314）〔J/(mol·K)〕である。

2.8.3 シリンダ内ガス流動モデル

本項では，2.8.4 項の冷却損失モデルに使用するガス流動モデルを示す。冷却損失モデルは，強制対流熱伝達を考慮するため，壁面に対して垂直方向のガス流動の乱れ強さの計算が必要である。これまで，シリンダ内の局所の乱れ強さは，3 次元数値シミュレーション（3D–CFD）による計算に限られており，ECU 上でのサイクルごとの計算は困難であった。そこで本モデルでは，計算点を表 2.4 に示した 22 点とし，計算領域も**図 2.9** に示すシリンダ内 6 領域のみに限定することで，計算負荷の低減を図った。また，シリンダ内ガス流動を簡易的に計算するため，**図 2.10** に示す 4 種（軸方向流，スキッシュ流，スワール流，噴霧流）の各主流速度を式 (2.79) ～ (2.83) を用いて計算した。壁面垂直方向の

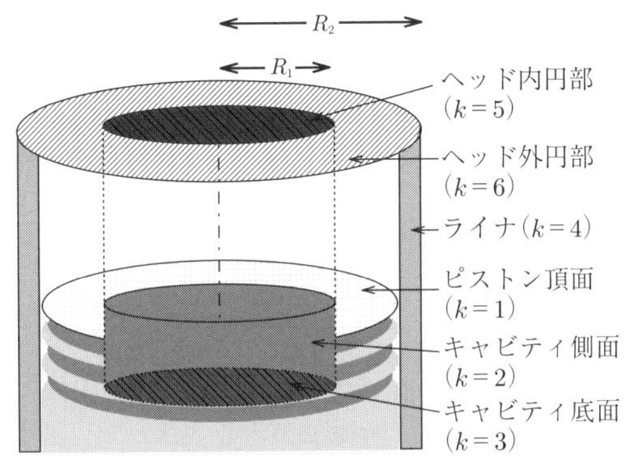

図 2.9　シリンダ内の計算領域の概要図

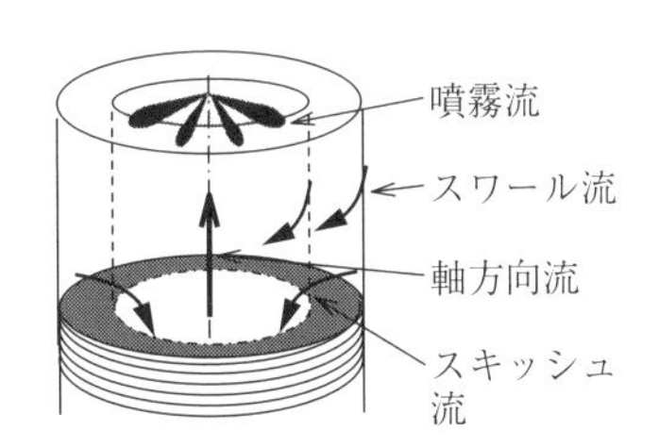

図 2.10　シリンダ内ガス流動の概要図

乱れ強さは，式 (2.84) に示す主流速度に対する乱れ強さの比（乱れ強さ係数）C_α〔—〕を 3D–CFD により事前に算出し，主流速度に乗じることで算出した。最終的に，6 領域の乱れ強さ $\hat{u}_k{}'$〔m/s〕は，式 (2.85) ～ (2.90) に示すように，4 種のガス流動の乱れ強さを組み合わせることで求めた。

〔1〕 軸 方 向 流

軸方向流速は，ピストンの往復運動によって変化する。そこで，シリンダヘッド近傍の流速は無視できるほど小さく，かつピストン近傍の流速はピストン速度に等しいと仮定すると，軸方向流速 u_{axial}〔m/s〕は，ピストン速度 u_p〔m/s〕を用いて，式 (2.79) として表される。

$$u_{axial} = \frac{1}{2}u_p \tag{2.79}$$

〔2〕 スキッシュ流

スキッシュ流の概略図を**図 2.11** に示す。ピストン頂面上方（領域 2）からキャビティ上方（領域 1）へ向かう半径方向流速を，スキッシュ流速 1，u_{sq1} とする。また，領域 1 からキャビティ（領域 3）へ向かう軸方向流速を，スキッシュ流速 2，u_{sq2} とする。この際，圧縮行程において，シリンダ内のガス質量が保存されるため，u_{sq1} および u_{sq2} は式 (2.80)，(2.81) で表される。

$$u_{sq1} = u_p \frac{A_{sq}}{A_g} \cdot \frac{V_{bowl}}{V} \tag{2.80}$$

$$u_{sq2} = u_p \frac{V_{bowl}}{V} \tag{2.81}$$

ここで，A_g：領域 1 の側面積〔m^2〕，A_{sq}：ピストン頂面の表面積〔m^2〕，V_{bowl}：

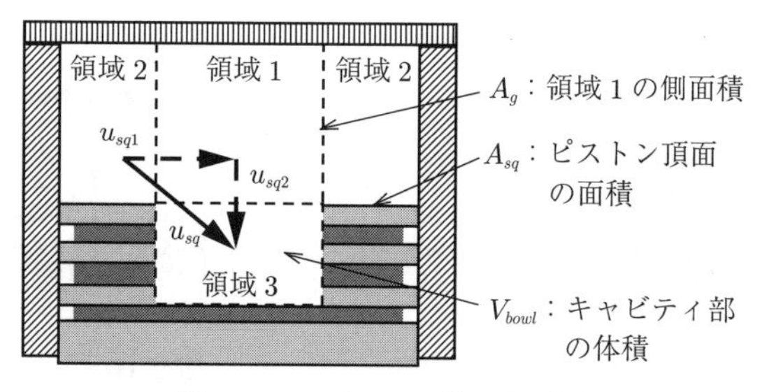

図 2.11　スキッシュ流の概要図

キャビティ部の体積〔m^3〕および V：燃焼室全体の体積〔m^3〕である。

〔3〕 スワール流

スワール流の概略図を**図 2.12** に示す。スワール流を，キャビティ領域 $(j = 1)$ およびスキッシュ領域 $(j = 2)$ における二つの剛体流から構成されると仮定すると，主流速度は式 (2.82) のように表される。

$$u_{\theta,k} = x_k \omega_j \tag{2.82}$$

ここで，x_k：領域 k におけるシリンダ内中心からの平均距離を表す関数〔m〕，ω_j：領域 j における角速度〔rad/s〕である。

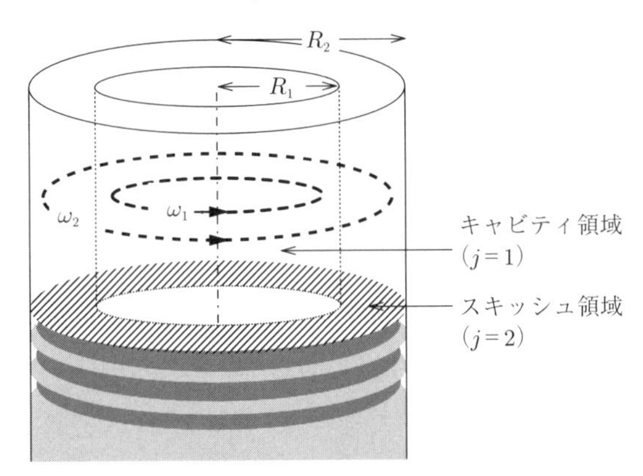

図 2.12　スワール流の概要図

〔4〕 噴霧流

時刻 t〔s〕における噴霧流速度 $u_{inj.}$〔m/s〕は，噴霧期間中および噴霧終了後[12)]に分けて，式 (2.83) のように表される。

$$u_{inj.} = \begin{cases} 1.48 \left(\dfrac{P_{rail} - P_{amb.}}{\rho} \right)^{0.25} \sqrt{d_0}\, t^{-0.5} & (0 \leqq t < t_{inj.}) \\ \dfrac{u_{ie}}{\varphi(t - t_{inj.}) u_{ie} + 1} & (t_{inj.} \leqq t) \end{cases} \tag{2.83}$$

ここで，$t_{inj.}$：噴射期間〔s〕，u_{ie}：噴射終了時の噴霧先端速度〔m/s〕，P_{rail}：燃料噴射圧力〔Pa〕，$P_{amb.}$：雰囲気圧力〔Pa〕，ρ：シリンダ内ガスの密度〔kg/m^3〕，d_0：噴口径〔m〕，φ：空気抵抗を考慮した速度減衰係数〔—〕である。

〔5〕 乱れ強さのモデル化

各ガス流動の乱れ強さを求めるため，3D–CFD を用いて乱れ強さ係数を求める。乱れ強さ係数 C_α〔—〕（添え字の α には，*axial*，*squish*，*swirl*，*inj.* が入り，各ガス流動の乱れ強さ係数を意味する）は，壁面水平方向の主流速度および壁面垂直方向の変動速度の比であり，式 (2.84) のように表される。

$$C_\alpha = \frac{u'}{u_\alpha} \tag{2.84}$$

ここで，u_α：3D–CFD より求めた各ガス流動の壁面水平方向の主流速度〔m/s〕および u'：3D–CFD より求めた各ガス流動の壁面垂直方向の変動速度〔m/s〕である。一例として，筆者らのエンジン諸元で計算した乱れ強さ係数の結果を**表 2.5** に示す。なお，本係数は，吸気ポートやピストンなどの幾何形状に大きく影響されるため，エンジン諸元ごとに 3D–CFD による再計算を必要とする。最後に，図 2.9 に示した 6 領域の乱れ強さ $\hat{u}_k{}'$〔m/s〕は，式 (2.79) ～ (2.83) で計算した主流速度，および式 (2.84) で求めた乱れ強さ係数を用いて，式 (2.85) ～ (2.90) のように推定できる。

表 2.5　ガス流動ごとの乱れ強さ係数

ガス流動の種類	乱れ強さ係数
軸 方 向 流	0.028
スキッシュ流	0.039
スワール流	0.042
噴　霧　流	0.102

ピストン頂面（$k = 1$）：

$$\hat{u}_1{}' = \sqrt{(C_{squish} u_{sq1})^2 + (C_{swirl} u_{\theta,1})^2} \tag{2.85}$$

キャビティ側面（$k = 2$）：

$$\hat{u}_2{}' = \sqrt{(2C_{axial} u_{axial} + C_{squish} u_{sq2} + C_{inj.} u_{inj.})^2 + (C_{swirl} u_{\theta,2})^2} \tag{2.86}$$

キャビティ底面（$k = 3$）：

$$\hat{u}_3{}' = \sqrt{(C_{inj.} u_{inj.})^2 + (C_{swirl} u_{\theta,3})^2} \tag{2.87}$$

ライナ（$k=4$）：

$$\hat{u}_4{}' = \sqrt{(C_{axial}u_{axial})^2 + (C_{swirl}u_{\theta,4})^2} \tag{2.88}$$

ヘッド内円部（$k=5$）：

$$\hat{u}_5{}' = \sqrt{\left(\frac{C_{squish}u_{sq1}}{2}\right)^2 + (C_{swirl}u_{\theta,5})^2} \tag{2.89}$$

ヘッド外円部（$k=6$）：

$$\hat{u}_6{}' = \sqrt{\left[\frac{(R_1+R_2)C_{squish}u_{sq1}}{2R_2}\right]^2 + (C_{swirl}u_{\theta,6})^2} \tag{2.90}$$

2.8.4　冷却損失モデル

冷却損失モデルには，ECU 上でサイクルごとに演算を行うため，低計算負荷かつ高精度なシリンダ内の壁面熱流束の予測式が必要である。これまで，予測式として，低計算負荷な経験式[13)]が提案されてきたものの，シリンダ内の平均熱流束しか求めることができず，予測精度は十分ではなかった。また，3D–CFD 用の高精度な予測式[14)]も構築されていたものの，計算負荷が高く ECU に実装することは困難であった。一方，式 (2.91) に示す予測式[15)]は，エネルギー式および連続の式より導出された式であるため，高精度な物理モデルとして使用できる。さらに，境界層内もモデル化しているため計算負荷が低い。そのため，図 2.9 に示した 6 領域の壁面熱流束を ECU 上で推定することが可能である。

$$q_{w,i,k} = -\sqrt{\frac{C_\lambda}{P_0}\cdot\frac{\kappa}{\kappa-1}}P_iT_i\left(\frac{1}{\sqrt{\pi\tau_i}} - \frac{T_{w,k}}{T_i}\cdot\frac{1}{\sqrt{\tau_i}}\right) - \frac{\psi}{4}c_p\hat{u}_{i,k}{}'\frac{P_i}{P_0}(T_i - T_{w,k}) \tag{2.91}$$

ここで，C_λ：シリンダ内ガスの熱伝導率の温度に対する傾き〔W/(m·K^2)〕，P_0：吸気上死点のシリンダ内圧力〔Pa〕，κ：比熱比〔—〕，P_i：計算点 i におけるシリンダ内圧力〔Pa〕，T_i：計算点 i におけるシリンダ内ガス温度〔K〕，$T_{w,k}$：領域 k の壁温度〔K〕，ψ：カルマン定数（=0.4）〔—〕，c_p：定圧比熱〔J/

(kg·K)〕，および τ_i：無次元時間〔—〕であり，式 (2.92) より求めることができる。

$$\tau_i = \frac{1}{P_0}\int_0^t P_r dt \tag{2.92}$$

ここで，t：吸気上死点から計算点 i までの時間〔s〕，P_r：シリンダ内圧力の時間履歴〔Pa〕である。

式 (2.91) に示される $\hat{u}'$ に，式 (2.85) ~ (2.90) で求めた値を代入すると，6 領域の壁面熱流束が求められる。さらに，壁温度の推定に必要なシリンダ内ガスから壁面への伝熱量 dQ_{w_wall}〔W〕は，式 (2.91) より求めた熱流束および領域 k の表面積 A_k〔m^2〕および 1 サイクルの時間 t_{cycle}〔s〕を用いて，式 (2.93) より求めることができる。

$$dQ_{w\_wall} = \frac{1}{t_{cycle}}\int_{cycle} A_k q_{w,i,k} dt \tag{2.93}$$

また，圧縮ポリトロープ指数を推定するために必要な圧縮行程中の冷却損失 $Q_{comp.}$〔J〕は，燃焼開始のクランク角度 θ_c〔rad〕を用いて，式 (2.94) より求めることができる。

$$Q_{comp.} = \int_{\mathrm{IVC}}^{\theta_c}\left(\sum_{k=1}^{6} A_k q_{w,i,k}\right) dt \tag{2.94}$$

2.8.5 壁温度モデル

壁温度モデルは，伝熱工学で広く用いられる熱通過（対流熱伝達および熱伝導を組み合わせた熱移動）をもとに，式 (2.93) より求めた冷却損失 dQ_{w_wall}〔W〕および冷却水温度を用いて壁温度を推定する。図 2.9 に示したピストン頂面，キャビティ側面，ライナ，ヘッド内円部，ヘッド外円部の 5 領域では，燃焼による高温ガスから生じた熱が，熱伝達により燃焼室壁面に伝わり，壁内を通過後，冷却水に移動するため，**図 2.13** に示すような単純な 1 次元熱通過として考えることができる。そのため，式 (2.93) より推定したシリンダ内ガスから壁面への伝熱量（図のガス側の熱伝達に相当）dQ_{w_wall}〔W〕は，式 (2.95)

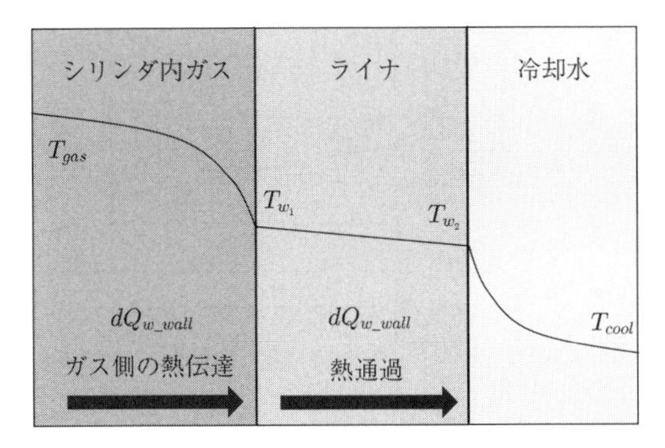

図 2.13 ピストン頂面，キャビティ側面，ライナ，ヘッド内円部，およびヘッド外円部における壁温度推定の概念図

に示す関係を満たす。

$$dQ_{w\_wall} = AK(T_{w1} - T_{cool}) \tag{2.95}$$

ここで，A：各領域の壁面の表面積〔m^2〕，T_{w1}：壁表面温度〔K〕，T_{cool}：冷却水温度〔K〕，K：熱通過率〔W/(m^2·K)〕であり，式 (2.96) より求められる。

$$K = \frac{1}{\dfrac{\delta}{\lambda} + \dfrac{1}{h_c}} \tag{2.96}$$

ここで，δ：壁の厚さ〔m〕，λ：壁の熱伝導率〔W/(m·K)〕および h_c：冷却水側の熱伝達率〔W/(m^2·K)〕である。

式 (2.95) を整理すると，壁温度は式 (2.97) として表される。

$$T_{w_1} = T_{cool} + \frac{1}{AK} dQ_{w\_wall} \tag{2.97}$$

一方，近年のディーゼルエンジンでは，ピストン内にオイルチャネルを設置するケースが主となってきた。そのため，キャビティ底面は，**図 2.14** に示すように，燃焼ガスからの熱が冷却水およびオイルの双方へ輸送されるようにモデル化した。このケースでも，1 次元熱通過の考え方を踏襲し，熱が冷却水に輸送される場合のキャビティ底面の壁温度 T_{w_pbot}〔K〕は，式 (2.98) として表される。

$$T_{w\_pbot} = T_{cool} + \frac{\alpha dQ_{w\_wall}}{AK_{pbot\_cool}} \tag{2.98}$$

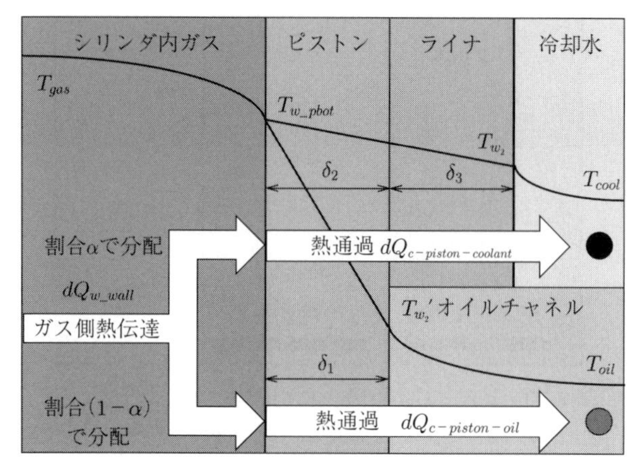

図 **2.14**　キャビティ底面における壁温度推定の概念図

ここで，α：冷却水側を通過する熱の割合〔—〕，K_{pbot_cool}：キャビティ底面の冷却水側への熱通過率〔W/(m^2·K)〕であり，式 (2.99) より求められる。

$$K_{pbot\_cool} = \frac{1}{\dfrac{\delta_2}{\lambda_2} + \dfrac{\delta_3}{\lambda_3} + \dfrac{1}{h_c}} \tag{2.99}$$

ここで，δ_2, δ_3：壁の厚さ〔m〕，λ_2, λ_3：壁の熱伝導率〔W/(m·K)〕である。

同様に，熱がオイルに輸送される場合，キャビティ底面の壁温度は，式 (2.100) として表される。

$$T_{w\_pbot} = T_{oil} + \frac{(1-\alpha)\,dQ_{w\_wall}}{AK_{pbot\_oil}} \tag{2.100}$$

ここで，T_{oil}：油温〔K〕，K_{pbot_oil}：キャビティ底面のオイル側への熱通過率〔W/(m^2·K)〕であり，式 (2.101) より求められる。

$$K_{pbot\_oil} = \frac{1}{\dfrac{\delta_1}{\lambda_1} + \dfrac{1}{h_{oil}}} \tag{2.101}$$

ここで，δ_1：壁の厚さ〔m〕，λ_1：壁の熱伝導率〔W/(m·K)〕，h_{oil}：オイル側の熱伝達率〔W/(m^2·K)〕である。

以上より，式 (2.98) から α を求め，式 (2.100) に代入することで，キャビティ底面の壁温度は式 (2.102) のように表される。

$$T_{w\_pbot} = \frac{\dfrac{dQ_{w\_wall}}{A} + T_{cool}K_{pbot\_cool} + T_{oil}K_{pbot\_oil}}{K_{pbot\_cool} + K_{pbot\_oil}} \tag{2.102}$$

2.8.6 圧縮ポリトロープ指数モデル

燃料噴射時期までのシリンダ内ガス温度は，計算負荷低減のためポリトロープ変化を仮定して推定する。ポリトロープ変化とは冷却損失を考慮した（非断熱の）気体の体積変化である。熱力学第一法則より，ガスの内部エネルギー U〔J〕，熱量 Q〔J〕，シリンダ内圧力 P〔Pa〕およびシリンダ内体積 V〔m^3〕の間には，式 (2.103) の関係が成り立つ。

$$dU = dQ - PdV \tag{2.103}$$

また，圧縮行程中のシリンダ内ガス温度 T〔K〕，体積 V〔m^3〕およびポリトロープ指数〔—〕の間には，式 (2.104) の関係が成り立つ。

$$TV^{n-1} = T_{IVC}V_{IVC}^{n-1} \tag{2.104}$$

式 (2.103) および式 (2.104) を整理すると，式 (2.105) となる。

$$dQ = \frac{\kappa - n}{\kappa - 1}PdV \tag{2.105}$$

式 (2.105) を圧縮行程において積分すると，式 (2.106) となる。

$$Q_{comp.} = \int_{IVC}^{\theta} \frac{\kappa - n}{\kappa - 1}PdV = \frac{\kappa - n}{\kappa - 1} \cdot \frac{P_{IVC}V_{IVC}}{n - 1}\left[1 - \left(\frac{V_{IVC}}{V_\theta}\right)^{n-1}\right] \tag{2.106}$$

ここで，式 (2.94) より求めた圧縮行程中の冷却損失を，式 (2.106) に代入することで圧縮ポリトロープ指数を導出することができる。しかしながら，式 (2.106) を ECU 上でサイクルごとに計算することは困難であるため，ポリトロープ指数に関する近似式を導出した。なお，式 (2.106) の近似を容易にするため，新たに変数 V^*，Q^* を定義した。V^* は，燃料噴射時期におけるシリンダ内体積 $V_{inj.}$〔m^3〕を用いて，式 (2.107) で定義される。

$$V^* = V_{inj.} \times 1\ 000 \tag{2.107}$$

また，Q^* は圧縮行程中の冷却損失 $Q_{comp.}$ およびIVC時におけるシリンダ内ガス圧力 P_{IVC}〔Pa〕を用いて，式 (2.108) で定義される。

$$Q^* = \frac{Q_{comp.}}{P_{IVC}} \times 1\ 000 \tag{2.108}$$

最終的に，ポリトロープ指数の近似式は，シリンダ内ガスの比熱比 κ，V^* および Q^* を用いて，式 (2.109) のように表される。

$$\begin{aligned} n = &\left[(-5.498\kappa + 6.369)\,V^* + \left(1.600\kappa^2 - 4.344\kappa + 2.937\right)\right] Q^{*2} \\ &+ \left[(6.802\kappa - 6.499)\,V^* + \left(-0.240\kappa^2 + 0.622\kappa - 0.328\right)\right] Q^* + \kappa \end{aligned} \tag{2.109}$$

以下に，本節で紹介した一連のモデルによる計算結果の一例を示す[16)]。冷却損失モデルより推定した1サイクル中のシリンダ内ガスから壁面への伝熱量の時間変化を**図 2.15** に示す。本モデルは，冷却損失の特徴点をとらえており，ピーク値およびその時期は3D–CFDをもとにすると，1次元エンジン解析よりも高精度に推定できていることがわかる。また，過渡運転時における圧縮ポリトロープ指数の推定結果を**図 2.16**(a) に，壁温度の推定結果を図 (b) に，エンジン回転数を図 (c) に示す。過渡運転では，加速，定速および減速運転を繰り

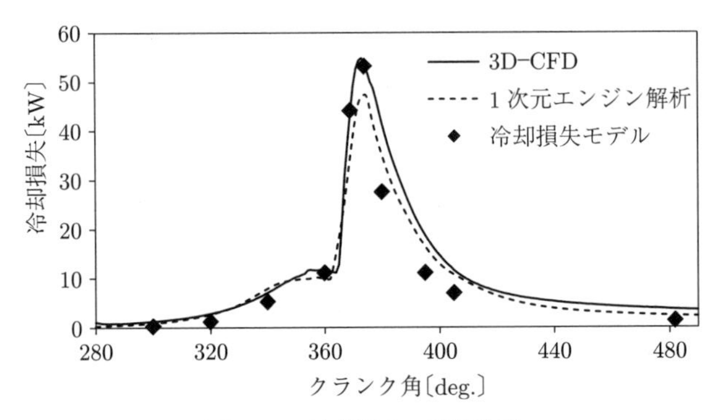

図 2.15 冷却損失の推定結果

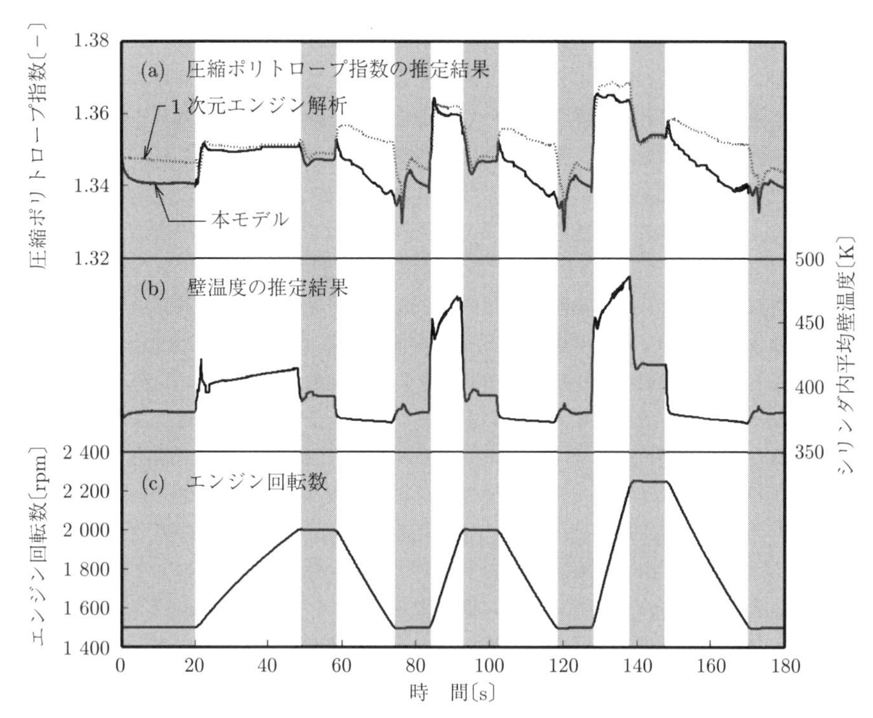

図 **2.16** 圧縮ポリトロープ指数モデルおよび壁温度モデルの推定結果の一例

返す走行パターンを設定した。圧縮ポリトロープ指数の推定結果は，定速運転および加速運転は1次元エンジン解析に対して良好な一致を見せるが，減速時の誤差が目立つ。しかしながら，減速時は燃料噴射をほとんど行わないため圧縮ポリトロープ指数推定の誤差による運転への影響は少ないと考えられる。壁温度の推定結果は，加速時に壁温度が大きく上昇し減速時に低下するという現象を表現できており，冷却損失推定のためのサブモデルとしては十分な精度を有することが確認できる。

コラム 2.1

ディーゼル燃焼

はじめにディーゼル燃焼の歴史について振り返る。乗用車用ディーゼルエンジンは1930年代から1990年頃までの長い間，副室式ディーゼル機関が主流であった。当時の燃料噴射装置は燃料噴射圧力が低く，燃料噴霧の微粒化が十分できなかった。それを補い安定した着火と燃焼を行うために，副室式ではピストン上部の主燃焼室に連絡孔や噴孔と呼ばれる通路を介して副燃焼室を配置している。燃料は副燃焼室へ噴射され，着火した後に燃焼ガスが通路から主燃焼室へ吹き込まれ燃焼を行う形式である。副室式ではシリンダ内の表面積が広いため冷却損失が大きく，高圧縮比にする必要があるため摩擦損失が大きいことが問題であった。1990 年代になると高圧燃料噴射装置が進化し，燃料噴霧の微粒化や空気導入が改善されたことで，副室を設けることなく直噴主燃焼室に噴射する直噴式が採用されるようになり，本来の高い熱効率を発揮できるようになってきた。2000 年になると，燃料噴射圧力や自在な噴射パターンが実現できるコモンレールシステムやワイドレンジで過給圧力のコントロールが可能な可変ノズル付きターボが採用されたことを契機に，ディーゼル車の悪いイメージが払拭され，欧州では先進のハイパフォーマンスカーとして受け入れられ，爆発的にその市場を拡大した。

既存のディーゼル燃焼は，過給，EGR，高圧燃料噴射システムの可変機構を活用し，運転条件に応じた最適化ができるようになった。燃料噴射により燃焼を制御する考え方が主流であり，メイン噴射に先立ち，パイロットおよびプレ噴射を行い火種を作ることで，メイン噴霧の着火を安定化させる手法が一般的である。

近年，さらなるディーゼルエンジンの高効率化と排気有害物質の低減が求められており，ディーゼル燃焼としても改善に向けた取組みが必要である。高効率化のためには，トレードオフの関係にある冷却損失と排気損失の同時低減が必要である。そのためには燃料噴霧火炎の温度を低減し，火炎の燃焼室壁面への衝突を緩和しつつ，TDC（top dead center：上死点）付近での短期間燃焼を実現することが必要と考えられる。複数回行う燃料噴射の間隔を短くする近接マルチ噴射と PCCI 燃焼の組合せは，その実現手法の一つとして有力と考えられる。また，従来ディーゼル燃焼では排気有害物質として NOx，すす（soot）の低減が課題となる。EGR を利用して燃焼温度を下げることにより NOx は低減できるが，その際に局部的に酸素不足となり，すすが増加してしまう。このようにトレードオフの関係にある NOx とすすを同時低減することが求められており，その実現手法としても PCCI 燃焼が期待されている。

以上のように，今後の高効率化と排気有害物質の低減の観点で PCCI 燃焼は有望な実現手段として期待されている。ところが，PCCI 燃焼は長い着火遅れ期間内に空気と燃料の混合を促進する燃焼であり，その制御が難しい。既存のパイロット噴射とプレ噴射を用いた拡散燃焼では，シリンダ内のガスの状態量の変化（EGR や過給圧によって決まる酸素濃度，温度，圧力など）に対してロバスト性が高く，燃焼騒音などの商品性や効率を悪化させることなく燃料噴射に応じて安定的な燃焼を実現できる。これに対して PCCI 燃焼ではシリンダ内状態量に対して燃焼が大きく変化してしまうため，状態量の変化を考慮しながら燃料噴射量や時期を調整し，適正な燃焼を実現する必要がある。このように PCCI 燃焼を制御するためには，シリンダ内のガスの状態量を考慮しながら緻密な制御が必要となることから，従来の制御 MAP 方式では膨大な数の MAP が必要となり現実的ではない。また，実験計画法（DoE）に基づいて計測されたデータで構築された統計モデルでは，ニューラルネットワークなどによってモデリングを行うことにより，複雑な燃焼を高い精度で予測できることが期待されるが，限られた領域のモデル予測精度を向上させると，外挿領域で発散するなどのロバスト性が課題になることが容易に予想される。したがって，世界各国の市場では多種多様な走行が求められていることを踏まえると，このような幅広い領域において高い精度で予測するという要求に応えることは困難と考えられる。このような幅広い領域で高い予測精度を確保するためには物理式に基づいたモデルを構築することこそが最善の策であり，このモデルを前提とした制御（モデルベースト制御）が必要不可欠と考えられる。

最近では，いくつかの自動車会社によって PCCI 燃焼コンセプトが実用化され，その燃焼制御のために物理に基づいたモデルベースト制御が使われるようになった。本書では，既存モデルよりさらに物理学に基づいたうえで，エンジン制御に利用できるほど計算負荷の低いディーゼル燃焼予測モデルの詳細について紹介しており，今後のモデルベースト制御の進化に役立つことを期待したい。

コラム 2.2

なぜ圧縮・膨張行程をポリトロープ変化でモデル化できるのか？

2.8 節に示したモデルでは，圧縮・膨張行程を断熱変化ではなくポリトロープ変化としてモデル化している。内燃機関の圧縮膨張行程は，容器に気体を封入して体積変化させているものと見なすことができるため，断熱変化であればポアソンの法則により容易にモデル化することができる。ポアソンの法則を用いてモデル化した場合，圧縮行程のシリンダ内圧力は式 (1) で表される。

$$P_i = P_{IVC}\left(\frac{V_{IVC}}{V_i}\right)^{\kappa} \tag{1}$$

ここで，κ：シリンダ内ガスの比熱比〔—〕である。

図 1 に実機実験より得た p–V 線図と，圧縮行程を断熱変化としてモデル化し

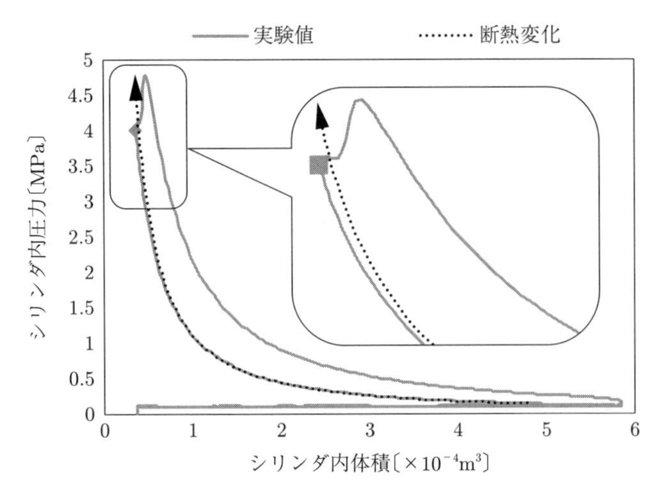

図 1　断熱変化による圧縮行程のモデル化

た際の圧力変化を示す。この場合，TDC 付近で 0.6 MPa の過大評価となり，その誤差は 14.9 % と評価された。ここで，熱力学第一法則をもとに考えると，内部エネルギーの変化 ΔU〔J〕は，物体から流出した熱量 Q〔J〕およびピストンより受けた仕事 W〔J〕との間に，式 (2) に示す関係を満たす。

$$\Delta U = W - Q \tag{2}$$

以下のように断熱変化と仮定すると，$Q = 0$ となるため，ピストンより受けた仕事がすべて内部エネルギーの増加に使用されたものと見なされるため，実験値と比べて大きな値を示した。実在のディーゼルエンジンを考えた場合，圧縮行程ではシリンダ内ガス温度が最大で 800 ～ 1 000 K にまで達するのに対し，シリンダ内壁温度は 400 ～ 500 K 程度であるため，その温度差は 400 ～ 500 K に達する。壁面熱伝達による伝熱量はニュートンの冷却の法則を基本としており，ガス温度と壁温度の差に起因する。そのため，圧縮行程を断熱変化と見なすことはできない。一方，膨張行程では，燃焼ガスの影響によりシリンダ内ガス温度が圧縮行程の 2 倍近くにまで上昇するものの，壁温度は極短時間に上昇することはないため，壁面熱伝達による伝熱量は圧縮行程よりもさらに大きくなる。そのため，膨張行程も断熱変化と見なすことはできない。

ここで，冷却損失を考慮して，気体の体積変化による温度・圧力変化を表現できるポリトロープ変化を圧縮行程に適用した際の p–V 線図を**図 2** に示す。TDC 付近でのシリンダ内圧力推定は 0.035 MPa の過大評価となるが，その誤差は 0.9 %

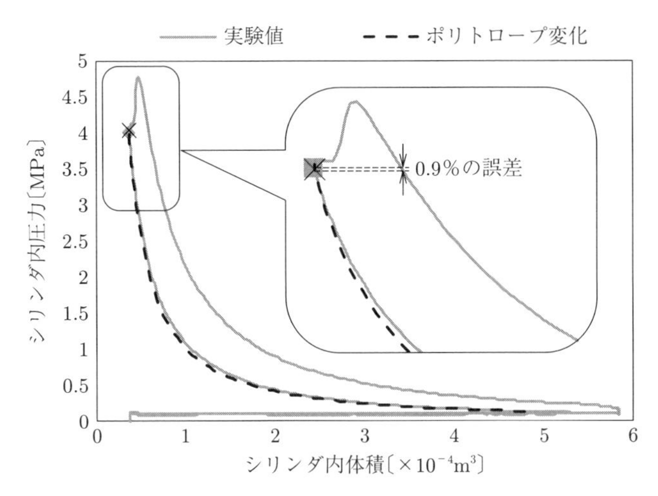

図 2　ポリトロープ変化による圧縮行程のモデル化

で，断熱変化よりも高精度な推定を行っていることがわかる。つまり，圧縮行程はポリトロープ変化でモデル化できることがわかる。断熱変化における体積比の指数は，封入気体の比熱比 k であるが，ポリトロープ変化ではポリトロープ指数 n となる。エネルギーが外部に流出する行程において，ポリトロープ指数 n は $n<k$ となり，エネルギーが流入する行程では $k<n$ となる（ただし，エンジンの圧縮・膨張行程では行程中の流入エネルギーの総和が正となることはありえない）。冷却損失が大きければ大きいほど n は k より小さくなる。そのため，断熱変化は冷却損失 0 のポリトロープ変化と考えることもできる。圧縮行程中のポリトロープ指数を推定するためには，圧縮行程中の冷却損失と比熱比 k を正確に推定する必要がある。比熱比 k は，圧縮行程中におけるシリンダ内ガス組成とシリンダ内ガス温度を推定することによって導くことができる。ただし，ディーゼルエンジンには，排出ガスの一部を吸気ガスに混合して吸気する EGR を搭載したものが多いため，吸気ガス組成が大気と大きく異なることに注意しなければならない。そのため，2.8 節のモデルでは，EGR 率を考慮したガス組成モデルも構築している。気体の比熱比は温度依存性があり，温度が上がるほど比熱比は低下するため，シリンダ内ガス温度も推定する必要がある。ディーゼルエンジンの冷却損失は，これまで多くの研究者がモデル化してきたが，経験式を用いる場合，実装にあたっては適合数が増加してしまうため，ここでは理論式に基づいた冷却損失モデルを使用した。

3 吸排気システムのモデリング

所望の燃焼を実現するためには，シリンダ内に流入する気体の圧力や酸素濃度を目標値へ精度よく追従させる必要がある。そのために，吸排気システムの制御性能向上は重要な課題となっている。特に，制御理論に基づく制御系設計を行うためには，制御に適したモデルが必要となる。このモデルは，複雑かつ精緻であればよいというわけではなく，精度と取扱いやすさの両方を兼ね備えている必要がある。そのような理由から，気体の圧力，温度，および流量の平均的な振舞いに着目した**平均値モデル**（mean value model）と呼ばれるモデルが現在主流となっている[1)]。そこで，本章では吸排気システムの平均値モデルを求めていく[1)~4)]。

3.1 吸排気システムの構成

対象とする吸排気システムは，図 **3.1** に示す EGR および VGT（variable geometry turbo）を有する典型的なディーゼルエンジン吸排気システムとする。

外気から吸入される**新気**（fresh air）は**コンプレッサ**（compressor）で圧縮され，**インタクーラ**（inter cooler）で冷却された後に，**プレスロットルマニホールド**（pre-throttle manifold）（以下，プレマニ）に入る。**スロットル**（throttle）を通った気体と **EGR バルブ**（EGR valve）を通った気体は，**インテークマニホールド**（intake manifold）（以下，インマニ）に流入する。インマニ内の気体は，シリンダへ流入し，燃焼を終えた気体は，**エキゾーストマニホールド**（exhaust manifold）（以下，エキマニ）に排出される。エキマニを出た気体は，**EGR クーラ**（EGR coolar）を通って再循環される経路とタービンを通って排

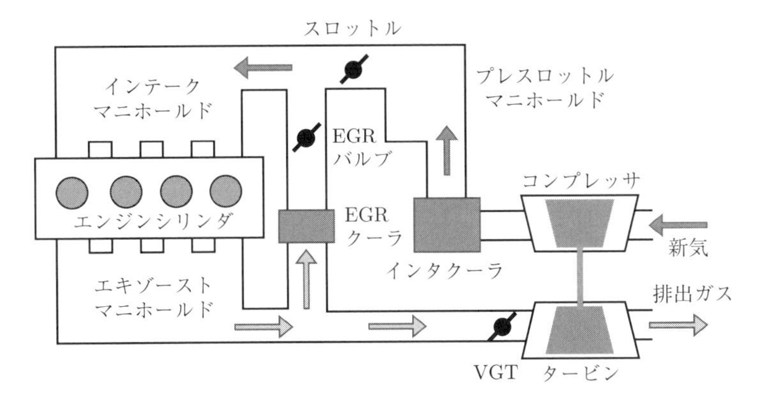

図 3.1 ディーゼルエンジン吸排気システムの概要

出ガスとなる経路に分かれる。なお，図 3.1 の EGR は**ハイプレッシャ EGR**（high pressure EGR）と呼ばれ，タービン上流の比較的高温の気体をインマニへ帰す構造となっている。このほかに，タービンの下流側の気体をコンプレッサの上流側に戻す**ロープレッシャ EGR**（low pressure EGR）がある。ロープレッシャ EGR は，過渡運転時に応答遅れが生じるというデメリットがある一方，低温かつ大量の EGR が可能で，すべての気体がタービンを通過するため，排気エネルギーの回収による効率向上が期待できる，というメリットを有する。紙面の都合から，本書ではハイプレッシャ EGR のみを扱う。

気体の流量は単位時間当りに流れる気体の質量で表す。これは，質量流量と呼ばれ，本書では，記号 W_*〔kg/s〕を使って表す。添え字 $*$ によって気体の流れる場所を示し，W_{EGR} は EGR バルブ流量，W_{pt} はスロットル流量，W_{ei} はシリンダ流入量，W_c はコンプレッサ流量，W_t はタービン流量を表す。また，シリンダ内に噴射された燃料によって生じる質量流量は W_f で表す。

気体の温度は T_*〔K〕で表し，T_{pt} はプレスロットル温度，T_{im} はインマニ温度，T_{em} はエキマニ温度，T_{eo} はシリンダ排出温度，T_{cab} は外気温度を表す。気体の圧力は p_*〔Pa〕で表し，添え字 $*$ を使って，p_{pt} はプレマニ圧力，p_{im} はインマニ圧力，p_{em} はエキマニ圧力，p_{cab} は大気圧を表す。

吸排気システムの制御入力は，**VGT ベーン閉度**（VGT vane closing）$u_{VGT} \in [0, 100]$〔% closing〕，**EGR バルブ開度**（EGR valve opening）$u_{EGR} \in [0, 100]$〔% opening〕，**スロットル閉度**（throttle closing）$u_{pt} \in [0, 100]$〔% closing〕の三つとし，制御量はインマニ圧力 p_{im} と式 (3.1) で定義される **EGR 率**（EGR ratio）$r_{EGR} \in [0, 1]$ とする†。

$$r_{EGR} = \frac{W_{EGR}}{W_{EGR} + W_{pt}} \tag{3.1}$$

モデリングでは，定圧比熱 c_p〔J/kg/K〕と定積比熱 c_v〔J/kg/K〕は定数とし，扱う気体は理想気体の状態方程式

$$pV = MRT \tag{3.2}$$

を満たすものと仮定する1)。ここで，p〔Pa〕はその気体の圧力，V〔m^3〕は体積，T〔K〕は絶対温度，M〔kg〕は質量を表し，R〔J/kg/K〕は気体定数である。

最後に，吸排気システムのモデリングで使用するおもな記号を**表 3.1** に，添え字の意味を**表 3.2** にまとめた。

表 3.1　記号とその意味

記　号	説　明	単　位
M_*	気体質量	〔kg〕
W_*	質量流量	〔kg/s〕
p_*	圧　力	〔Pa〕
P_*	パワー	〔W〕
T_*	温　度	〔K〕
V_*	体　積	〔m^3〕
ρ_*	密　度	〔kg/m^3〕
r_{EGR}	EGR 率	
ω_e	エンジン回転数	〔rad/s〕
N_e	エンジン回転数	〔rpm〕
η_*	効　率	
R	気体定数	〔J/kg/K〕
c_p	定圧比熱	〔J/kg/K〕
c_v	定積比熱	〔J/kg/K〕
$\kappa = c_p/c_v$	比熱比	

表 3.2　添え字の意味

添え字	意　　味
t	タービン
c	コンプレッサ
tc	ターボチャージャ
pt	スロットルまたはプレスロットル
im	インテークマニホールド
em	エキゾーストマニホールド
EGR	EGR
VGT	VGT
d	シリンダ
ei	シリンダ入力
eo	シリンダ出力

† $[a, b]$ は a 以上 b 以下の実数の集合を表す。

3.2 マニホールド要素

マニホールド要素のモデル化をインマニ要素を例にとって説明する。

まず，質量保存則を適用する。インマニへ流入する質量流量は，プレマニからスロットルを通って流入する流量 W_{pt}〔kg/s〕と EGR バルブを通って流入する流量 W_{EGR}〔kg/s〕の二つである。一方，流出する流量は，シリンダへ流れ込む流量 W_{ei}〔kg/s〕のみとなる。これらの収支が，インマニ内の気体質量 M_{im}〔kg〕の時間変化 $\dot{M}_{im}$〔kg/s〕を与える。つまり，次式が成り立つ。

$$\dot{M}_{im} = W_{pt} + W_{EGR} - W_{ei} \tag{3.3}$$

ここで，インマニの体積 V_{im}〔m^3〕を使って気体の密度 $\rho_{im} = M_{im}/V_{im}$〔kg/$m^3$〕を定義すると，式 (3.3) は式 (3.4) となる。

$$\dot{\rho}_{im} = \frac{1}{V_{im}}(W_{pt} + W_{EGR} - W_{ei}) \tag{3.4}$$

つぎに，エネルギ保存則，つまり熱力学第一法則を適用する。スロットルおよび EGR バルブを通って時間 dt の間にインマニに入る熱量は，それぞれ，$c_pT_{pt}W_{pt}dt$ および $c_pT_{EGR}W_{EGR}dt$ となる。ここで，T_{EGR}〔K〕は EGR バルブ通過後温度を表し，c_p〔J/kg/K〕は定圧比熱である。一方，インマニからシリンダへの気体の流出によって，$c_pT_{im}W_{ei}dt$ の熱量が失われる。簡単のため，マニホールド壁面と気体との間で熱量のやり取りはないものと仮定すると，外部から吸収する熱量の変化量 dQ_{im} は次式となる。

$$dQ_{im} = c_pT_{pt}W_{pt}dt + c_pT_{EGR}W_{EGR}dt - c_pT_{im}W_{ei}dt \tag{3.5}$$

また，インマニ内の気体のエネルギーの変化量 dU_{im} は，定積変化なので

$$dU_{im} = d(c_vM_{im}T_{im}) \tag{3.6}$$

となる。ただし，c_v〔J/kg/K〕は定積比熱である。インマニの体積は一定なので，外部に対して機械仕事はしない。したがって，次式が成り立つ。

$$dQ_{im} = dU_{im} \tag{3.7}$$

よって，式 (3.5) ～ (3.7) から式 (3.8) を得る。

$$\frac{d(c_v M_{im} T_{im})}{dt} = c_p T_{pt} W_{pt} + c_p T_{EGR} W_{EGR} - c_p T_{im} W_{ei} \tag{3.8}$$

ここで，インマニの体積を V_{im}〔m^3〕としたとき，理想気体の状態方程式

$$p_{im} V_{im} = M_{im} R T_{im} \tag{3.9}$$

が成り立つと仮定し，これを式 (3.8) に適用すると，式 (3.10) を得る。

$$\dot{p}_{im} = \frac{\kappa R}{V_{im}} (T_{pt} W_{pt} + T_{EGR} W_{EGR} - T_{im} W_{ei}) \tag{3.10}$$

ここで，$\kappa = c_p / c_v$ は**比熱比**（specific heat ratio）と呼ばれる[1)]。また，T_{im} は式 (3.9) から

$$T_{im} = \frac{1}{R} \cdot \frac{V_{im}}{M_{im}} \cdot p_{im} = \frac{1}{R} \left(\frac{p_{im}}{\rho_{im}} \right), \quad \rho_{im} = \frac{M_{im}}{V_{im}} \tag{3.11}$$

のようにインマニの密度を使って表せる。

以上をまとめると，インマニのモデルはつぎの二つの微分方程式 (3.12)，(3.13) で表すことができる。

$$\dot{\rho}_{im} = \frac{1}{V_{im}} (W_{pt} + W_{EGR} - W_{ei}) \tag{3.12}$$

$$\begin{aligned} \dot{p}_{im} &= \frac{\kappa R}{V_{im}} (T_{pt} W_{pt} + T_{EGR} W_{EGR} - T_{im} W_{ei}) \\ T_{im} &= \frac{1}{R} \left(\frac{p_{im}}{\rho_{im}} \right) \end{aligned} \tag{3.13}$$

インマニと同様にしてプレマニは式 (3.14)，(3.15) でモデル化できる。

$$\dot{\rho}_{pt} = \frac{1}{V_{pt}} (W_c - W_{pt}) \tag{3.14}$$

$$\begin{aligned} \dot{p}_{pt} &= \frac{\kappa R}{V_{pt}} (T_{ic} W_c - T_{pt} W_{pt}) \\ T_{pt} &= \frac{1}{R} \left(\frac{p_{pt}}{\rho_{pt}} \right) \end{aligned} \tag{3.15}$$

さらに，エキマニは式 (3.16)，(3.17) でモデル化できる。

$$\dot{\rho}_{em} = \frac{1}{V_{em}} \left(W_{ei} + W_f - W_{EGR} - W_t \right) \tag{3.16}$$

$$\dot{p}_{em} = \frac{\kappa R}{V_{em}} \left(T_{eo} W_{ei} + T_{eo} W_f - T_{em} W_{EGR} - T_{em} W_t \right)$$

$$T_{em} = \frac{1}{R} \left(\frac{p_{em}}{\rho_{em}} \right) \tag{3.17}$$

上記の微分方程式の右辺にある気体定数 R について，インマニおよびプレマニに関する式 (3.13) と式 (3.15) では，空気の気体定数 R_a〔J/kg/K〕が使われ，エキマニに関する式 (3.17) では，排出ガスの気体定数 R_{eg}〔J/kg/K〕が使われることが多い。これら気体定数，およびそれと関連する定圧比熱と比熱比の値は，空気の場合 $R_a = 287.1$ J/kg/K，$c_p = 1\,080$ J/kg/K，$\kappa = 1.399$，排出ガスの場合 $R_{eg} = 286.6$ J/kg/K，$c_p = 1\,050$ J/kg/K，$\kappa = 1.361$ がよく使われる[3),4)]。

また，流量 W_* について，スロットル流量 W_{pt} と EGR 流量 W_{EGR} は，後述するスロットルおよび EGR バルブのモデルで決定される。シリンダ流入量 W_{ei} は，後述するシリンダのモデルで決定される。タービン流量 W_t とコンプレッサ流量 W_c は，後述するターボチャージャのモデルで決定される。W_f はシリンダ内に噴射された燃料を質量流量に換算したものであり，1 ストローク当りに噴射される燃料を Q_{fuel}〔mm^3/st.〕とすれば，式 (3.18) で与えられる。

$$W_f = \rho_{fuel} Q_{fuel} \frac{N_{cyl}}{2} \cdot \frac{N_e}{60} \tag{3.18}$$

ここで，ρ_{fuel}〔kg/mm^3〕は燃料の密度（軽油の場合 0.832×10^{-6} kg/mm^3），N_{cyl} はシリンダ数，N_e〔rpm〕はエンジン回転数を表す。

EGR バルブ通過後温度 T_{EGR} については，EGR クーラで十分冷却されてあまり変化しない場合，定数とすることができる。インタクーラ通過後温度も同様である。定数と見なせない場合は，式 (3.19) が使われることがある[2)]。

$$T_{out} = T_{in} - \eta_{coolar} (T_{in} - T_{coolant}) \tag{3.19}$$

ここで，T_{in} はクーラへの入口温度，T_{out} は出口温度，$T_{coolant}$ は冷却剤の温度を表す。また，$\eta_{coolar} \in [0,1]$ は**冷却効率**（cooling efficiency）と呼ばれ，定数あるいはクーラを通過する流量の関数などに選ばれる。

別途与えるシリンダ排出温度 T_{eo} は，各マニホールド圧力や温度に大きな影響を与えるため，できるだけ正確な値を使いたい。そのためには，2 章で述べた燃焼モデルの利用が望ましい。それが難しい場合は，燃料噴射量や空燃比の非線形関数を仮定し，その関数を実験的に求めて使用することになる。

3.3 バルブ要素

スロットルおよび EGR バルブを通過する気体の流量は，**図 3.2** に示すような，断面積 A〔m^2〕を持つ管内絞りを通過する気体としてモデリングされる。

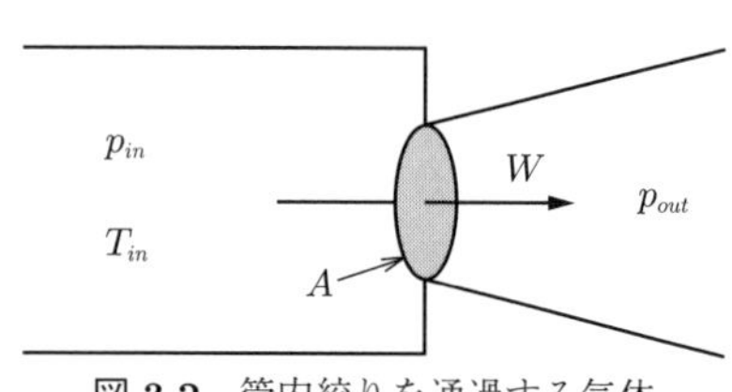

図 3.2　管内絞りを通過する気体

図において，上流側の圧力と気体の温度を p_{in}〔Pa〕および T_{in}〔K〕，下流側の圧力を p_{out}〔Pa〕，絞りの断面積を A〔m^2〕，絞りを通過する流量を W〔kg/s〕とすると，これらの間に式 (3.20) が成り立つことが知られる[1),3)]。

$$W = A\frac{p_{in}}{\sqrt{RT_{in}}}\Psi\left(\frac{p_{in}}{p_{out}}\right) \tag{3.20}$$

ただし

$$\Psi\left(\frac{p_{in}}{p_{out}}\right) = \begin{cases} \sqrt{\kappa\left(\dfrac{2}{\kappa+1}\right)^{\frac{\kappa+1}{\kappa-1}}}, & p_{out} < p_{cr} \\ \left(\dfrac{p_{out}}{p_{in}}\right)^{\frac{1}{\kappa}}\sqrt{\dfrac{2\kappa}{\kappa-1}\left[1-\left(\dfrac{p_{out}}{p_{in}}\right)^{\frac{\kappa-1}{\kappa}}\right]}, & p_{out} \geqq p_{cr} \end{cases} \tag{3.21}$$

である。ここで

$$p_{cr} = \left(\frac{2}{\kappa+1}\right)^{\frac{\kappa}{\kappa-1}} p_{in}$$

は臨界圧力と呼ばれ，下流側の圧力 p_{out} が臨界圧力に達すると，バルブを流れる流速が音速に達する。そうなると，これ以上，下流側の圧力が低くなっても流量 W は増えず，一定値となる。

式 (3.21) はべき関数を含むため計算負荷が高い。空気の場合，$\kappa \simeq 1.4$ となるが，この場合，計算負荷の低い近似として，式 (3.22) が使える[3)]。

$$\Psi\left(\frac{p_{in}}{p_{out}}\right) \simeq \begin{cases} \dfrac{1}{\sqrt{2}}, & p_{out} < 0.5p_{in} \\ \sqrt{\dfrac{2p_{out}}{p_{in}}\left(1-\dfrac{p_{out}}{p_{in}}\right)}, & p_{out} \geqq 0.5p_{in} \end{cases} \tag{3.22}$$

式 (3.21) と式 (3.22) のグラフを図 **3.3** に示すが，この図から，式 (3.22) は式 (3.21) の精度のよい近似になっていることがわかる。

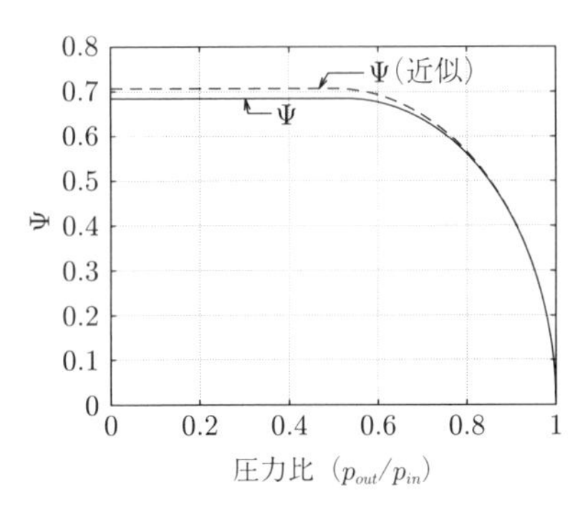

図 **3.3**　Ψ とその近似

これらの結果を使うと，スロットルと EGR バルブは

$$W_{pt} = A_{pt}(u_{pt})\frac{p_{pt}}{\sqrt{RT_{pt}}}\Psi\left(\frac{p_{pt}}{p_{im}}\right) \tag{3.23}$$

$$W_{EGR} = A_{EGR}(u_{EGR})\frac{p_{em}}{\sqrt{RT_{em}}}\Psi\left(\frac{p_{em}}{p_{im}}\right) \tag{3.24}$$

のようにモデリングできる。ここで，スロットルと EGR バルブの有効開口面積 A_{pt} および A_{EGR} は，u_{pt} と u_{EGR} の関数として定義した。

3.4 シ　リ　ン　ダ

シリンダへ流入する流量 W_{ei}〔kg/s〕は，回転数に流量が比例したポンプとしてモデリングする。

各シリンダには，クランク角が2回転するごとに1行程分の体積の気体がインマニから流れ込むと考える。したがって，エンジン回転数が N_e〔rpm〕，すべてのシリンダの体積を合算した全シリンダ体積が V_d〔m^3〕であれば，単位時間当り

$$\frac{1}{2}V_d\frac{N_e}{60} \tag{3.25}$$

の体積の気体がシリンダへ流れ込むことになる。インマニの気体の密度は ρ_{im} なので，シリンダへ流入する質量流量 W_{ei} は

$$W_{ei} = \frac{1}{2}V_d\frac{N_e}{60}\rho_{im} = \frac{V_dN_e}{120}\rho_{im} \tag{3.26}$$

となる。しかしながら，実際に流れ込む流量は吸気弁の影響などにより式 (3.26) の理想流量よりも少なくなるので，式 (3.27) のように効率係数 $\eta_v \in [0,1]$ を導入するのが一般的である。

$$W_{ei} = \eta_v\frac{V_dN_e}{120}\rho_{im} \tag{3.27}$$

3.5 ターボチャージャ

3.5.1 概　　　要

ターボチャージャ（turbo charger）は図3.1に示したように，排出ガスのエネルギーを**タービン**（turbine）を回すことで機械エネルギーに変換し，そのエネルギーで**コンプレッサ**（compressor）を回し，吸気を圧縮するものである。このとき，圧縮された吸気圧力のことを**過給圧**（boost pressure）という。ターボチャージャは，排出ガスとともに捨てられてしまうエネルギーを回収できる

ので，燃費向上のために欠かせない技術となっており，近年のエンジンにはよく用いられている。

ターボチャージャを有するエンジンでは，エンジンが高出力になると，過給圧やタービンブレードの回転数が許容範囲を超えて，エンジンやターボチャージャの損傷を引き起こす場合がある。そのため，過給圧が許容範囲を超えないように，排出ガスの一部をバイパスさせて，タービンを流れる排出ガスの量を調整する機構が設けられている。これを，**ウェイストゲートバルブ**（wastegate valve）と呼ぶ。

さらに，最近ではタービン側にノズルベーンなどを設けることで，排出ガスの流速を可変にしたターボチャージャがディーゼルエンジンにおいて普及している。これは，**可変容量ターボ**（variable geometory turbo，VGT）や**可変ノズルターボ**（variable nozzle turbo，VNT）などと呼ばれているが，本書ではVGTを使うことにする。VGTは，エンジンが低回転の場合，ノズルベーンを絞ってタービンを流れる排出ガスの流速を上げて過給を高め，逆にエンジンが高回転の場合，ノズルベーンを開いて排気圧を下げて損失を減らすことができる。

ターボチャージャの特性は非線形性が強いため，実験的に取得したマップを使ったモデリングが主流である。このようなモデルは，制御系の性能を評価するためには適しているが，制御系設計のモデルとしては複雑すぎるため，必ずしも適当とはいえない。そこで，本書では，より簡単なエネルギー収支に基づくモデリングを説明し，その後で，タービンおよびコンプレッサマップを用いた，より精微なモデリングについて説明する。

3.5.2 タービンのモデリング

タービンでは，高温，高圧の気体がタービンに流れ込み，膨張しながらタービンブレードを回して外部へ機械仕事をする。このとき，タービンのモデルは，タービン上流と下流の圧力および上流温度とVGTベーン閉度 u_{VGT}〔%〕を入力，タービン流量 W_t〔kg/s〕とタービンが得るパワー P_t〔W〕を出力として導出される。

まず，外部との熱のやり取りのない**断熱過程** (adiabatic process) を仮定する。断熱過程はエントロピーが変化しない**等エントロピー過程** (isentropic process) になっており，圧力を p，体積を V，比熱比を κ としたとき

$$pV^{\kappa} = \text{一定} \tag{3.28}$$

が成り立つ。ここで，理想気体の状態方程式から得られる $V = MRT/p$ を式 (3.28) に代入すると式 (3.29) を得る。

$$p^{1-\kappa}T^{\kappa} = \text{一定} \tag{3.29}$$

さて，タービンへ流入する排出ガスの圧力と温度を p_{in}，T_{in} とし，タービンから流れ出る排出ガスの圧力を p_{out} とする。そして，等エントロピー過程が成り立つ場合の出口温度を $T_{out,is}$ とすると，式 (3.29) より

$$p_{in}^{1-\kappa}T_{in}^{\kappa} = p_{out}^{1-\kappa}T_{out,is}^{\kappa} \tag{3.30}$$

が成り立ち，さらに式変形により式 (3.31) を得る。

$$\frac{T_{in}}{T_{out,is}} = \left(\frac{p_{in}}{p_{out}}\right)^{\frac{\kappa-1}{\kappa}} \tag{3.31}$$

実際には等エントロピー過程にはならないので，実際のタービン出口温度 T_{out} は $T_{out,is}$ よりも高くなる。そこで，式 (3.32) で定義する効率 $\eta_t \in [0,1]$ を導入する。

$$\eta_t = \frac{T_{in} - T_{out}}{T_{in} - T_{out,is}} \tag{3.32}$$

したがって，式 (3.31)，(3.32) より次式を得る。

$$T_{out} = \left\{1 - \eta_t \left[1 - \left(\frac{p_{out}}{p_{in}}\right)^{\frac{\kappa-1}{\kappa}}\right]\right\} T_{in} \tag{3.33}$$

以上から，タービンが単位時間当りに外部にする仕事，つまりパワー P_t〔W〕はタービンを流れる排出ガスの質量流量を W_t〔kg/s〕とすると，式 (3.33) を使って，式 (3.34)，(3.35) のように求まる。

$$P_t = c_p W_t (T_{in} - T_{out}) \tag{3.34}$$

$$= \eta_t c_p W_t \left[1 - \left(\frac{p_{out}}{p_{in}} \right)^{\frac{\kappa-1}{\kappa}} \right] T_{in} \tag{3.35}$$

図 3.1 によれば，エキマニ出力がタービンに接続されているので，$T_{in} = T_{em}$，$p_{in} = p_{em}$，タービンの出力については大気圧に等しいとすると $p_{out} = p_{cab}$ となる。以上から，タービンが得るパワーは式 (3.36) となる。

$$P_t = \eta_t c_p W_t \left[1 - \left(\frac{p_{cab}}{p_{em}} \right)^{\frac{\kappa-1}{\kappa}} \right] T_{em} \tag{3.36}$$

タービンを流れる流量 W_t については，3.3 節で説明したバルブ要素としてモデリングされることが多い[2)]。タービン上流の圧力と温度は p_{em} および T_{em} であり，下流の圧力については大気圧 p_{cab} に等しいことから，次式が得られる。

$$W_t = A_t(u_{VGT}) \frac{p_{em}}{\sqrt{R T_{em}}} \Psi \left(\frac{p_{em}}{p_{cab}} \right) \tag{3.37}$$

ここで，A_t〔m^2〕は VGT ベーンの有効開口面積を表し，VGT ベーン閉度 u_{VGT} の関数とする。

3.5.3　コンプレッサのモデリング

コンプレッサでは，タービンとは逆に，低温，低圧の気体がコンプレッサブレードの回転により外部から機械仕事を受け，高温，高圧の気体を排出する。したがって，コンプレッサのモデルは，外部から得たパワー P_c〔W〕を入力，コンプレッサを流れる気体の質量流量 W_c〔kg/s〕を出力として導出される。

まず，コンプレッサへ流入する気体の圧力と温度を p_{in}，T_{in} とし，コンプレッサから流れ出る気体の圧力を p_{out} とする。そして，等エントロピー過程が成り立つ場合の出口温度を $T_{out,is}$ とすると，タービンのモデリングと同様にして式 (3.38) が得られる。

$$\frac{T_{out,is}}{T_{in}} = \left(\frac{p_{out}}{p_{in}} \right)^{\frac{\kappa-1}{\kappa}} \tag{3.38}$$

しかし，タービンと同様にコンプレッサも実際には等エントロピー過程にはならないので，実際のコンプレッサ出口温度 T_{out} は $T_{out,is}$ よりも高くなる。そこで，式 (3.39) で定義する効率 $\eta_c \in [0,1]$ を導入する。

$$\eta_c = \frac{T_{out,is} - T_{in}}{T_{out} - T_{in}} \tag{3.39}$$

したがって，式 (3.38)，(3.39) より次式を得る。

$$T_{out} = \left\{1 + \frac{1}{\eta_c}\left[\left(\frac{p_{out}}{p_{in}}\right)^{\frac{\kappa-1}{\kappa}} - 1\right]\right\} T_{in} \tag{3.40}$$

以上から，コンプレッサが受け取るパワー P_c はコンプレッサを流れる気体の質量流量を W_c〔kg/s〕とすると，式 (3.40) を使って，式 (3.41)，(3.42) のように求まる。

$$P_c = c_p W_c (T_{out} - T_{in}) \tag{3.41}$$

$$= \frac{1}{\eta_c} c_p W_c \left[\left(\frac{p_{out}}{p_{in}}\right)^{\frac{\kappa-1}{\kappa}} - 1\right] T_{in} \tag{3.42}$$

図 3.1 によれば，コンプレッサは新気を吸入するので $T_{in} = T_{cab}$，$p_{in} = p_{cab}$，その出力はプレマニに接続されているので $p_{out} = p_{pt}$ となる。さらに，コンプレッサは，機械仕事 P_c を受けて，流量 W_c が決まることを考えると，そのモデルは式 (3.43) となる。

$$W_c = \frac{\eta_c}{c_p T_{cab}\left[\left(\frac{p_{pt}}{p_{cab}}\right)^{\frac{\kappa-1}{\kappa}} - 1\right]} P_c \tag{3.43}$$

3.5.4 ターボチャージャ全体のモデル

タービンで回収されたエネルギーは，タービンコンプレッサシャフトの回転を通してコンプレッサに伝えられる。このとき，タービンコンプレッサシャフトはある慣性モーメントを持つ回転体のため，一定回転数に落ち着くまでに時間遅れを有する。そこで，P_t と P_c の関係を，ある時定数 τ_{tc} を用いて，式 (3.44) で表現したモデルが知られる[5)~7)]。

$$\dot{P}_c = \frac{1}{\tau_{tc}}(P_t - P_c) \tag{3.44}$$

式 (3.44) の両辺をラプラス変換し，P_t から P_c までの伝達関数を求めると

$$\frac{1}{\tau_{tc}s + 1} \tag{3.45}$$

となることから，1 次遅れ特性を仮定したことを意味する。

さらに，本モデルでは，タービン効率 η_t とコンプレッサ効率 η_c は以下のようにして一つにまとめることができる[8)]。まず

$$\widehat{P}_t = \frac{P_t}{\eta_t}, \quad \widehat{P}_c = \eta_c P_c \tag{3.46}$$

を定義すると，式 (3.44) は次式となる。

$$\dot{\widehat{P}}_c = \frac{1}{\tau_{tc}}(\eta_{tc}\widehat{P}_t - \widehat{P}_c), \quad \eta_{tc} = \eta_t\eta_c \tag{3.47}$$

このとき，式 (3.36)，(3.43) は，それぞれ式 (3.48)，(3.49) となる。

$$\widehat{P}_t = c_p W_t \left[1 - \left(\frac{p_{cab}}{p_{em}}\right)^{\frac{\kappa-1}{\kappa}}\right] T_{em} \tag{3.48}$$

$$W_c = \frac{1}{c_p T_{cab}\left[\left(\frac{p_{pt}}{p_{cab}}\right)^{\frac{\kappa-1}{\kappa}} - 1\right]}\widehat{P}_c \tag{3.49}$$

以上から，ターボチャージャのモデルは式 (3.37)，(3.47) ～ (3.49) の 4 式で記述できる。式 (3.47) で定義した効率 η_{tc} がほぼ一定値と見なせる動作範囲では，η_{tc} を定数と置くことで，ターボチャージャのモデルは以上となる。そうでない場合は，3.5.5 項で説明するタービンおよびコンプレッサマップから構築した数式モデル用いて効率を計算する必要がある。

3.5.5 タービンおよびコンプレッサマップを用いたより精緻なモデル

タービンおよびコンプレッサは非線形性がきわめて強いため，より精緻なモデリングを行うには，テストベンチなどを使って実験的に取得したマップを利

用することになる。また，効率 η_{tc} が一定値と見なせない動作範囲でシミュレーションなどを行う場合も同様である。

〔1〕 修正流量と修正回転速度

タービンを流れる流量は，絞りを通過する流量としてモデル化できることは，すでに述べたが，その流量は式 (3.20) で表されるように，圧力比だけでなく上流の温度と圧力にも依存する。そこで，式 (3.20) を変形して

$$\Phi = W\frac{\sqrt{T_{in}}}{p_{in}} = \frac{A}{\sqrt{R}}\Psi\left(\frac{p_{in}}{p_{out}}\right) \tag{3.50}$$

とする。W の代わりに Φ を正規化した流量として用いれば，圧力比だけに依存したマップが構成できる。一般的には Φ ではなく，ある標準的な参照温度 $T_{in,ref.}$ と参照圧力 $p_{in,ref.}$ に換算した流量 $\widetilde{W}$ が使われることが多い[4)]。つまり

$$W\frac{\sqrt{T_{in}}}{p_{in}} = \widetilde{W}\frac{\sqrt{T_{in,ref.}}}{p_{in,ref.}} \tag{3.51}$$

を $\widetilde{W}$ について解いた

$$\widetilde{W} = \frac{\sqrt{\dfrac{T_{in}}{T_{in,ref.}}}}{\dfrac{p_{in}}{p_{in,ref.}}}W \tag{3.52}$$

を流量としてマップを構成する。この $\widetilde{W}$ は**修正流量**（corrected mass flow）と呼ばれる。以下，タービンおよびコンプレッサの修正流量をそれぞれ $\widetilde{W}_t$ および $\widetilde{W}_c$ で定義する。

タービンおよびコンプレッサの回転速度についても，修正量が使われる[4)]。タービンブレードの有効半径を r_t〔m〕，回転速度を ω_t〔rad/s〕としたとき，周速は $r_t\omega_t$ となるが，これを音速に対する比，つまりマッハ数 M_a に換算すると

$$M_a = \frac{r_t\omega_t}{\sqrt{\kappa RT}} \tag{3.53}$$

となる。このとき，マッハ数が変わらないように，ある参照温度 $T_{ref.}$ に換算した回転数

$$\widetilde{\omega}_t = \frac{\sqrt{T_{ref.}}}{\sqrt{T}}\omega_t \tag{3.54}$$

は**修正回転速度**（corrected rotation speed）と呼ばれ，タービンマップで用いられる。コンプレッサについても，コンプレッサ回転速度 ω_c に対して修正回転速度 $\widetilde{\omega}_c$ が同様に定義される。

さらに，タービンマップでは，タービン回転速度 ω_t〔rad/s〕の代わりに，式 (3.55) で定義される**タービンブレード速度比**（turbine blade speed ratio）$\widetilde{c}_u$ が使われる[2),3)]。

$$\widetilde{c}_u = \frac{r_t\omega_{tc}}{c_{us}}, \quad c_{us} = \sqrt{2c_pT_{tin}\left(1 - \Pi_t^{\frac{1-\kappa}{\kappa}}\right)} \tag{3.55}$$

ただし，圧力比 Π_t はタービンの入出力圧力 p_{tin}，p_{tout} を使って次式で定義される。

$$\Pi_t = \frac{p_{tin}}{p_{tout}} \tag{3.56}$$

〔**2**〕　**タービンマップ**

タービンマップは，**図 3.4** に示すように，圧力比 Π_t に対するタービン流量 $\widetilde{W}_t$ を表す流量マップと，タービンブレード速度比 $\widetilde{c}_u$ に対するタービン効率 η_t を表す効率マップからなる。

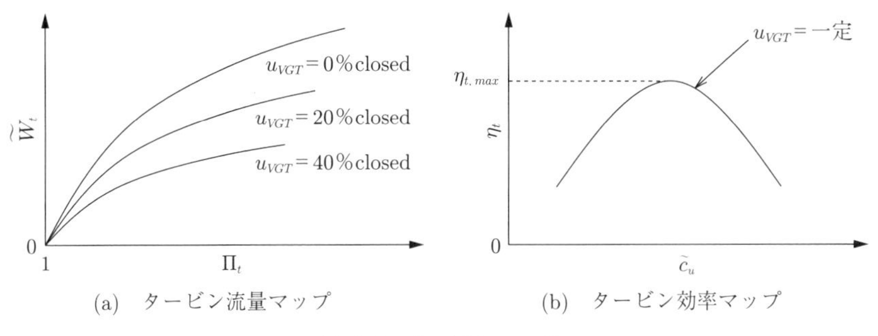

図 3.4　タービンマップ

タービンマップを吸排気システムのモデルに組み込んで使用する方法として，取得したデータをそのままルックアップテーブルとして用いる方法がある。しかし，テーブルを構成するために多量のデータが必要になることや，逆にデータの少ない領域で内挿の精度が落ちたり，データが欠落している領域で外挿がうまくいかない，といった問題が生じる。そのため，通常は，なんらかの関数でカーブフィッティングする。

タービン流量については，3.5.2 項で説明したように，バルブの式〔式 (3.37)〕がよく使われる。この場合，流量マップに適合するように，有効開口面積の関数 $A_t(u_{VGT})$ を 1 次関数，あるいは多項式でフィッティングするとよい。

効率マップについては，図 3.4(b) に示すように，上に凸となる特性を持つことから，式 (3.57) に示す 2 次関数で近似することができる[2),3)]。

$$\eta_t = \eta_{t,max}\left[2\frac{\widetilde{c}_u}{\widetilde{c}_{u,opt}} - \left(\frac{\widetilde{c}_u}{\widetilde{c}_{u,opt}}\right)^2\right] \tag{3.57}$$

なお，$\eta_{t,max}$ と $\widetilde{c}_{u,opt}$ の典型的な値はそれぞれ $0.65 \sim 0.75$ および $0.55 \sim 0.65$ であり，これらは，式 (3.58)，(3.59) に示すように VGT ベーン閉度 u_{VGT} の低次多項式で表現されることが多い。

$$\eta_{t,max} = a_0 + a_1 u_{VGT} + a_2 u_{VGT}^2 \tag{3.58}$$

$$\widetilde{c}_{u,opt} = b_0 + b_1 u_{VGT} + b_2 u_{VGT}^2 \tag{3.59}$$

さて，タービン効率 η_t が求まると式 (3.36) からタービンパワー P_t が計算できる。このとき，タービントルク τ_t〔Nm〕は式 (3.60) となる。

$$\tau_t = \frac{P_t}{\omega_t} \tag{3.60}$$

〔**3**〕 **コンプレッサマップ**

コンプレッサマップは，通常，**図 3.5** に示すように一つのマップに各修正コンプレッサ回転速度 $\widetilde{\omega}_c$ に対する圧力比 $\Pi_c = p_{cout}/p_{cin}$ の関係と，コンプレッサ効率 η_c の等高線が描かれている。「$\widetilde{\omega}_c =$ 一定」の曲線は，修正回転速度が高くなるにつれて圧力比が大きくなるので図の上側に配置される。一方，「$\eta_c =$ 一定」のだ円は，中央になるほど効率は高くなる。

コンプレッサでは，流量を絞って圧力比を上げていくと，正常に圧縮が行えなくなり，非定常流による騒音や振動を引き起こす。この現象を**サージング**

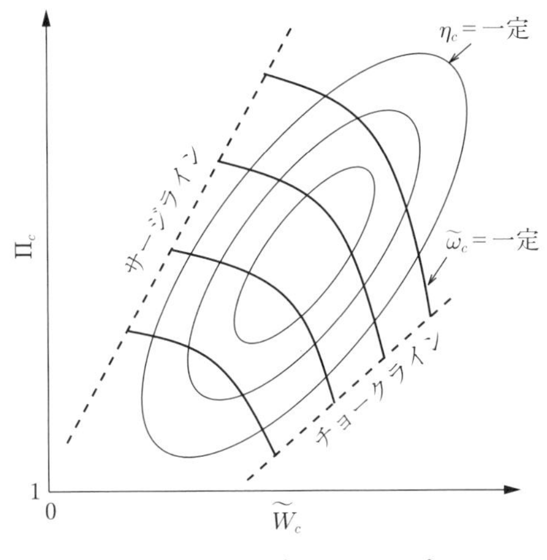

図 3.5　コンプレッサマップ

(surging) と呼び，ひどい場合にはコンプレッサの損傷を引き起こす。コンプレッサマップの左側のラインがサージラインと呼ばれ，これより左側の領域でサージングが発生する[4)]。

一方，流速が音速に達するとこれ以上流量が増えなくなる。この状態を**チョーキング** (choking) いう。コンプレッサマップの右側のラインが，チョーキング領域との境界を表すチョークラインを表す[4)]。したがって，コンプレッサはサージラインとチョークラインの間の領域で使用する。

修正回転速度 $\widetilde{\omega}_c$ に対する圧力比 Π_c と修正流量 $\widetilde{W}_c$ の関係は，つぎの 2 次式で近似することができる。

$$\Pi_c = \Pi_{c0} - \alpha_c(\widetilde{W}_c - \widetilde{W}_{c0})^2 \tag{3.61}$$

ここで，$(\widetilde{W}_{c0}, \Pi_{c0})$ は上に凸となる 2 次関数の頂点を表し，この点は，ほぼサージラインの近傍になるので，式 (3.61) は $\widetilde{W}_c > \widetilde{W}_{c0}$ の領域で有効となる。$(\widetilde{W}_c, \Pi_c)$ 特性は，修正回転速度 $\widetilde{\omega}_c$ に依存するので，各係数 Π_{c0}，α_c，$\widetilde{W}_{c0}$ も $\widetilde{\omega}_c$ の関数とする。通常は，低次の多項式でよい近似が得られる。

式 (3.61) を吸排気システムのモデルの中で使用する際は，Π_c を与えて，修正流量 $\widetilde{W}_c$ を求めることになる。したがって，式 (3.61) を $\widetilde{W}_c$ について解く必要がある。式 (3.61) を 2 次としているのはこのためである。

一方，コンプレッサ効率 η_c については，式 (3.62) のような 2 次形式による近似が知られる[2),3)]。

$$\eta_c = \eta_{c,opt} - \mathcal{X}^T Q_c \mathcal{X} \tag{3.62}$$

ただし

$$\mathcal{X} = \begin{bmatrix} \widetilde{W}_c - \widetilde{W}_{c,opt} \\ \Pi_c - \Pi_{c,opt} \end{bmatrix}, \quad Q_c = Q_c^T = \begin{bmatrix} q_{11} & q_{12} \\ q_{12} & q_{22} \end{bmatrix} \tag{3.63}$$

である。式 (3.62) は，$\eta_{c,opt}$，$\widetilde{W}_{c,opt}$，$\Pi_{c,opt}$，q_{11}，q_{12}，q_{22} の 6 個のパラメータからなり，これらは，実験データにフィットするように求める。

式 (3.62) からコンプレッサ効率 η_c が求まれば，式 (3.42) よりコンプレッサパワー P_c が求まり，その結果，コンプレッサトルク τ_c〔rad/s〕は式 (3.64) となる。

$$\tau_c = \frac{P_c}{\omega_c} \tag{3.64}$$

〔4〕 タービンコンプレッサシャフトのモデル

ターボチャージャでは，タービンとコンプレッサはタービンコンプレッサシャフトで直接つながっており，同一回転速度で回転する。したがって，ターボチャージャの回転速度を ω_{tc}〔rad/s〕で定義すれば式 (3.65) が成り立つ。

$$\omega_{tc} = \omega_t = \omega_c \tag{3.65}$$

このとき，回転軸周りの運動方程式は式 (3.66) となる。

$$J_{tc}\dot{\omega}_{tc} = \tau_t - \tau_c - \tau_d \tag{3.66}$$

ここで，J_{tc}〔kg m^2〕は回転体の慣性モーメントを表し，タービントルク τ_t〔Nm〕とコンプレッサトルク τ_c〔Nm〕はそれぞれ式 (3.60) と式 (3.64) で定義される。また，τ_d は摩擦トルクを表すが，簡単のため 0 に置かれることが多い。摩擦を考慮する場合は，ターボチャージャのように高速回転系は通常粘性

摩擦が支配的になるので

$$\tau_d = d_{tc}\omega_{tc} \tag{3.67}$$

とする。ここで，d_{tc}〔Nms/rad〕は粘性摩擦係数を表す。

〔5〕 低回転速度領域におけるコンプレッサマップの外挿

通常，コンプレッサマップは，すべての運転領域を網羅していない。例えば，測定の難しいコンプレッサ回転数が 10 000rpm 以下の領域のデータは，通常，コンプレッサマップに含まれない。しかし，エンジンがアイドリング状態であったり，低負荷の状態では，コンプレッサ回転数が 10 000rpm 以下になることもあるため，このような領域へマップを外挿する必要がある[9),10)]。

外挿を行うには，物理モデルに基づく方法が望ましいが，必ずしもうまく行くわけではない。そこで，文献 11) の方法を紹介する。以下で述べる方法は式 (3.61) の代わりとして用いることができる。

まず，正規化ヘッドパラメータを次式で定義する。

$$\Psi = \frac{c_p T_{cin}\left[\Pi_c^{\frac{\kappa-1}{\kappa}} - 1\right]}{\frac{1}{2}U_c^2} \tag{3.68}$$

ここで，U_c はコンプレッサブレードの周速を表し，コンプレッサブレードの有効半径を r_c と置けば，式 (3.69) で定義される。

$$U_c = r_c\omega_c \tag{3.69}$$

つぎに，正規化コンプレッサ流量を式 (3.70) で定義する。

$$\Phi = \frac{W_c}{\rho_{cin}\pi r_c^2 U_c} \tag{3.70}$$

ここで，ρ_{cin}〔kg/m^3〕はコンプレッサへの流入気体の密度を表す。以上のもと，コンプレッサマップ，あるいは実験データを使って式 (3.68) と式 (3.70) の Ψ と Φ を計算し，次式を満たす係数 k_i $(i = 1, 2, 3)$ を最小二乗法などで求める。

$$\Psi = \frac{k_1 + k_2\Phi}{k_3 - \Phi} \tag{3.71}$$

ただし，k_i はつぎの線形式 (3.72) で定義される。

$$k_i = k_{i1} + k_{i2} M_a, \quad i = 1, 2, 3 \tag{3.72}$$

ここで，M_a はマッハ数であり，式 (3.73) で定義される。

$$M_a = \frac{U_c}{\sqrt{\kappa R T_{cin}}} \tag{3.73}$$

これらの式を吸排気モデルの中で使用する際は，式 (3.68) から Ψ を求め，式 (3.71) の逆関数

$$\Phi = \frac{k_3 \Psi - k_1}{k_2 + \Psi} \tag{3.74}$$

から Φ を求める。そして，最後に式 (3.70) からコンプレッサ質量流量

$$W_c = \Phi \rho_{cin} \pi r_c^2 U_c \tag{3.75}$$

を求める。

また，効率 η_c については，式 (3.76) が提案されており，式 (3.62) の代わりに使用できる。

$$\eta_c = a_1 \Phi^2 + a_2 \Phi + a_3, \quad a_i = \frac{a_{i1} + a_{i2} M_a}{a_{i3} - M_a} \tag{3.76}$$

3.6　シミュレーション

以上，得られた数式モデルを使ってシミュレーションを行う。使用するモデルについてもう一度整理するとつぎのようになる。

- プレマニ，インマニ，エキマニのモデルは式 (3.12) ～ (3.17) の六つの微分方程式となる。これらの右辺にある質量流量 W_{pt}，W_{EGR} については，式 (3.23) と式 (3.24) で決定し，W_{ei} については式 (3.27) で，W_f については式 (3.18) で決定する。
- タービン流量 W_t は，式 (3.37) で決定し，コンプレッサ流量 W_c は式 (3.49) で決定する。また，コンプレッサパワー $\widehat{P}_c$ の計算は式 (3.47)，(3.48) を用いる。

モデルのパラメータは，市販の4気筒2.8リットルのディーゼルエンジンを想定して決定する。各インマニの体積V_{pt}，V_{im}，V_{em}については，エンジンの構造から推定した値を用いる。その他の値については，**図3.6**に示すエンジン回転数と燃料噴射量に従ってエンジンを過渡運転したときの各要素の流量や温度を計測し，それらの値を使って決定していく。

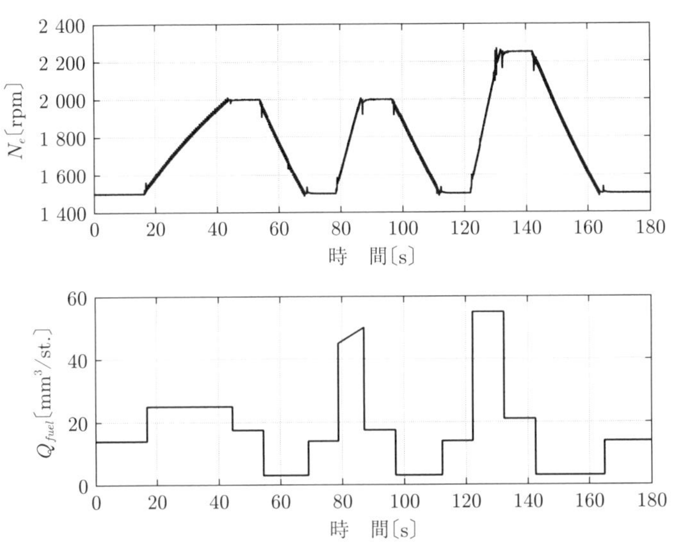

図3.6　モード走行パターン（エンジン回転数N_eおよび燃料噴射量Q_{fuel}の応答）

EGRバルブ通過後温度T_{EGR}とインタクーラ通過後温度T_{ic}については，値が大きく変化しなかったことから定数とし，実測値をもとに値を決定した。シリンダ効率η_vも定数とし，適切な値に選んだ。

上記のもとで，モデルの出力（インマニ圧力とEGR率）が実機の出力に最小二乗の意味で合うように，スロットル，EGRおよびVGTの有効開口面積A_{pt}，A_{EGR}およびA_tとターボチャージャ効率η_{tc}を最適化した。具体的には，A_{pt}およびA_{EGR}はそれぞれu_{pt}およびu_{EGR}の2次関数，A_tは1次関数，η_{tc}は定数と仮定し，勾配法によって各係数を最適化した。このとき，シリンダ排出温度T_{eo}は実測値を用いた。

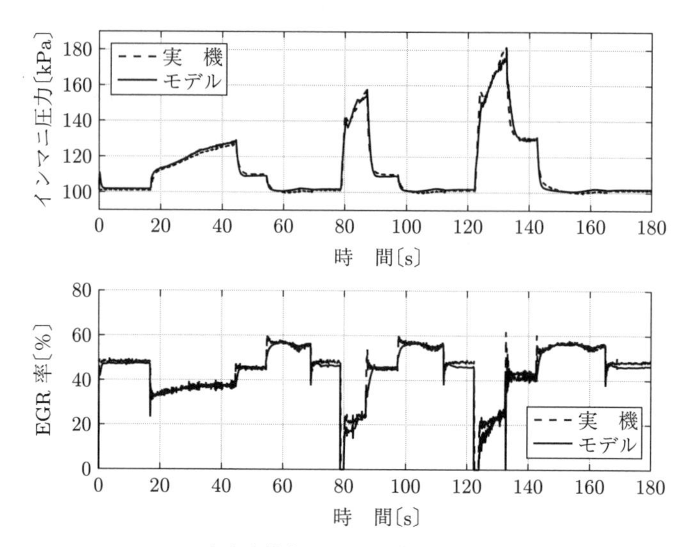

(a)　出力応答(インマニ圧力 p_{im} と EGR 率 r_{EGR})

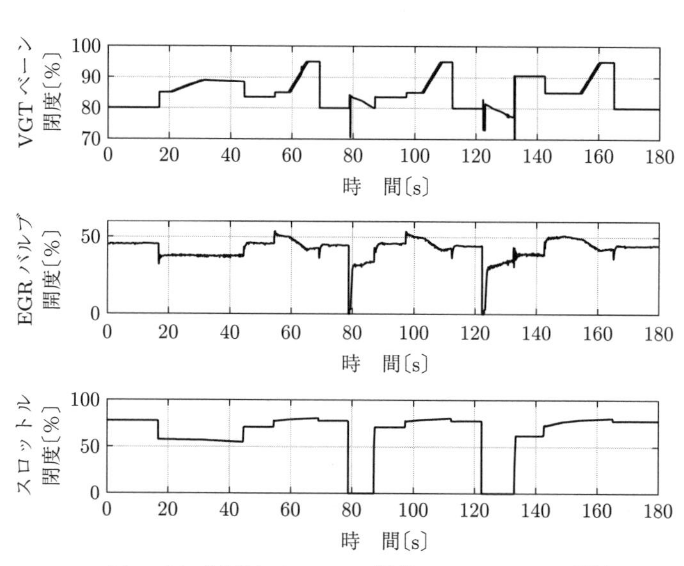

(b)　バルブ応答(VGT ベーン閉度 u_{VGT}, EGR バルブ閉度 u_{EGR} およびスロットル閉度 u_{pt})

図 3.7　モデルと実機の応答比較

エンジンに搭載されているECUを使って，インマニ圧力とEGR率を制御したときのバルブ開度（u_{pt}，u_{VGT}，u_{EGR}）を構築したモデルに入力し，モデルの応答と実機の応答を比較した。なお，モデルを計算する際のシリンダ排出温度は，実機の値を用いた。結果を**図3.7**に示す。これらの図から，モデルと実機の応答がよく一致していることが確認できる。

コラム3.1

吸排気システム

ディーゼルの吸排気システムは，ガソリンと違い吸気絞り弁のないシンプルな構成だった。しかし，1980年代以降，NOx / PMに代表される排出ガスによる環境への負荷低減を目的とした規制により，EGR弁 / VGT / 吸気スロットル弁の可変機構を有する構成が標準的なものとなった。

これらの可変機構の駆動装置は，現在DCモータが主流である。しかし，これに至るまでさまざまな装置が導入されていた。EGR弁は，当初，吸排気の圧力差バランスで開閉するばね機構のため精密な流量制御はできなかった。しかし，さらなる環境負荷低減のためにはエンジン回転数や負荷の動作状態に応じた流量管理が必要となり電子制御化することとなる。電子制御により弁の開閉を駆動するには，圧力差のようなシステムの運転状態とは独立した動力源が必要である。以前，ディーゼル車にはブレーキの作動に必要な負圧を発生させるためエンジンに，その動力を利用したバキュームポンプが設置されていることがあった。これを利用すれば新たな動力源を確保する必要がなかったので，当初この負圧駆動のシステムが多く見られた。その後，電気モータの小型化で応答性・精密性に優れ価格も安いDCモータが採用されるようになる。スロットルは，低負荷でEGR流量を増加させることを目的としたため，当初はペダル開度と連動させた機械的機構だった。しかし，EGR弁との連携をより緻密に行うため，これも負圧駆動の電子制御化が始まり，現在はDCモータが多く用いられている。VGTも同様に負圧駆動の電子制御から導入された。EGRと組み合わせてNOx / PMの同時低減を目的として導入する一方，空気量の増減はドライバビリティへの影響が大きく，この装置も高応答で精密な制御が求められており，現在はDCモータが用いられることが多い。

このように，負圧を利用した駆動方式から始まりDCモータ化された吸排気システムの精密電子制御化により排出ガス低減は急速に進んだ。一方，制御を動作させるための定数は，その精密さに伴い増加し，調整するための開発期間が長くなるという悩みも同時に発生することとなる。

そこで，モデルベースト制御の出番がやってくる。電子制御化が始まった頃には，モデルベースト制御という概念はまだなかった。さまざまに変化する運転状態に対し，エンジン回転数や負荷の動作点ごとに適切な EGR ガス量となるように EGR 弁開度を調整できることが電子制御化のメリットであった。このため開発者は実際のエンジンを目の前に，計測器が示す結果と照らし合わせながら適切な弁開度を探していた。しかし，実際の走行状態，季節や世界各国の環境を考えて決めなければいけない動作点が非常に多く，これを決めることに開発者は多くの時間を費やさざるを得なかった。この開発期間を低減するために，吸排気のガス流れ状態をモデルで推定し，弁開度を自動算出するモデルベースト制御が必要となる。しかし，エンジンの吸排気システムは，その流路上にピストン・ターボチャージャのような運動部品があり，また，EGR 弁などの可変機構で調整する複雑な構成で，そのガス状態を推定するモデルや複数の弁を協調して動作させる制御は自ずと複雑になり，演算する ECU にも高い性能が求められる。ECU は，限られた搭載スペース内でさまざまな運転環境下での振動や温度などの変化に耐えつつ安定した動作を保証するため，一般のパソコンよりも処理能力が抑制されている。このため，1990 年代の EGR 機構が導入された頃の ECU は，演算速度，記憶容量どちらの面でも，この複雑な吸排気モデル制御を動作させるには能力が不足していた。

現在，車載 ECU のコアである CPU にも高クロック化・マルチコア化の最新の IC 技術が用いられている。絶対的な性能はパソコンには及ばないものの，演算速度，記憶容量は以前の数十倍となり，モデルベースト制御を現実のものとする性能を備えるようになった。これにより，現在の吸排気システムに対し，あらゆる運転環境下で吸排気システムの性能を最大化する定数の調整が短期間でできるようになる。

しかし，排出ガス低減の要求は，今後，ますます高くなる。これに対し新たなシステム構成が提案されてくる。そのとき，本書で示した吸排気モデルベースト制御構造は汎用的なものであり，新たな構成にも十分対応できる。しかし，さらなる要求に応えるために，構成されるモデルや制御には，より高い精度，精密性，および ECU にもより高い演算能力が求められる。吸排気モデルベースト制御は，まだまだ完成しておらず，今後も進化し続けていく。

4 制御器設計

本章では，2 章，3 章で示した燃焼制御モデルおよび吸排気制御モデルをもとに，さまざまな制御理論を適用し，制御器を構築する手順を紹介する。前半では，制御器設計の基礎となる制御理論の解説を行い，その特徴と理論的な背景を理解する。続いて，実際の燃焼制御モデルおよび吸排気制御モデルにその制御理論を適用して制御器を構築する手順を紹介し，モデルを利用した制御系設計の方法を学ぶ。

4.1 制御理論

4.1.1 逆モデルによるフィードフォワード（FF）制御

従来の MAP 制御では，回転数とトルクの 2 次元平面を基本として，また環境温度や，冷却水温などでの補正 MAP も併用して，さまざまな運転条件に対応できるように，アクチュエータへの指示値を記録した制御 MAP を用いてきた。実際の自動車では，運転条件に応じてその指示値をアクチュエータに入力するオープンループのフィードフォワード（FF）制御がおもに行われている。今回紹介するモデルベースト制御（model based control）では，この制御 MAP による FF 制御を制御モデルで置き換えて，逐次モデル計算をオンボードで行うことで，アクチュエータへの指示値を導き出し制御を行う。なお，この方法によって，事前に制御 MAP や補正 MAP のアクチュエータへの指示値を決定するためにさまざまな運転条件を考慮した大量の実験を行わなくても，モデルが広い運転範囲に適用できるものであれば，その場で適切なアクチュエータへの指示値を導出し，制御できるようになる。ここでは，モデルの入出力を入れ替えることで，FF 制御器を構築する方法について紹介する。

まず，一般的に入力を x，出力を y，f をモデル（プラント）とすると，式 (4.1) のように記述できる。

$$y = f(x) \tag{4.1}$$

このとき f^{-1} を求めることができれば

$$x = f^{-1}(y) \tag{4.2}$$

となり，プラントの出力を y としたい場合の入力 x が得られ，FF 制御器として利用できる。モデル f の入出力を入れ替えた f^{-1}，いわゆる逆問題を解くことから逆系などと呼ばれる。

考え方自体は非常に簡単であるが，エンジンの場合，$f(x)$ は非線形であり複雑な構造となることが多く，簡単に直接 f^{-1} を求めることができない。$f(x)$ をテイラー展開などで線形化できれば，線形の f^{-1} を求めることができるが，構造が複雑なことから $f(x)$ の線形化自体も簡単ではない。4.2 節では，2 章で構築した燃焼制御モデルを具体的な例として，逆系により FF 制御器を設計する手順を紹介する。

4.1.2 $\boldsymbol{H_\infty}$ 制 御

〔1〕 は じ め に

エンジンは，始動直後と暖機された状態では特性は異なる。また，暖機された状態であっても，真夏と真冬では特性が異なるであろう。このように，制御対象の特性は使用環境や，経時変化，経年変化によって異なる。また，大量生産品であれば，個体間にも特性のバラツキがある。そして，このような制御対象の特性変動やバラツキに対して，ロバスト（頑健）な制御系を設計する方法が**ロバスト制御**（robust control）である[1)]。

ロバスト性（robustness）に関する考え方は決して新しいものではなく，古典制御におけるゲイン余有や位相余有も，ゲイン変動や位相変動に対するロバスト性の一つの尺度になっている。しかしながら，ゲイン余有や位相余有が十分ある場合でも不安定になるケースがあり，それだけでは不十分である。

ロバスト制御では，制御対象のモデル化誤差や変動，バラツキなどを数式を用いて定量的に表し，安定性や制御性能を保証した制御系を系統的に設計できるところに大きな特徴がある[2)~4)]。

ロバスト制御理論の代表的なものとして **H_∞ 制御理論**（H_∞ control theory）がある。H_∞ 制御理論では H_∞ ノルムというものを用いて制御対象の摂動に対する安定化条件を数式表現し，それを満たすための制御器を求めることができる。制御系設計支援ツールの **MATLAB** には H_∞ 制御のためのツールボックスがそろっていることもあり[5)]，すでに多くの応用事例が報告されている[6),7)]。本項では，この H_∞ 制御について紹介する。その際，説明を簡単にするために，制御対象は 1 入出力系に限定する。

〔**2**〕 不確かさの数式表現

制御対象が持つさまざまな不確かさは**摂動**（perturbation）と呼ばれ，摂動を 0 としたときの公称モデルは**ノミナルモデル**（nominal model）と呼ばれる。

（**1**） **乗法的摂動**　実際の制御対象およびノミナルモデルの伝達関数をそれぞれ $\widetilde{P}$，P で定義する。このとき

$$\widetilde{P} = (1 + \Delta_m)P \tag{4.3}$$

を満たす Δ_m は**乗法的摂動**（multiplicative perturbation）と呼ばれる。なんらかの方法でノミナルモデルの伝達関数 P がモデル化でき，かつ実際の制御対象の周波数応答 $\widetilde{P}(j\omega)$ が実測できたとすると，乗法的摂動は式 (4.4) から見積もることができる。

$$\Delta_m(j\omega) = \frac{\widetilde{P}(j\omega) - P(j\omega)}{P(j\omega)} \tag{4.4}$$

（**2**） **加法的摂動**　乗法的摂動のときと同様に $\widetilde{P}$，P を定義したとき

$$\widetilde{P} = P + \Delta_a \tag{4.5}$$

を満たす Δ_a は**加法的摂動**（additive perturbation）と呼ばれる。乗法的摂動

のときと同様に加法的摂動は，式 (4.6) から見積もることができる。

$$\Delta_a(j\omega) = \widetilde{P}(j\omega) - P(j\omega) \tag{4.6}$$

〔**3**〕 **ロバスト安定化問題**

考えられるすべての摂動に対して閉ループ系が安定となる制御器を求める問題は，**ロバスト安定化問題**（robust stabilization problem）と呼ばれる。ロバスト安定化問題では**定理 4.1** に示すスモールゲイン定理が重要な役割を果たす。

定理 4.1　**図 4.1** において，A および B は安定でプロパ† な伝達関数とする。このとき

$$|A(j\omega)B(j\omega)| < 1, \quad \forall\omega \tag{4.7}$$

を満たせば，図の閉ループ系は安定となる。

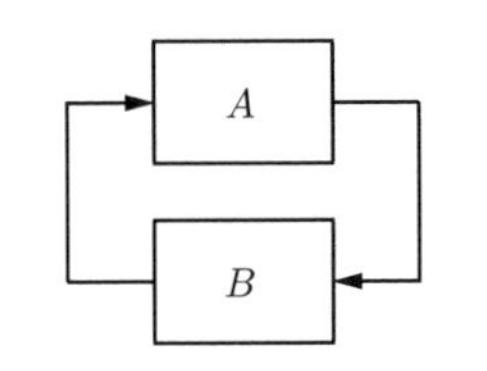

図 4.1　スモールゲイン定理

スモールゲイン定理では A, B は必ずしも既知である必要はなく，その大きさだけわかっていればよいことから，摂動を持つ制御対象に対するロバスト安定化条件を導出するのに利用できる。以下では，**図 4.2**(a) の直結フィードバック系において，制御対象 $\widetilde{P}$ が乗法的摂動を持つ場合に，閉ループ系がロバスト安定になる条件をスモールゲイン定理を用いて導出する。

まず，線形時不変システムの場合，目標入力 r，外乱 d，および観測ノイズ n は安定性に影響を与えないので，それらを省略すると図 (b) へ等価変換できる。

† (分子の次数) ≦ (分母の次数) となるときプロパという。

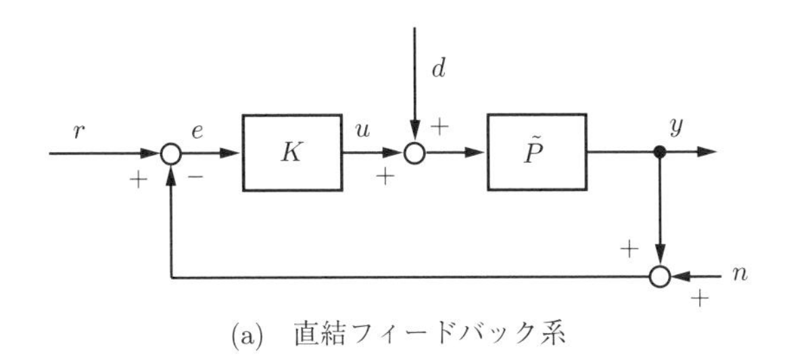

(a)　直結フィードバック系

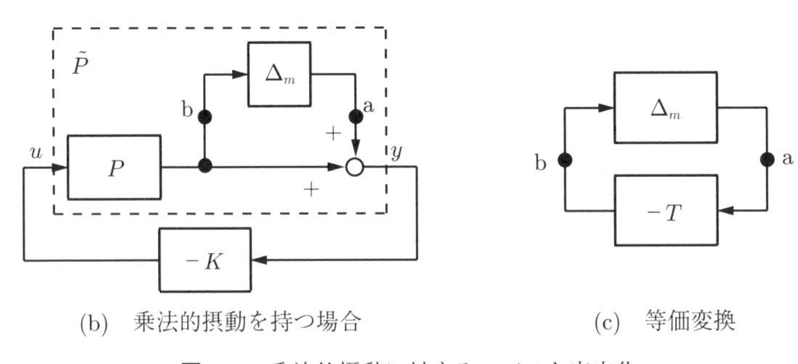

(b)　乗法的摂動を持つ場合　　(c)　等価変換

図 4.2　乗法的摂動に対するロバスト安定化

さらに

$$T := \frac{PK}{1+PK} \tag{4.8}$$

を定義すると，図 (b) において，Δ_m を除いたときの点 a から点 b までの閉ループ伝達関数は $-T$ となるので，図 (b) はさらに図 (c) に等価変換できる。ここで，図 (c) の閉ループ系を図 4.1 に見立ててスモールゲイン定理を適用すると，乗法的摂動に対してロバスト安定となるための条件として式 (4.9) を得る。

$$|\Delta_m(j\omega)T(j\omega)| < 1, \quad \forall\omega \tag{4.9}$$

しかし，この条件の中にはもともとモデル化が困難な摂動 Δ_m を含むために，制御器の設計に用いることはできない。そこで，Δ_m の代わりに

$$|\Delta_m(j\omega)| \leqq |W_m(j\omega)|, \quad \forall\omega \tag{4.10}$$

を満たす既知の伝達関数 $W_m(s)$ を用いたつぎの条件（式 (4.11)）を考える。

$$|W_m(j\omega)T(j\omega)| < 1, \quad \forall\omega \tag{4.11}$$

式 (4.11) が成り立てば，式 (4.10) の関係から式 (4.9) が成り立つことは明らかなので，これが乗法的摂動に対するロバスト安定化条件となる。ここで，式 (4.8) の T は**相補感度関数**（complementary sensitivity function）と呼ばれる。

式 (4.10) と式 (4.11) の条件をまとめると式 (4.12) が得られる。

$$|T(j\omega)| < \frac{1}{|W_m(j\omega)|} \leqq \frac{1}{|\Delta_m(j\omega)|} \tag{4.12}$$

つまり，制御系がロバスト安定となるには，摂動が存在する周波数帯域で相補感度関数のゲインを小さくする必要があることがわかる。

なお，図 4.2(a) において，観測ノイズ n から出力 y までの伝達関数 G_{yn} は

$$G_{yn} = -\frac{PK}{1+PK} = -T \tag{4.13}$$

となる。したがって，相補感度関数のゲインを抑えると，その周波数帯域でノイズの影響も受けにくくなる。

〔4〕 目標値追従と外乱抑圧

実際の制御系設計では，ロバスト安定性を保ちつつ，良好な目標値追従特性や外乱抑圧特性を実現させる必要がある。そこで，図 4.2(a) の直結フィードバック系に対して，目標値追従や外乱抑圧がどのように定式化できるかについて説明する。

まず，目標値追従について考える。理想的には，どのような目標値 r に対しても出力 y が追従できるとよいが，現実には，アクチュエータやセンサのハード的な制約から，そのような制御系を設計することは不可能である。そこで，ある周波数 ω_b を設定し，その周波数まで追従させることを考える。このとき，ω_b は**バンド幅**（bandwidth）あるいは**制御帯域**（control bandwidth）などと呼ばれる。

目標値追従が達成されているとき偏差 $e = r - y$ はほぼ 0 になるので，r から e までの閉ループ伝達関数

$$S = \frac{1}{1+PK} \tag{4.14}$$

のゲインは制御帯域において十分小さくなる。つまり，目標値追従のためには

$$|S(j\omega)| \ll 1, \quad \omega \in [0, \omega_b] \tag{4.15}$$

を満たさなければならない。

なお，式 (4.14) の S は**感度関数**（sensitivity function）と呼ばれ，P の相対的な変動 $\Delta P/P$ に対する，目標値応答特性 $T = PK/(1+PK)$ の相対的な変動 $\Delta T/T$ の比を表している。このことは，つぎのようにして確かめられる。

$$\lim_{\Delta P \to 0} \frac{\Delta T/T}{\Delta P/P} = \frac{dT}{dP}\frac{P}{T} = \frac{1}{1+PK} = S$$

つぎに，図 (a) において外乱 d が出力 y に及ぼす影響について考える。d から y までの伝達関数 G_{yd} は

$$G_{yd} = \frac{P}{1+PK} = PS \tag{4.16}$$

となるので，式 (4.15) を満たすように制御器を設計すれば，制御帯域において PS のゲインが小さくなるので，外乱の影響も抑えられる。

以上から，式 (4.12) と式 (4.15) の条件を同時に満たす制御器を設計すれば，ロバスト安定性を保ちつつ，目標値追従や外乱抑圧が達成できる。このとき，S と T の間に成り立つつぎの恒等式 (4.17) に注意しなければならない。

$$S + T = 1 \tag{4.17}$$

式 (4.17) は，各周波数において S と T を同時に小さくすることはできないことを示している。つまり，摂動のある周波数帯域では T のゲインを小さくしなければならないので目標値追従や外乱抑圧を諦める必要がある。したがって，制御帯域を高めて目標値追従特性や外乱抑圧性能を向上させるには，その帯域で摂動を持たないような制御対象が求められる。

乗法的摂動 Δ_m に対してロバスト安定となる閉ループ特性の典型例を**図 4.3** に示す。高周波域では T のゲインを下げて Δ_m に対するロバスト安定条件（式 (4.12)）を満たすようにし，低周波域では S のゲインを下げて目標値追従や外乱抑圧の条件（式 (4.15)）を満たすようにしている。

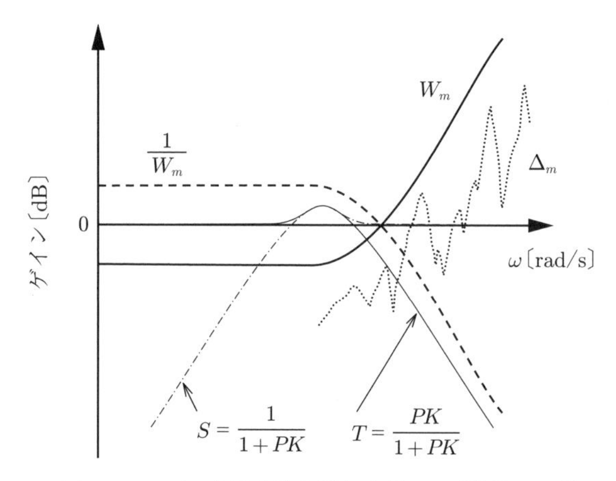

図 **4.3**　ロバスト安定性を満たす閉ループ特性の一例

〔5〕 $\boldsymbol{H_\infty}$ 制　御

ロバスト安定性を保ちつつ，目標値追従や外乱抑圧を高めた設計を行うには，式 (4.12) と式 (4.15) の条件を同時に満たす制御器を求めればよいことがわかった。これらの条件を満たす制御器は $\boldsymbol{H_\infty}$ **制御**を用いて求めることができる。まず，H_∞ 制御で使われる $\boldsymbol{H_\infty}$ **ノルム**（H_∞ norm）について説明する。H_∞ ノルムは安定プロパな伝達関数 $G(s)$ に対して式 (4.18) のように定義される。

$$\|G(s)\|_\infty = \sup_{0\leqq\omega\leqq\infty} \bar{\sigma}\{G(j\omega)\} \tag{4.18}$$

ここで，sup は上限（最小上界）を表す。また，$\bar{\sigma}$ は複素行列の最大特異値であり，一般に式 (4.19) で定義される。

$$\bar{\sigma}(A) = \sqrt{\lambda_{max}(A^*A)} \tag{4.19}$$

なお，A^* は A の複素行列の共役転置を表し，λ_{max} は最大固有値を表す。行列 A がスカラのときには，最大特異値は単なる絶対値になるので，$G(s)$ が 1 入出力系のとき，式 (4.18) は

$$\|G(s)\|_\infty := \max_{0\leqq\omega\leqq\infty} |G(j\omega)| \tag{4.20}$$

と簡単になる。つまり，$G(s)$ の H_∞ ノルムは，ボード線図におけるゲインの最大値に等しいことがわかる。さらに，式 (4.20) から導かれる

$$\|G(s)\|_\infty < 1 \Leftrightarrow |G(j\omega)| < 1, \quad \forall\omega \tag{4.21}$$

は，伝達関数のゲインに対する条件を H_∞ ノルム条件に置き換える際によく用いられ，本書でもこの後，何度か出てくる。

さて，式 (4.11) のロバスト安定化条件は，式 (4.21) を用いることにより，H_∞ ノルムを使ったつぎの条件（式 (4.22)）に置き換えることができるので H_∞ 制御問題となる。

$$\|W_m T\|_\infty < 1 \tag{4.22}$$

式 (4.22) は**図 4.4** で表される閉ループ系において w から z までの H_∞ ノルムが 1 未満となることを表している。H_∞ 制御では，w から z までの伝達関数を，H_∞ ノルムを最小化したい伝達関数に一致するように選ぶことで，さまざまな制御問題に対応できる。

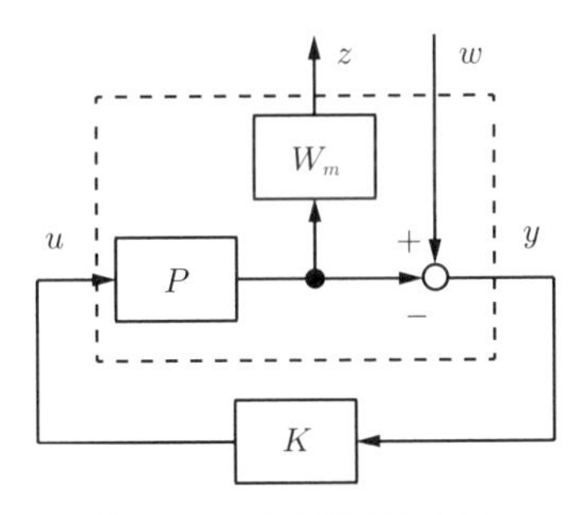

図 4.4　乗法的摂動に対する
ロバスト安定化

そこで，図 4.4 の点線で囲った部分を G で定義し，**図 4.5** のように一般化する。このとき，G は一般化プラントと呼ばれ，w と u を入力，z と y を出力とする多入出力伝達行列となる。

一般化プラント G の入出力関係は式 (4.23) のようになる。

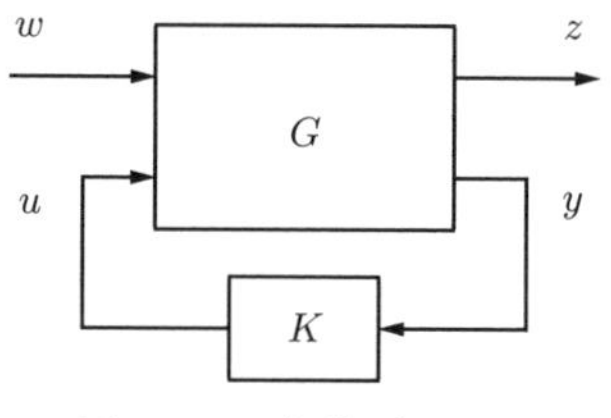

図 **4.5**　一般化プラント

$$\begin{bmatrix} z \\ y \end{bmatrix} = G \begin{bmatrix} w \\ u \end{bmatrix} \tag{4.23}$$

ただし

$$G =: \begin{bmatrix} G_{11} & G_{12} \\ G_{21} & G_{22} \end{bmatrix} \tag{4.24}$$

である。ここで，w は**外部入力**（exogenous input），z は**制御量**（controlled output），u は**制御入力**（control input），y は**観測出力**（measurement output）と呼ばれる。

以上のもと，H_∞ 制御問題は**定義 4.1** に示すように定式化される。

定義 4.1　（$\boldsymbol{H_\infty}$ **制御問題**）図 4.5 に示すように，一般化プラント G に対し $u = Ky$ でフィードバック制御を行ったとき，閉ループ系を内部安定化し，かつ与えられた正の数 γ に対して

$$\|G_{zw}\|_\infty < \gamma \tag{4.25}$$

を満たす制御器 K を求める問題を H_∞ 制御問題という。ただし，G_{zw} は w から z までの閉ループ伝達行列を表し，次式となる。

$$G_{zw} = G_{11} + G_{12}K(I - G_{22}K)^{-1}G_{21}$$

MATLAB などを使って制御器を計算するためには，一般化プラント $G(s)$ は伝達行列ではなく，状態方程式を使ってつぎのように表す必要がある。

$$\dot{x} = Ax + B_1 w + B_2 u$$

$$z = C_1 x + D_{11} w + D_{12} u$$

$$y = C_2 x + D_{21} w$$

このとき，以下に示す**仮定 4.1** のもとでの H_∞ 制御問題は，**標準 $\boldsymbol{H_\infty}$ 制御問題**（standard H_∞ control problem）と呼ばれ，一般に広く用いられている[8]。

仮定 4.1

仮定 A1：(A, B_2) は可安定，かつ，(C_2, A) は可検出。

仮定 A2：D_{12} は縦長列フルランク，かつ，D_{21} は横長行フルランク。

仮定 A3：G_{12} は虚軸上に不変零点を持たない。すなわち，すべての ω に対し

$$\begin{bmatrix} A - j\omega I & B_2 \\ C_1 & D_{12} \end{bmatrix} \tag{4.26}$$

は列フルランク。

仮定 A4：G_{21} は虚軸上に不変零点を持たない。すなわち，すべての ω に対し

$$\begin{bmatrix} A - j\omega I & B_1 \\ C_2 & D_{21} \end{bmatrix} \tag{4.27}$$

は行フルランク。

標準 H_∞ 制御問題では，二つの**リカッチ代数方程式**（algebraic Riccati equation）に基づく解法が用いられるが，リカッチ代数方程式の代わりに**線形行列不等式**（linear matrix inequality，LMI）を用いた解法も知られる。LMI を用いた解法では仮定 A1 のみが必要となる[9]。

〔6〕 混合感度問題

乗法的摂動に対するロバスト安定化条件は，式 (4.22) のように H_∞ ノルム条件で記述できることを説明した。式 (4.15) の条件についても

$$1 \ll |W_S(j\omega)|, \quad \omega \in [0, \omega_b] \tag{4.28}$$

を満たす安定な伝達関数を用いて

$$|W_S S(j\omega)| < 1, \quad \forall\omega \tag{4.29}$$

と記述でき，これも式 (4.21) を使うことで式 (4.30) が得られる。

$$\|W_S S\|_\infty < 1 \tag{4.30}$$

さらに，式 (4.22)，(4.30) の条件は式 (4.31) のように一つのノルム条件にまとめることができる。ただし，W_m を W_T と置き直した。

$$\left\| \begin{bmatrix} W_S S \\ W_T T \end{bmatrix} \right\|_\infty < 1 \tag{4.31}$$

式 (4.31) を満たす制御器を求める問題は，感度関数と相補感度関数という二つの感度関数を同時に考えていることから，**混合感度問題**（mixed-sensitivity problem）と呼ばれる。

混合感度問題の一般化プラントは**図 4.6** に示すように入力端混合感度問題と出力端混合感度問題の 2 通りあり，制御対象が 1 入出力系であれば，どちらも w から $[z_1, z_2]^T$ までの閉ループ伝達行列は

$$G_{zw} = \begin{bmatrix} W_S S \\ W_T T \end{bmatrix} \tag{4.32}$$

となる。

混合感度問題は制御対象が $P = 1/s^2$ や $P = 1/[s(s+1)]$ のように虚軸上の極を持つと，標準 H_∞ 制御問題の仮定を満たさず問題が解けなくなることが知られている[1)]。また，制御対象の安定極を制御器の零点で相殺するように制御器が求まる性質があるので，その安定極は閉ループ極としてそのまま残る。したがって，安定極が減衰の悪い振動極の場合，一度，振動が励起されると応答がなかなか収束せず問題となる。

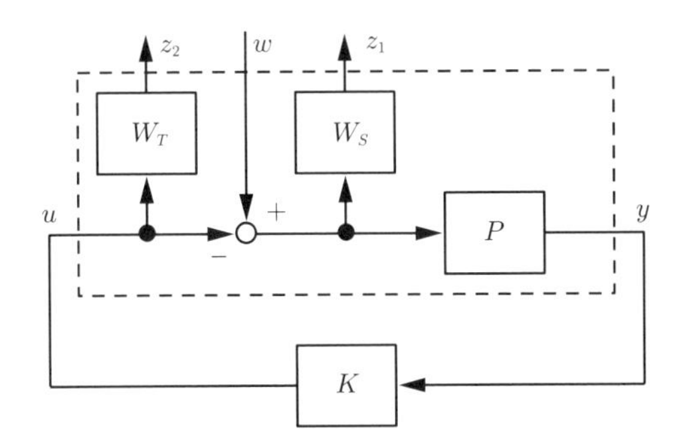

(a)　入力端混合感度問題

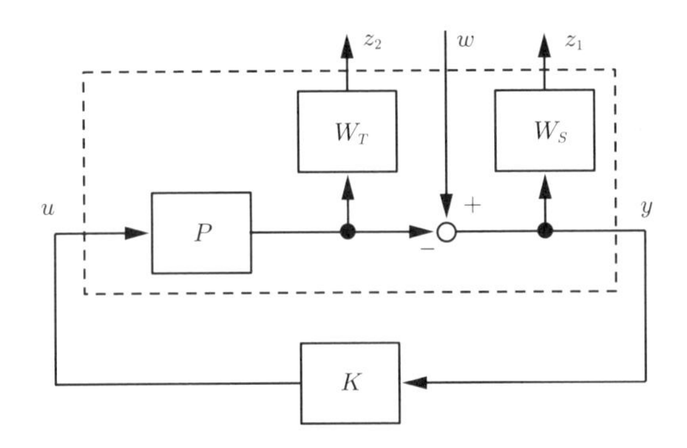

(b)　出力端混合感度問題

図 **4.6**　混合感度問題の一般化プラント

この問題の解決方法として，**修正混合感度問題**（modified mixed-sensitivity problem）が知られる[1)]。修正混合感度問題の一般化プラントは図 **4.7** となり，w から z までの伝達行列は

$$G_{zw} = \begin{bmatrix} W_{PS}PS \\ W_T T \end{bmatrix} \tag{4.33}$$

となる。混合感度問題と異なる点は，感度関数 S の代わりに，入力端外乱から出力までの伝達関数 PS を用いているところにある。ただし，式 (4.33) において

$$W_{PS}P = W_S \tag{4.34}$$

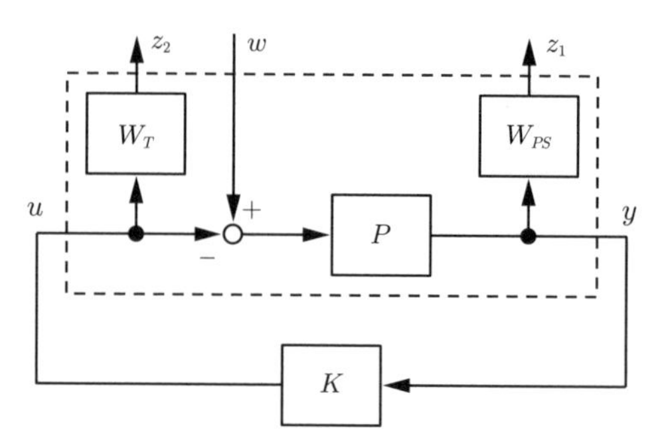

図 4.7　修正混合感度問題の一般化プラント

と置けば式 (4.32) に一致するので，混合感度問題において，重み関数を特別なものに選んだものが修正混合感度問題，と解釈することができ，両者に本質的な違いはない。

4.1.3　出力フィードバックに基づく適応制御

本項では，後述するディーゼルエンジンの燃焼制御システムのフィードバック制御として用いる，システムの**概強正実** (almost strictly positive real，ASPR) **性**に基づく適応出力フィードバック制御について，その基本的概念や構成を概説する。対象とするエンジン燃焼システムは，2 章で示したとおり，エンジン燃焼の 1 サイクルごとにサンプリングする離散時間システムとして表現できることから，ここでは特に，離散時間システムに対する概念や構成を概説する。

〔1〕 概強正実（ASPR）性

いま，対象とするシステムが以下の n 次 m 入出力系として表されているとする。実際には，対象とするシステムは非線形システムとしてモデル化されているが，近似的に以下の線形モデルとして表すことができるとする。

$$\left.\begin{aligned} x(k+1) &= Ax(k) + Bu(k) \\ y(k) &= Cx(k) + Du(k) \end{aligned}\right\} \tag{4.35}$$

このシステムの伝達関数は

$$G(z) = C(zI - A)^{-1}B + D \tag{4.36}$$

と表される。

このとき，離散時間系の**正実**（positive real，PR）**性**および**強正実**（strictly positive real，SPR）**性**はつぎのように定義される（**定義 4.2**）。

定義 4.2（**強正実性**） システム $G(z)$ は，$|z| \leqq 1$ に対して，$\mathrm{Re}[G(z)] \geqq 0$ ならば PR と呼ばれる。さらに，$G(\rho z)$ が PR となる実数 ρ $(0 < \rho < 1)$ が存在するとき，SPR であると呼ばれる。

さらに，システム (4.35) が SPR であれば，つぎの Kalman-Ykubovich-Popov の補題（KYP-Lemma）が成立することが知られている（**補題 4.1**）[10),11)]。

補題 4.1（**KYP–Lemma**） システム (4.36) またはその実現 (4.35) が SPR であるための必要十分条件は

$$\left.\begin{aligned} A^T PA - P &= -LL^T - Q \\ A^T PB &= C^T - LW \\ B^T PB &= D + D^T - W^T W \end{aligned}\right\} \tag{4.37}$$

を満足する正定対称行列 $P = P^T > 0$, $Q = Q^T > 0$，および行列 L, W が存在することである。

上述の強正実性に対し，概強正実（ASPR）性はつぎのように定義される（**定義 4.3**）。

定義 4.3（**ASPR 性**） **図 4.8** に示すように，出力フィードバックを施した閉ループ系が SPR となる定数フィードバックゲイン Θ^* が存在するとき，システム $G(z)$ は ASPR と呼ばれる。すなわち，システム (4.35) に対し，出力フィードバック：

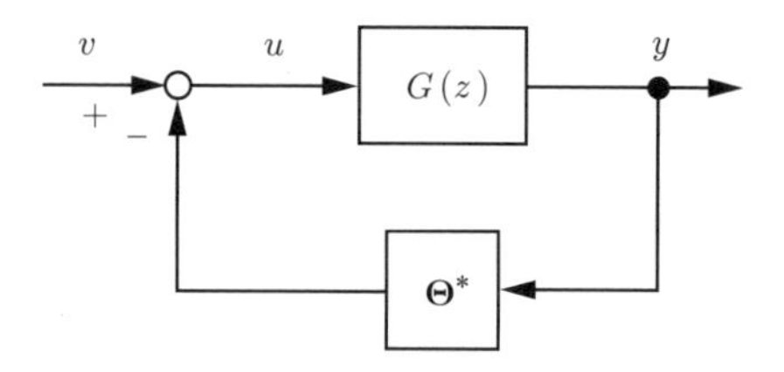

図 **4.8** 出力フィードバック制御系

$$u(k) = -\Theta^* y(k) + v(k) \tag{4.38}$$

を施した閉ループ系：

$$\left.\begin{aligned} x(k+1) &= A_{cl}x(k) + B_{cl}v(k) \\ y(k) &= C_{cl}x(k) + D_{cl}v(k) \end{aligned}\right\} \tag{4.39}$$

が SPR となるとき，そのシステム (4.35) は ASPR と呼ばれる。ここに

$$\begin{aligned} &A_{cl} = A - B\Theta^*(I + D\Theta^*)^{-1}C,\ B_{cl} = B(I + \Theta^* D)^{-1}, \\ &C_{cl} = (I + D\Theta^*)^{-1}C\ ,\quad D_{cl} = D(I + \Theta^* D)^{-1} \end{aligned} \tag{4.40}$$

である。

なお，線形系の場合，閉ループ系 (4.39) が SPR であれば，$(I + \Theta^* D)^{-1}\boldsymbol{v}(k)$ を入力と考えたシステム (A_{cl}, B, C_{cl}, D) も SPR となる。このようなシステムは強 ASPR とも呼ばれる[12)]。

上記の定義 4.3 からわかるように，システムが ASPR であれば，出力フィードバックにより，簡単にシステムを安定化できる。さらに，ある Θ^* で閉ループ系が SPR となれば，それ以上のゲイン $\Theta > \Theta^* > 0$ を用いてフィードバック系を構成しても，得られる閉ループ系は SPR となる。すなわち，システムが ASPR であればハイゲインフィードバックにより，ロバストな制御系が設計できることになる。

システム (4.35) が ASPR であるための条件は，つぎのような条件が明らかにされている（**ASPR 条件**）[13)]。

【ASPR 条件】

(1) システムの相対次数は，$\{0, 0, \cdots, 0\}$，すなわち相対 McMillan 次数が n/n

(2) システムは強最小位相，すなわち，伝達零点が安定

さらに，強 ASPR となるためには

(3) $D + D^T > 0$

なお，対象システムが 1 入出力系となる場合は，上記条件は，(1) 相対次数 0，(2) 最小位相，(3) $D = d > 0$（d はスカラ），となる。また，後述する適応制御系が設計できるためには，システムは強 ASPR でなければならない。

〔2〕 並列フィードフォワード補償器による強 ASPR 化システムの実現

2 章で示したように，エンジン燃焼モデルは入力直達項を持つ (4.35) の形でモデル化できる。ただし，システムが入力直達項を持つ離散時間系の場合，因果律の問題のため，そのままでは出力フィードバック制御系は実現できない（入力を構成するためには出力が必要であり，出力には入力直達項の影響で入力が含まれるため）。なお，D が既知であり，$Cx(k)$ の信号が入手可能であれば，等価変換により制御系が設計できる。しかし，一般には D は不確かであり，すべての状態を観測し $Cx(k)$ の信号を得ることは困難である。

ASPR 性に基づく適応制御器設計法を示す前に，ここでは，前置補償器と**並列フィードフォワード補償器**（parallel feedforward compensator，PFC）を組み合わせた，因果律を回避できる強 ASPR システムの実現法を紹介する。

いま，式 (4.35)（または式 (4.36)）のシステムに対し，図 **4.9** に示すように，相対 McMillan 次数が $(n-m)/n$ 以上，すなわちシステムの相対次数が $\{1, 1, \cdots, 1\}$ 以上となるように前置補償器：$G_{Pre}(z)$ を付加した拡大系を考える。

この拡大系は，式 (4.41) のように入力直達項のないシステムで表すことがで

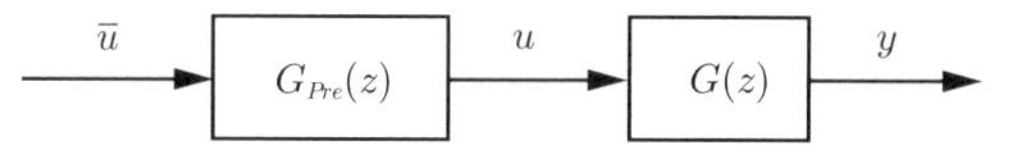

図 **4.9** 前置補償器：$G_{Pre}(z)$ を付加した拡大系

きる。

$$\left.\begin{aligned}\bar{x}(k+1) &= \bar{A}\bar{x}(k) + \bar{B}\bar{u}(k) \\ y(k) &= \bar{C}\bar{x}(k)\end{aligned}\right\} \tag{4.41}$$

この拡大系は ASPR ではないが，出力 $y(k)$ は，現時刻の入力 $\bar{u}(k)$ に依存せず入手できることに注意されたい。

そこで，この拡大系の ASPR 化を図 **4.10** のように PFC を付加することで行う。すなわち，PFC：$G_{pfc}(z)$ を持つ拡張系：$G_a(z) = G(z)G_{Pre}(z) + G_{pfc}(z)$ が ASPR となるように $G_{pfc}(z)$ を設計する。このような PFC は必ず存在する。例えば，もし $G(z)$ が既知であれば，理想的な ASPR モデル：$G_{aspr}(z)$ を与え

$$G_{pfc}(z) = G_{aspr}(z) - G(z)G_{Pre}(z)$$

と設計することで得られる。$G(z)$ が真のモデルであれば $G_a(z) = G_{aspr}(z)$ が達成できる。実際には，真の $G(z)$ の代わりに近似モデルを用いて設計することになる。この方法はモデルベースト PFC 設計法として知られている。なお，そのほかにもいくつか PFC 設計法が提案されている。詳しくは文献 11) を参照されたい。

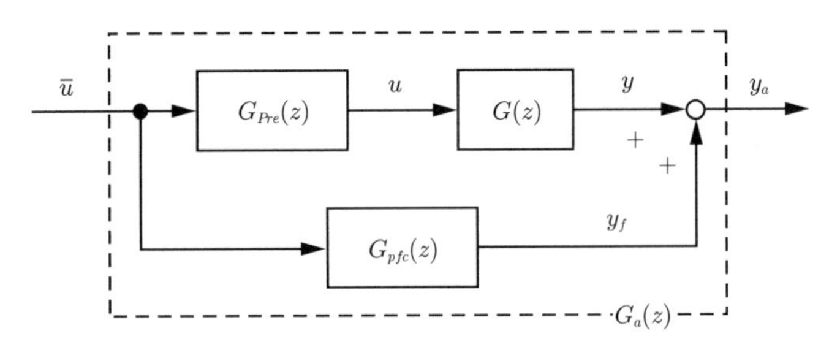

図 **4.10**　PFC: $G_{pfc}(z)$ を付加した拡張系：$G_a(z)$

以下に，$G(z)$ が ASPR である場合の具体的な PFC 設計法を示す。

【$G(z)$ が ASPR である場合の PFC 設計】

対象システム $G(z)$ がそれ自体 ASPR である場合について，$G_{Pre}(z) = \dfrac{1}{z-1}I$ を導入した拡大系に対する具体的な PFC の設計法を説明する。

いま，ある安定な前置補償器：$\bar{G}_{Pre}(z) = \dfrac{1}{z-a}I$, $|a| < 1$ を導入する（図 **4.11**）。構成された拡大系：$\bar{G}(z) = \dfrac{1}{z-a}G(z)$ に対し，PFC：$\bar{G}_{pfc}(z)$ をモデルベースト設計法により

$$\bar{G}_{pfc}(z) = G_{aspr}(z) - \bar{G}^*(z) \tag{4.42}$$

と設計する。ここに，$\bar{G}^*(z) = \dfrac{1}{z-a}G^*(z)$ であり，$G^*(z)$ は，$G(z)$ の近似モデルとする。$G(z)$ がそれ自体 ASPR であるので，$G^*(z)$ も ASPR であると仮定する。また，理想 ASPR モデル：$G_{aspr}(z)$ として，ASPR である $G^*(z)$ を用いて

$$G_{aspr}(z) = \frac{1}{1-a}G^*(z) \tag{4.43}$$

を考える。構成された拡張系：$\bar{G}_a(z) = \bar{G}(z) + \bar{G}_{pfc}(z)$ は，$G^*(z) = G(z)$ のとき，$\bar{G}_a(z) = G_{aspr}(z)$ となることから，$G^*(z) = G(z)$ であれば明らかに ASPR となる。

この拡張系：$\bar{G}_a(z)$ に対して，さらに図 **4.12** のように前置補償器：$G_{pre2}(z) =$

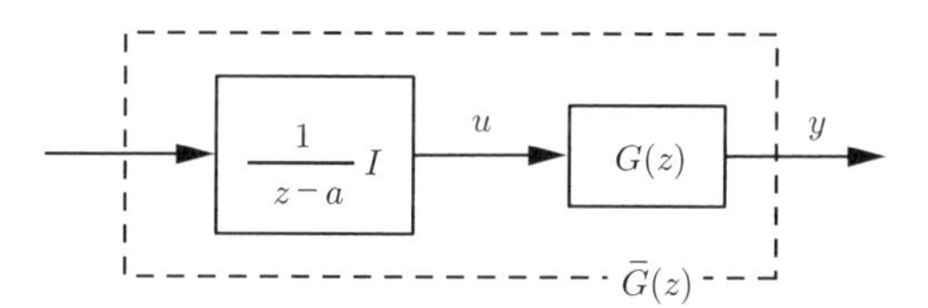

図 **4.11**　PFC：$\bar{G}_{Pre}(z) = \dfrac{1}{z-a}I$ を付加した拡大系：$\bar{G}(z)$

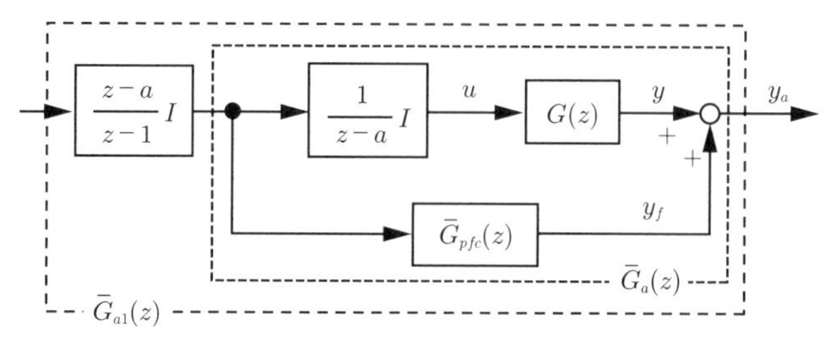

図 **4.12**　PFC：$\bar{G}_{Pre2}(z) = \dfrac{z-a}{z-1}I$ を付加した拡大系：$\bar{G}_{a1}(z)$

$\dfrac{z-a}{z-1}I$ を導入する。得られる拡大系：$\bar{G}_{a1}(z)$ は

$$\bar{G}_{a1}(z) = \bar{G}_a(z)G_{Pre2}(z) = \frac{1}{z-1}G(z) + \frac{1}{1-a}G^*(z) \tag{4.44}$$

と表すことができる。この拡大系は，式 (4.44) より，等価的に図 **4.13** に示されるような拡大系：$G(z)G_{Pre}(z) = \dfrac{1}{z-1}G(z)$ に PFC：$G_{pfc}(z) = \dfrac{1}{1-a}G^*(z)$ を持つ拡張系として表される。当然，$G^*(z) = G(z)$ であれば，拡張系は ASPR となる。

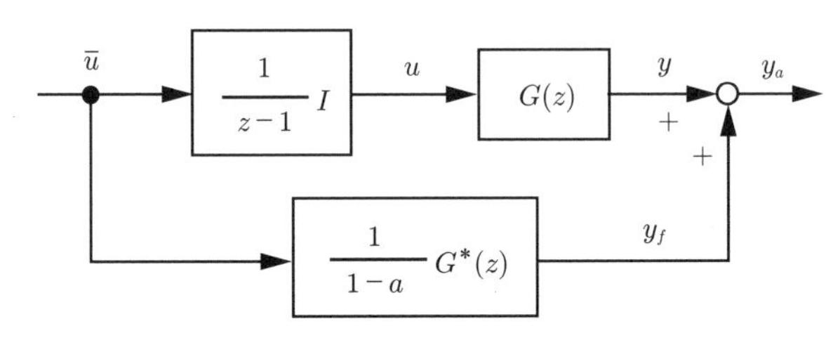

図 **4.13**　最終的に得られる拡張系

最終的に PFC はノミナルモデル $G^*(z)$ を用いて

$$G_{pfc}(z) = \frac{1}{1-a}G^*(z) \tag{4.45}$$

と設計することになる。

なお，実際には $G^*(z) \neq G(z)$ である。この場合は

$$\begin{aligned} G_a(z) &= \frac{1}{z-1}G(z) + \frac{1}{1-a}G^*(z) \\ &= \frac{z-a}{z-1}G_{aspr}(z)\left(I - \frac{1-a}{z-a}G^{*-1}(z)\Delta G(z)\right) \end{aligned} \tag{4.46}$$

ただし，$\Delta G(z) = G^*(z) - G(z)$

と表される。このとき，$\dfrac{z-a}{z-1}G_{aspr}(z)$ が ASPR であることから

$$\left\| \frac{1-a}{z-a}G^{*-1}(z)\Delta G(z) \right\|_\infty < 1$$

であれば $G_a(z)$ は ASPR となる[14)]。

〔3〕 適応出力フィードバック制御系設計

さて，PFC:$G_{pfc}(z)$ が，状態方程式表現で

$$\left.\begin{aligned} x_f(k+1) &= A_f x_f(k) + B_f \bar{u}(k) \\ y_f(k) &= C_f x_f(k) + D_f \bar{u}(k) \end{aligned}\right\} \tag{4.47}$$

と与えられているとする。

このとき，ASPR な拡張系は，式 (4.41)，(4.47) より

$$\left.\begin{aligned} x_a(k+1) &= A_a x_a(k) + B_a \bar{u}(k) \\ y_a(k) &= C_a x_a(k) + D_a \bar{u}(k) \end{aligned}\right\} \tag{4.48}$$

と表すことができる。ここに，$x_a(k) = [x(k)^T \ x_f(k)^T]^T$ であり

$$A_a = \begin{bmatrix} A & 0 \\ 0 & A_f \end{bmatrix}, \ B_a = \begin{bmatrix} B \\ B_f \end{bmatrix}, \ C_a = [C \ \ C_f], \ D_a = D_f$$

である。

この拡張系は ASPR であることから，閉ループ系が SPR となるようなフィードバックゲイン Θ^* が存在する。このフィードバックゲインが既知であれば，これを用いて制御入力をつぎのように設計できる。

$$u(k) = \frac{1}{z-1}[\bar{u}(k)] \tag{4.49}$$

$$\bar{u}(k) = -\Theta^* y_a(k), \quad \Theta^* > 0 \tag{4.50}$$

$$y_a(k) = y(k) + y_f(k) = y(k) + C_f x_f(k) + D_f \bar{u}(k) \tag{4.51}$$

ここに，$W(z)[u(k)]$ の表記は，伝達関数 $W(z)$ で表されるシステムに入力 $u(k)$ を印加したときの出力を意味する。上記の制御入力は，因果律に反するため実現できないことから，式 (4.50), (4.51) より，入手可能な信号を用いた等価入力として

$$\bar{u}(k) = -\tilde{\Theta}^* \bar{y}_a(k), \ \tilde{\Theta}^* = (I + \Theta^* D_f)^{-1} \Theta^* \tag{4.52}$$

ただし，$\bar{y}_a(k) = y(k) + C_f x_f(k)$

と構成される。しかし，実際には，理想的なフィードバックゲイン $\tilde{\Theta}^*$ は未知であるため，つぎのように $\tilde{\Theta}^*$ を適応調整することにより，フィードバック制御入力を決定する。

$$\bar{u}(k) = -\tilde{\Theta}(k)\bar{y}_a(k) \tag{4.53}$$

ここに，$\tilde{\Theta}(k)$ は $\tilde{\Theta}^*$ の推定値であり

$$\tilde{\Theta}(k) = \bar{\sigma}\tilde{\Theta}(k-1) + \bar{\sigma}y_a(k)\bar{y}_a(k)^T\Gamma \tag{4.54}$$

ただし，$\bar{\sigma} = \dfrac{1}{1+\sigma}$, $\sigma > 0$, $\Gamma = \Gamma^T > 0$

なる適応パラメータ調整則により調整を行う。なお，このときの $y_a(k)$ は，式 (4.55) のように利用可能な信号を用いて等価的に求まるため，因果律に反することなく得ることができる。

$$y_a(k) = \{I + \bar{\sigma}D_f\bar{y}_a(k)^T\Gamma\bar{y}_a(k)\}^{-1}\{\bar{y}_a(k) - \bar{\sigma}D_f\tilde{\Theta}(k-1)\bar{y}_a(k)\} \tag{4.55}$$

上述の出力フィードバックによる制御系設計において，出力をある目標値：$r(k)$ に追従させたいときは，簡単には上記制御系設計において出力 $y(k)$ および $\bar{y}_a(k)$ を，出力誤差：$e(k) = y(k) - r(k)$ および $\bar{e}_a(k) = \bar{y}_a(k) - r(k)$ に置き換えて制御系を設計すればよい。

ここで示した適応制御系は，制御対象の ASPR のもと制御系内の全信号の有界性が保証される。このことの証明に興味のある方は文献 12) を参照されたい。以上をまとめると，適応制御器は以下のように構成される。

【適応出力フィードバック（FB）制御器】

$$u(k) = \frac{1}{z-1}[\bar{u}(k)] \tag{4.56}$$

$$\bar{u}(k) = -\tilde{\Theta}(k)\bar{e}_a(k) \tag{4.57}$$

ここに

$$\bar{e}_a(k) = y(k) + C_fx_f(k) - r(k)$$

$$\tilde{\Theta}(k) = \bar{\sigma}\tilde{\Theta}(k-1) + \bar{\sigma}e_a(k)\bar{e}_a(k)^T\Gamma$$

ただし，$\bar{\sigma} = \dfrac{1}{1+\sigma}$，$\sigma > 0$，$\Gamma = \Gamma^T > 0$

また，$e_a(k)$ は等価的につぎのように得られる。

$$e_a(k) = [I + \bar{\sigma}D_f\bar{e}_a(k)^T\Gamma\bar{e}_a(k)]^{-1} \times [\bar{e}_a(k) - \bar{\sigma}D_f\tilde{\Theta}(k-1)\bar{e}_a(k)]$$

ただし，PFC：$G_{pfc}(z)$ の状態方程式表現は，式 (4.47) で与えられ，$G_{pfc}(z) = \bar{G}_{pfc}(z) + D_f$ と表すとき，$C_f x_f(k) = \bar{G}_{pfc}(z)[\bar{u}(k)]$ により得られる。

〔4〕 2自由度適応出力フィードバック制御系設計

上記ではシステムの ASPR 性に基づく基本的な適応制御系の設計法を示したが，フィードバック制御のみでは実際には誤差が出て初めて修正が行われることから，誤差の修正動作は必ず少なくとも 1 サイクル遅れることになる。この問題を解決する一つの方法は，フィードフォワード（FF）制御器との併用である。すなわち，**図 4.14** に示すような 2 自由度制御系を構成することである。

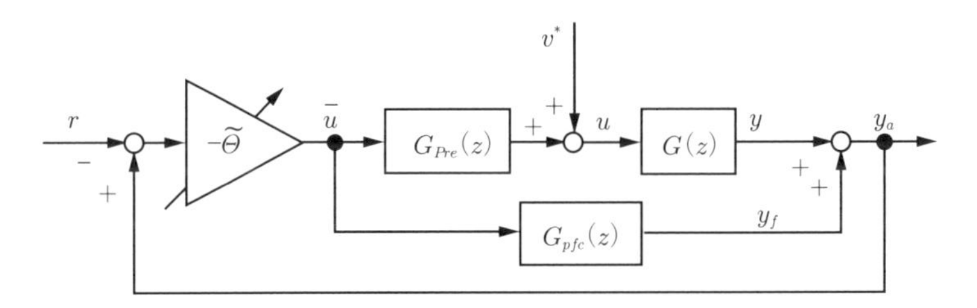

図 4.14　FF 制御器を併用した 2 自由度制御系

実際の制御器は

$$y_r(k) = G(z)[v^*(k)] \tag{4.58}$$

を達成する入力を $v^*(k)$ とするとき，つぎのように設計される。

【2 自由度適応出力 FB 制御器】

$$u(k) = \frac{1}{z-1}[\bar{u}(k)] + v^*(k) \tag{4.59}$$

$$\bar{u}(k) = -\tilde{\Theta}(k)\bar{e}_a(k) \tag{4.60}$$

なお，適応パラメータ調整則は，式 (4.57)，(4.58) で与えられる。

$v^*(k)$ は，4.1.1 項で述べられているように，$G(z)$ が既知であり，かつ最小位相であれば，システムの逆系を考えることで $v^*(k) = G(z)^{-1}[r(k)]$ により簡単に求めることができるが，実際には，システムは非線形であったり，正確なシステムのモデルを得ることが難しいことから，式 (4.58) を達成する真の $v^*(k)$ を正確に得ることは困難である。実際の制御系設計においていかに FF 制御器を設計するかも，大きな課題の一つである。エンジン燃焼制御における具体的な燃焼 FF 制御器の設計に関しては，後述の 4.2.1 項および 4.2.4 項を参照されたい。また，文献 15)～17) にも適応的またはロバストな FF 制御器の設計法が提案されている。

〔5〕 適応 PFC による適応出力フィードバック制御系設計

これまで示してきたように，PFC：$G_{pfc}(z)$ を付加することにより ASPR な拡張系が設計できれば，簡単に安定な適応制御系が設計できる。しかし，制御対象が非線形であり，動作点によりその特性が大きく変動する場合には，すべての動作点で拡張系の ASPR 性を保証する固定 PFC を設計することは困難である。このような場合には，その変化に合わせて PFC も変化させなければならない。以下では，適応的に PFC を求める方法を紹介する。簡単のため，制御対象は式 (4.61) のように表される 1 入出力系とする。

$$\left.\begin{aligned} x(k+1) &= Ax(k) + bu(k) \\ y(k) &= c^T x(k) + du(k) \end{aligned}\right\} \tag{4.61}$$

このとき，システム (4.61) は，つぎの仮定を満足するものとする。

仮定 4.2　システム (4.61) の伝達関数を $G(z)$ とするとき

$$\frac{1}{z-1}G(z) + d_f^* \tag{4.62}$$

が ASPR となる定数 PFC：d_f^* が存在し，その上限値 d_{max} は既知とする。

この仮定のもと，適応的に調整される PFC を持つ制御器はつぎのように設計される。

【適応 PFC を持つ適応出力 FB 制御器】

$$u(k) = \frac{1}{z-1}[\bar{u}(k)] \tag{4.63}$$

$$\bar{u}(k) = -\tilde{\theta}(k)\bar{e}_a(k) \tag{4.64}$$

ここに

$$\tilde{\theta}(k) = \bar{\sigma}\tilde{\theta}(k-1) + \bar{\sigma}\gamma\bar{e}_a(k)e_a(k) \tag{4.65}$$

ただし，$\bar{\sigma} = \dfrac{1}{1+\sigma}$，$\sigma > 0$，$\gamma > 0$

であり，$e_a(k) = y(k) + y_f(k) - r(k)$ である。$y_f(k)$ はつぎのように与えられる適応 PFC の出力である。

$$y_f(k) = d_f(k-1)\bar{u}(k) \tag{4.66}$$

$$d_f(k) = d_{fI}(k) + d_{fP}(k) \geqq d_{min} > 0 \tag{4.67}$$

$$d_{fI}(k) = \begin{cases} \bar{\sigma}_I d_{fI}(k-1) + \bar{\sigma}_I \gamma_{dI} \bar{u}(k)^2 & \text{if } d_f(k) < d_{max} \\ d_{fI}(k-1) & \text{if } d_f(k) \geqq d_{max} \end{cases} \tag{4.68}$$

$$d_{fP}(k) = \begin{cases} \gamma_{dP}\bar{e}_a(k)^2 & \text{if } d_f(k) < d_{max} \\ d_{max} - d_{fI}(k) & \text{if } d_f(k) \geqq d_{max} \end{cases} \tag{4.69}$$

$$\bar{\sigma}_I = \frac{1}{1+\sigma_I},\ \sigma_I > 0,\ \gamma_{dI} > 0,\ \gamma_{dP} > 0$$

ここに，$d_{min} > 0$ は PFC の存在範囲の最小値であり，d_{max} はその最大値である。なお，この設計法においても因果律の問題より，$e_a(k)$ は直接得ることができないが，等価的に

$$e_a(k) = \frac{\bar{e}_a(k) - d_f(k-1)\bar{\sigma}\tilde{\theta}(k-1)\bar{e}_a(k)}{1 + d_f(k-1)\bar{\sigma}\gamma\bar{e}_a(k)^2} \tag{4.70}$$

と求めることができる。

このように設計された制御系の安定性については，文献 18) を参照されたい。

4.1.4 深 層 学 習

4.2.4 項のフィードバック誤差学習（FEL）制御で必要な深層学習（ディープラーニング）について述べる[19),20)]。深層学習は，多層のニューラルネットワーク（NN：生物の神経回路網を模倣したネットワークの一つ）を用いた機械学習の手法の一つであり，深層という言葉は，ニューラルネットワークの層の数が数百の層を持つことの由来である。原理的には「十分多くのノード（ニューロン）を持つ隠れ層が 1 層（全部で 3 層）あれば，任意の入出力関係を実現できること」が証明されている[21)]が，本格的多層にしたネットワークが使われるようになってきた。ニューラルネットワークは近年で 3 回目の隆盛であるが，これはブームでは終わらないほどの圧倒的性能を，音声（全結合ネットワーク），画像（畳込みニューラルネットワーク），自然言語（再帰型ニューラルネット）などの分野で示している。隆盛の時代背景には，(1) センサ技術や Web が発達して，大量データを簡単に活用できる環境が整ってきた，(2) 大量データ学習が高速に行える GPU やマルチコア CPU など，計算能力が飛躍的に向上したハードが容易に入手可能となった，(3) 専門家が事前学習したモデルを公開するなど，関係研究者がオープンな手法を取っている，(4) 汎化能力の向上，過適合（過学習）の抑制，勾配消失などの問題に対する展開が図れたこと，などが挙げられる。

一般に機械学習の形態として，(1) 学習の過程で規範となる変数が存在している，**教師あり学習**（supervised learning）と，(2) 規範が存在しないので直接的な評価尺度が評価できない学習，**教師なし学習**（unsupervised lerning）がある。一方，学習した機械の持つ機能を大きく分類すると，(1) 量的な出力を予測する**回帰**（regression）と，(2) 質的な出力を予測する**分類**（classification）があり，両機能とも関数近似の問題と定式化できる。ここでは，4.2.4 項で利用する FF 制御器の深層学習に注目して，教師あり学習による回帰問題を説明する。

〔1〕 多層ニューラルネットワーク

多層のニューラルネットワーク（**順伝搬型ニューラルネットワーク**，feedforward neural network，FFNN）は，活性化関数による非線形な情報処理を行う複数の層からなり，各層はノード（ニューロン）ごとの演算を左から右に並列的に処理する。一般に**入力層**（input layer），複数の**隠れ層**（hidden layer），**出力層**（output layer）で構成され，隠れ層は，前の層の出力をその入力として利用する。**図 4.15** に I 層からなる順伝搬型ニューラルネットワークを示した。図にある第 i 層のノード（ニューロン）の数は，J_i 個である。また，r は利用できる信号であり，一般に過去の信号を取り込んで用いたり，あるいは予見的な設定ができる場合には未来値も利用したりする。さらに出力層のノードの数は，出力信号のベクトルサイズと一致する。

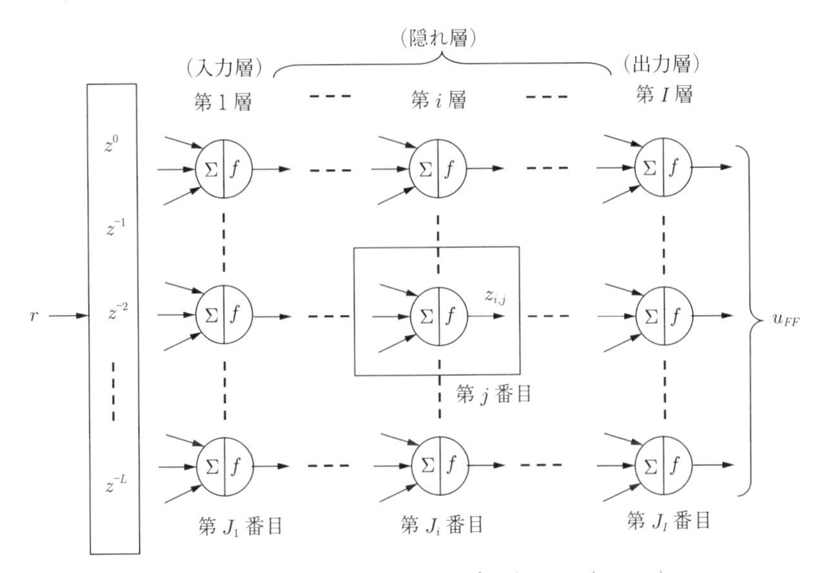

図 4.15　I 層の順伝搬型ニューラルネットワーク（FFNN）

また，**図 4.16** に第 i 層の第 j 番目のニューロン（ユニット）を示した。このニューロンは複数の入力を受け取り，一つの出力を排出する。このニューロンの入力信号は，バイアスを発生させるための 1 と，前段，第 $i-1$ 層からの出力 $z_{i-1,1},\cdots,z_{i-1,J_{i-1}}$ から構成され，それぞれに，**バイアス**（bias）と**重み**（weight）が掛け算され総和がとられる。さらに，この総和を**活性化関数**（activation function）と呼ばれる関数に通した値が，このニューロンの出力と

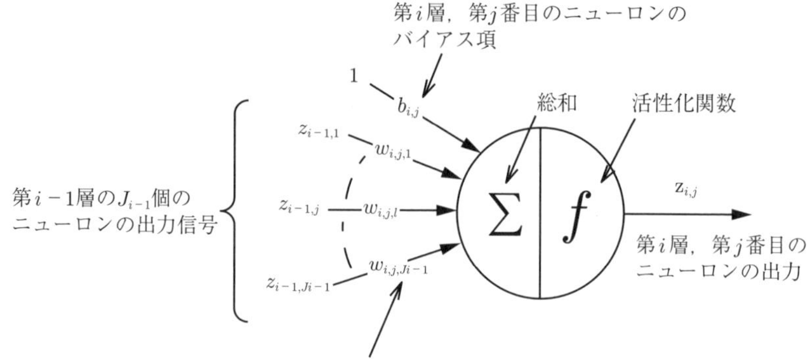

図 4.16　第 i 層，第 j 番目のニューロン（ノード）

なる。表記の簡単化のため，一つの FFNN で一つの活性化関数 $F(\cdot)$ を使うように表現したが，各層で異なる活性化関数を選んでもよい。特に，出力層では，問題に応じて中間層と異なるものを選ぶ場合が多い。

図 4.16 から，第 i 層の第 j 番目のニューロンの出力 $z_{i,j}$ は，式 (4.71) のように表現できる。

$$z_{i,j} = F\left(\sum_{l=1}^{J_{i-1}} w_{i,j,l} z_{i-1,j} + b_{i,j}\right) \tag{4.71}$$

バイアス $b_{i,j}$ と重み $w_{i,j,l}$ は後に説明される**誤差逆伝播法**（back propagation）により調整される。いくつかの活性化関数 $F(x)$ を紹介する。一般に活性化関数は，単調増加する非線形関数であり，(1) **ロジスティック関数**（logistic function），(2) **双曲線正接関数**（hyperbolic tangent function），(3) **正規化線形関数**（retified linear function），(4) **動径基底関数**（radial basis function，RBF）などがある（**表 4.1**）。

〔2〕 学習のフレームワークと学習手法

〔1〕で述べた多層ニューラルネットワークに含まれる重みとバイアスを調整する誤差逆伝播法を説明する。**図 4.17** は学習・適応のフレームワークを表している。後述するフィードバック誤差学習制御では，FFNN で表現したい対象は，制御対象の逆システムに対応している。この表現したい真の対象の入出力

表 **4.1**　活性化関数

活性化関数	$F(x)$	$f = dF/dx$
ロジスティック関数	$\dfrac{1}{1+\exp(-x)}$	$F(x)(1-F(x))$
双曲線正接関数	$\tanh(x) = \dfrac{1-\exp(-2x)}{1+\exp(-2x)}$	$1-F^2(x)$
正規化線形関数	$\max(x, 0)$	ステップ関数
動径基底関数（ガウシアン RBF）	$\exp(-(\varepsilon x)^2)$	$-2\varepsilon^2 x \exp(-(\varepsilon x)^2)$

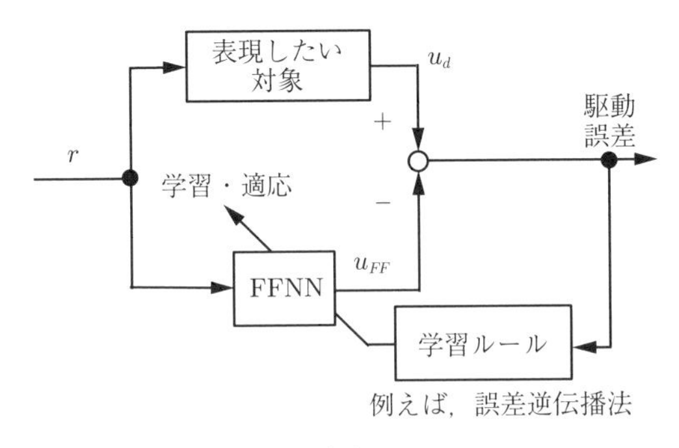

図 **4.17**　学習・適応のフレームワーク

の組み (r, u_d) が得られるとする。このとき，FFNN の重みとバイアスを調整することで，真の対象の入出力の組みを再現することを考えるとき，この調整を学習・適応と呼ぶ。調整の良し悪しの尺度を駆動誤差（重みやバイアスを駆動するための信号なので，ここではこのように呼ぶ）といい，$e := u_d - u_{FF}$ とする。この駆動誤差を最小にするように重みとバイアスを求めるのだが，この最適化問題は非線形最適化問題となり，解析解を得ることは困難である。この理由から，ここでは最適化のために反復解法のアプローチをとっている。

（1）　訓練学習（勾配降下法）　訓練データを，時刻（$t = 1, \cdots, T$）からなる T 個のデータとして，式 (4.72) に示す損失関数（訓練誤差）

$$E(w) = \frac{1}{2}\sum_{t=1}^{T} \|u_d[t] - u_{FF}[t]\|^2 \tag{4.72}$$

を最小にするように学習を行う。ここで，w は，FFNN に含まれる調整すべき重みとバイアスをまとめたベクトルであり，出力 u_{FF} に影響を及ぼす。**勾配**

降下法（gradient descent method）による学習は，式 (4.73) のように与えられる。

$$w[t+1] = w[t] - \mu\frac{\partial E}{\partial w} \tag{4.73}$$

ここで，μ は学習係数と呼ばれる正の定数である。式 (4.73) を繰り返し計算することで，式 (4.72) の損失関数を局所的に最小化する重みとバイアスを計算することができる。このように一定の勾配関数 $\partial E/\partial w$ に基づいて重みとバイアスを求めるので，**一括学習**（batch learning）あるいは**エポック学習**（epoch learning）と呼ばれている。実際のエンジン制御では，モデルベースト制御として東京大学離散化モデル[22)]により発生させた信号により，事前にフィードバック誤差学習（feedback error learning，FEL）制御系の FF 制御器を FFNN として訓練学習を行っている。

（2） オンライン学習（逐次勾配降下法）　訓練学習により得られた重みとバイアスを初期値として，オンラインで FFNN を学習することを考える。このとき用いる損失関数（実装誤差）は，実データの駆動誤差の大きさの半分であり

$$E_1(w) = \frac{1}{2}\|u_d[k] - u_{FF}[k]\|^2 \tag{4.74}$$

のように定義される。この値の逐次勾配に基づいて学習する方法を**逐次勾配降下法**(iterative gradient descent method)といい，式 (4.75) のように与えられる。

$$w[k+1] = w[k] - \mu\frac{\partial E_1}{\partial w} \tag{4.75}$$

深層学習においては，式 (4.75) の逐次勾配降下法が一般的に用いられている。訓練学習においてもオンライン学習においても，非線形関数が間に挟まった関数の各層の重み・バイアスに対する勾配なので，微分の連鎖則を多用しなければならないように思えるが，FFNN の順伝搬の構造を利用して，上位の層（出力側）から下位の層（入力側）に向けて駆動誤差がどのように伝搬するかを具体的に計算すると，1 回の微分連鎖則を利用しただけの誤差逆伝播法によるアルゴリズムを得ることができる。具体的は計算過程は，つぎの〔3〕において導

出した。

〔3〕 過学習と勾配損失

多層ニューラルネットワークでは，重みの数（パラメータの次元）を多くするとネットワークの表現能力（自由度）は増加するが，観測データに過度に適応した学習をしてしまう。この学習のことを**過学習**（over-fitting）という。訓練データ（有限個）による損失関数（訓練誤差）を最適にしているからといって，実データによる損失関数（実装誤差）が最適になるとは限らず，重みの数が多いほど（深層になればなるほど），過学習が生じやすくなる。

一方，最適化問題の解法として反復解法によるアプローチをとっているため，損失関数を減少させる方向に重みを更新しているが，**局所最適解**（local optimum）へ収束して動かなくなったり，**鞍点**（saddle point，極大でも極小でもなく勾配がゼロとなる点）に停留してしまうことがある。FFNN では，異なる重みでも同じ入出力モデルを表現できる冗長性を持っているため，損失関数が平坦になる領域（**プラトー**（plateau））が生じやすく，このような**勾配損失問題**（vanishing gradient problem）が生じる。特に入力層に近づくほど，勾配が小さくなって学習が進まなくなる傾向がある。以上の二つが，FFNN の学習を困難にしているおもな原因である。現在では，これらの問題を回避する多くの手法が提案され，解説本も多いが残された課題もある。例えば，文献 20), 23) などを参考にされたい。

以下では，教師ありの回帰問題の立場に限定して，過学習回避のノウハウである**正則化**（regularization）について説明する。正則化の手法では，駆動関数の項に，重みのノルム項をペナルティ項として加えた損失関数（実装誤差）を考える（式 (4.76)）。

$$E_1(w) = \frac{1}{2}\|u_d[k] - u_{FF}[k]\|^2 + \frac{\sigma}{\alpha}\sum_{i=1}^{N}\sum_{j=1}^{J_i}\|w_{i,j}\|_p \tag{4.76}$$

ただし，$w_{i,j}$ は第 i 層，第 j 番目のニューロンの J_{i-1} 個ある重みをベクトル表現した重みベクトルであり，α は重みの総数である。一般に，バイアスに対してはこの項は設けない。この手法は，ノルムの指数を $p=2$ とした場合，ロバスト適応則の一つであるシグマ修正法と等価であることが示されている[24)]。また，ノルム指数を $p=1$ とした場合は，スパースモデリングで知られている，L_1 正則化の逐次アルゴリズムと同じ手法となる。L_1 正則化項が加わった損失関数の勾配を計算する場合に，劣微分が必要となり工夫が必要である。この手法による学習アルゴリズムは文献 25) に示されている。

4.2　エンジン制御モデルへの制御理論の適用と制御器設計

前節までは，実際のエンジンの制御システムの説明に入る前に，各制御理論について解説を行ってきた。以降では，ここまでに紹介してきた 2 章の燃焼制御モデル，3 章の吸排気制御モデルに，前節の制御理論を適用して，予混合度の高いディーゼルエンジンを対象に，モデルに基づき制御システムを構築する手順について紹介する。

今回対象とするシステムは，燃料噴射にコモンレールシステムを搭載し，吸排気系としては，EGR クーラを搭載した High pressure EGR システム，過給圧を調整するための可変ジオメトリーターボ，EGR と新規の吸入量を調整するための吸気スロットルを搭載する 4 気筒の市販ディーゼルエンジン（図 **4.18**）を対象とする。

ここで，エンジンの制御系を構築していくうえでの基本的なコンセプト（図 **4.19**）を説明しておく。制御系は大きく分けて，燃焼制御系と吸排気制御系に分類することができる。燃焼制御系は，具体的にはインジェクタによる燃料噴射を毎サイクル制御可能であり，応答速度は速い。一方で，吸排気系は，流体のダイナミクスが入ってくるのため応答速度は遅い。また，先にも紹介したが，エンジンの制御はドライバのアクセル操作を起点にするため，ドライバの運転特性によって目標となる運転条件は時々刻々変化する。したがって，制御系がそのときの目標値を実現できる前に目標値が変化してしまうということが常時生じる。そのため，応答が速い燃焼制御系においても少なくとも 1 サイクルの遅れがある FB 制御では対応しきれないこともある。そこで，その時点で実現

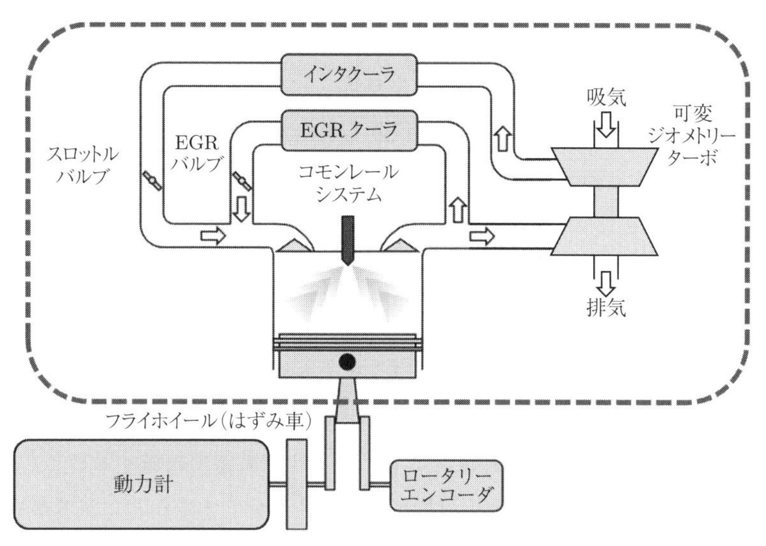

図 **4.18**　モデルに基づく制御システム構築の対象とした 4 気筒の市販ディーゼルエンジン

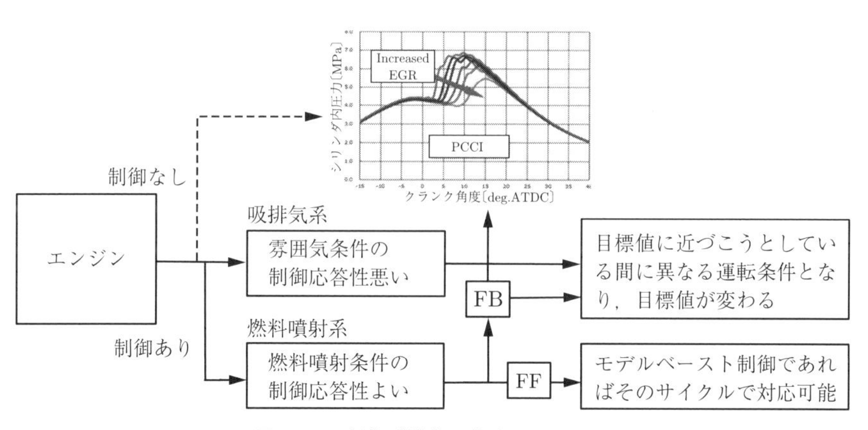

図 **4.19**　制御系構築の基本コンセプト

されている吸排気の条件で燃焼が最適となるように燃焼の FF 制御（燃料噴射の FF 制御）を行うのが基本となる。これに，燃焼制御，吸排気制御とも常時過渡状態を想定するが，その過渡状態が十分に遅い場合に役割を果たせるように燃焼，吸排気とも FB 制御を用意しておくことになる。

上記の考え方に従って今回実際に構築を行う制御系における各制御モデルや

制御器の関係を示したものを**図 4.20** に示す。制御系は，先の考え方に従って大きく分けて燃焼制御と吸排気制御の 2 系統に分かれている。燃焼制御系は，燃焼制御モデルの逆系が FF 制御器の役割を果たす。また，燃焼制御モデルを利用して，ロバスト制御理論や適応制御理論によって構築した FB 制御器も組み込み，2 自由度の制御系を構成する。さらに，燃焼制御モデルの事前学習と，適応制御の FB 制御器の出力のオンボード学習により，経年変化などでプラントの特性が変化した場合に対応できるような学習制御も搭載する。制御モデルは必ずしも実際のプラントを完璧に再現できるものでなく，制御モデルを利用した FF 制御器とすると，制御しようとする目標値との完全な一致は難しく，その差を最低 1 サイクルの遅れはあるものの FB 制御器で補償することとなる。また，エンジンは，長年の使用で燃焼室にすすが付着するなど，状態が経年変化する。それに応じて，モデルの定数を更新していく役割を学習に持たせる構成となっている。吸排気制御系に関しては，吸排気制御モデルが FF 制御器となり，ロバスト制御理論を適用した FB 制御器と 2 自由度の制御系を構成する。

また，具体的な制御の入出力は，実際の制御器設計の箇所で紹介するが，制御器の目標値自体は，定常での燃焼実験に基づいて設定することとする。

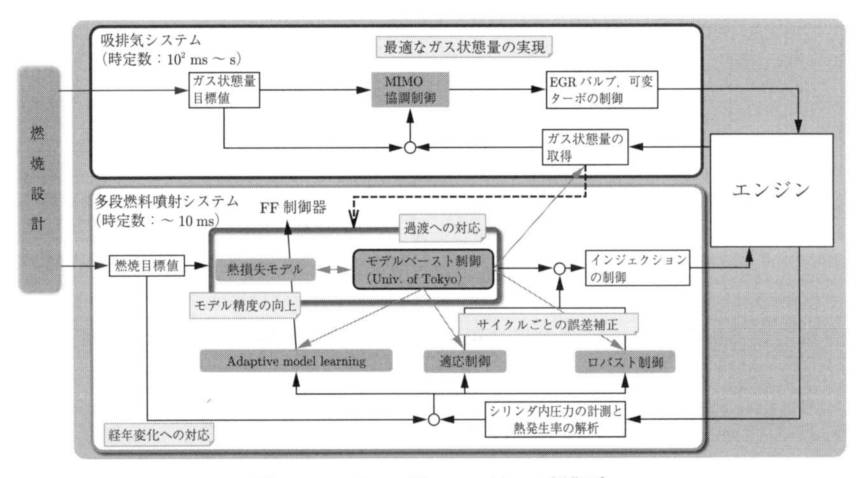

図 4.20　ディーゼルエンジンの制御系

4.2.1　逆モデル燃焼 FF 制御器

構築した燃焼制御モデルの入出力については，3 段噴射でシリンダ内ガス圧力を制御する場合では 2 章の表 2.2 にまとめてあるが，この関係を数式で表現すると，式 (4.77) ～ (4.80) のようになる。

$$y = f(x_{ECU}, x_{model,k-1}) \tag{4.77}$$

$$x_{ECU} = \begin{pmatrix} N_{engine}, P_{rail}, Q_{total}, Q_{Pilot}, \theta_{\mathrm{Pilot}Inj.}, Q_{Pre}, \theta_{PreInj.}, \theta_{MainInj.}, P_{boost}, \\ r_{EGR}, T_{inmani} \end{pmatrix} \tag{4.78}$$

$$x_{model,k-1} = (Q_{prev}, T_{RG}, n_{x,RG}) \tag{4.79}$$

$$y = (\theta_{Peak}, P_{Peak}) \tag{4.80}$$

x_{ECU} は ECU から得られるエンジンの運転条件で，$x_{model,k-1}$ は k サイクルから見た際にモデルで計算された 1 サイクル前の $k-1$ サイクルの情報である。構築した燃焼制御モデルは，燃料の噴射条件などを入力すると，シリンダ内ガス圧力のピーク値 P_{Peak} とその時期 θ_{Peak} の予測値が得られるものとなっている。したがって，燃焼制御モデルを FF 制御に用いるためには，入出力を反転させた逆モデルを求め，シリンダ内ガス圧力ピーク値とその時期の目標値 $P_{Peak,ref.}$，$\theta_{Peak,ref.}$ を代入することによって，それらの目標値を得るために必要な噴射条件を導き出す必要がある。したがって，この逆モデルを求めることがすなわち FF 制御器を設計するということに相当する。なお，制御目標値については，熱効率や燃焼騒音を表現するモデルがあれば，計算によって求めることも可能となるが，今回はこれらのモデルは用いず，目標値は別途与えられるという仮定のもとで制御を行っていくこととしている。

続いて逆モデルの求め方を説明する。今回はシリンダ内ガス圧力のピーク値 P_{Peak} とその時期 θ_{Peak} の二つを制御量としている。一方で，操作できる量は，3 段ある燃料噴射のそれぞれの量と時期の六つあり，操作量の数のほうが制御量の数よりも多くなり，そのままでは，一義的に解を求めることができない。したがって，簡単には操作量と制御量の数を合わせる必要があり，ここでは操作量は x_{ECU} のうち，パイロットとプレの噴射量を同量としたうえで $Q_{Pilot} = Q_{Pre}$ と $\theta_{MainInj.}$ の二つとすることとした。なお，操作量を何にとるかは，制御器の設計者が決定することとなる。これを式で表すと式 (4.81) ～ (4.83) となる。

$$u = f^{-1}(y, x'_{ECU}, x_{model,k-1}) \tag{4.81}$$

$$x'_{ECU} = (N_{engine}, P_{rail}, Q_{total}, \theta_{\mathrm{Pilot}Inj.}, \theta_{PreInj.}, P_{boost}, r_{EGR}, T_{inmani}) \tag{4.82}$$

$$u = [(Q_{Pilot} = Q_{Pre}), \theta_{MainInj.}] \tag{4.83}$$

なお，5 章で説明を行うが，今回の制御システムの検証実験では ECU の一部の変数の制御を，独自制御に置き換えるいわゆるバイパスシステムでの検討を行う。そのため，式 (4.78) の x_{ECU} の一部が式 (4.83) の操作量 u となるので，逆モデルへの入力が x_{ECU} から u を除いた式 (4.82) の x'_{ECU} となっている。

逆モデルである f^{-1} は，モデルの順方向の出力となる 2 章の式 (2.36) などを見ても，その構造が単純ではないため，数学的な手法では容易に求めることができない。そこで，燃焼制御モデルの計算速度が速いことを利用して，オンボードでその瞬間の運転点を中心に順モデルの入力に摂動を加え，その際の燃焼制御モデルの出力の応答を求め，その入出力の関係から，まずは f の線形化モデルを求め，その後で f^{-1} を求め，この f^{-1} を利用して操作量を求める方法を用いる。一連の手順を図示したものを**図 4.21** に示し，これに沿って説明する。

操作量を $Q_{Pilot} = Q_{Pre}$ と $\theta_{MainInj.}$ としているので，この 2 変数について，現在運転している条件を中心として，その前後の値の組合せとなる 9 条件を入力として，燃焼制御モデルを順方向に計算する。計算結果をこの二つの操作量と，制御量となる θ_{Peak}, P_{Peak} の関係を整理し，それぞれの制御量を二つの操作量の線形和で近似することで f の線形化モデル（linearized model）が得られることとなる。線形化モデルが得られれば，容易にその逆行列が求めら

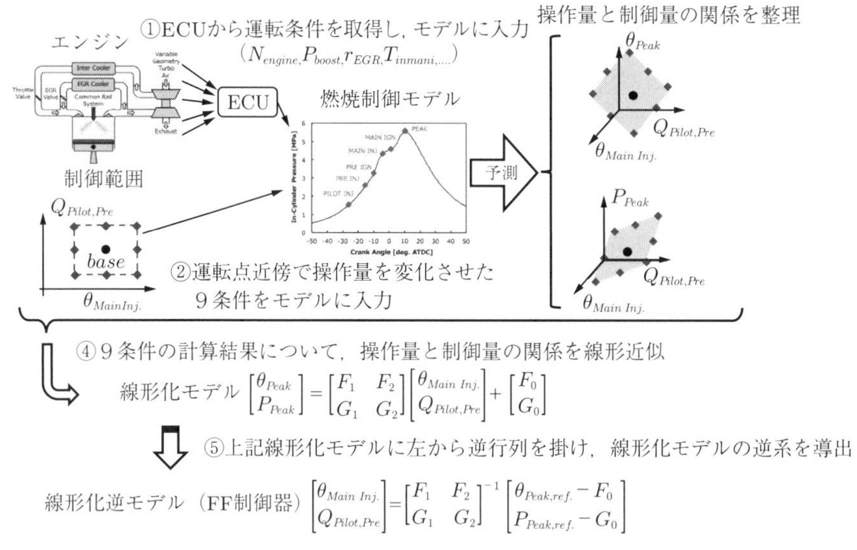

図 4.21　オンボードの燃焼制御モデル計算による逆モデルの導出方法

れ，両辺の左側から逆行列を作用させることで，入力と出力を入れ替えた逆行列を得ることができる。オンボードで線形化を行うことのメリットとして，事前に特定の運転点で線形化を行っておくよりも，ECU の情報からつねに線形化の中心となる運転点を追跡しながら線形化することが可能となり，非線形性を考慮した制御が可能となることにある。

オフボードでの線形化に比べ，常時変化する動作点を考慮した上記のオンボードでの線形化は線形化誤差を削減できる可能性はあるが，いくらかは残存することになる。その線形化誤差を可能なかぎり減らすための補償器も燃焼制御モデルの計算負荷が低いことを活かして検討することができる。**図 4.22** に線形化誤差を補償するアルゴリズムの概要を示す。図 4.21 に示した逆モデルより得られる操作量を，もとの順モデル（燃焼制御モデル）に入力し計算を行う。この計算結果と制御量の目標値の差が線形化誤差となる。この線形化誤差を操作量に反映するために，線形化逆モデル（linearized inverse model）をこの誤差に作用させることで，線形化誤差分の操作量（厳密な意味では，線形化逆モデ

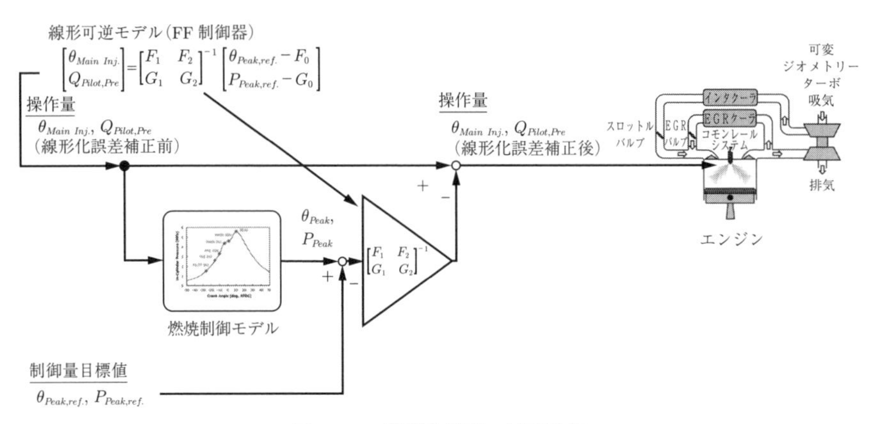

図 **4.22**　線形化誤差の補正手順

ルを作用させるので，線形化誤差分の操作量とはならない）の補正を行わせることが可能となる[26)]。なお，ここでは 3 段噴射でシリンダ内圧力制御を行う場合を例に説明してきたが，同様の手順で 3 段噴射で熱発生率の制御を行うシステムも構築できる[27)]。

この燃焼制御モデルから，線形化逆モデルを導出し，線形化誤差を補償した操作量を得る一連のアルゴリズムを実装し，その入出力関係を整理したものを**図 4.23** に示す。実装にあたっては，市販の ECU に構築した FF 制御器のアル

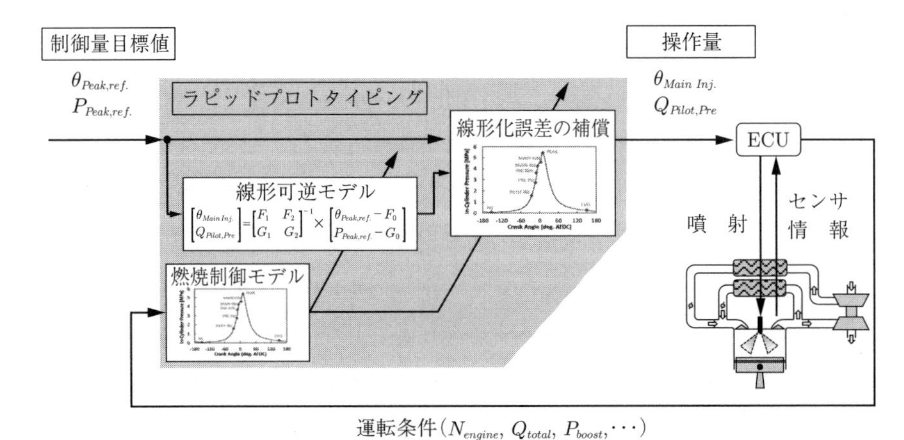

図 **4.23**　燃焼制御モデルを利用した FF 制御器

ゴリズムを書き込むことは難しいため，試験環境としてラピッドプロトタイピング（rapid prototyping）を導入し，そこにアルゴリズムを実装する。実装した試験環境については，5 章の制御システム評価の箇所で詳細を示す。

4.2.2 H_∞ 制御による燃焼制御

本項では，3 段噴射を考慮した離散化燃焼モデルに対して，H_∞ 制御の混合感度問題を適用した例を紹介する[28)]。ここで使用する離散化燃焼モデルの代表点は，**図 4.24** に示すように，吸気バルブ開時期（IVO），吸気バルブ閉時期（IVC），パイロット燃料噴射時期（Pilot Inj.），プレ燃料噴射時期（Pre Inj.），パイロット＋プレ燃料着火時期（Pre Ign.），メイン燃料噴射時期（Main Inj.），メイン燃料着火時期（Main Ign.），シリンダ内ガス圧力ピーク時期（Peak），排気バルブ開時期（EVO），そして排気バルブ閉時期（EVC）の 10 点となっている。

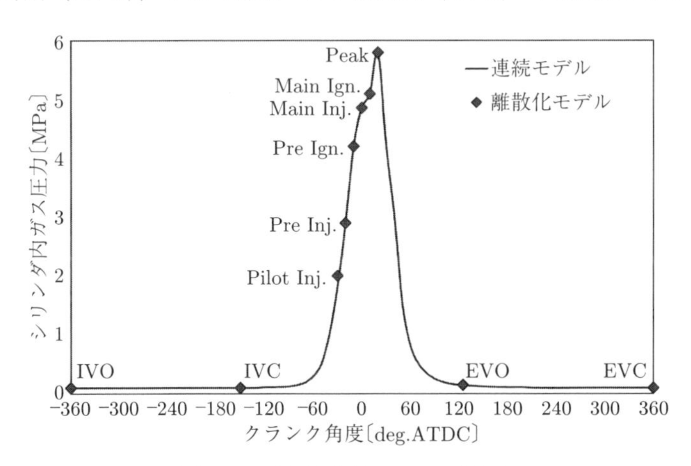

図 4.24 離散化燃焼モデルの代表点

また，このモデルへの入力は，総燃料噴射量，パイロット噴射の噴射量と噴射時期，プレ噴射の噴射量と噴射時期，メイン噴射時期，過給圧力，EGR 率，噴射圧力およびエンジン回転数であり，出力は，圧力ピーク時期と最大圧力である。

問題を簡単にするため，以下を仮定する。

1. 制御入力をメイン噴射時期 $\theta_{MainInj.}$〔deg. ATDC〕およびパイロット噴射とプレ噴射の総噴射量 Q_{Pilot_Pre}〔$\mathrm{mm^3/st.}$〕とする。
2. パイロット噴射とプレ噴射の噴射量は等量とし，次式を仮定する。

$$Q_{Pilot} = Q_{Pre} = 0.5 \times Q_{Pilot\_Pre} \tag{4.84}$$

3. 制御量は圧力ピーク時期 θ_{Peak}〔deg. ATDC〕と圧力ピーク P_{Peak}〔MPa〕とする。
4. 制御入力ではない入力（パイロット噴射の噴射時期，プレ噴射の噴射時期，過給圧力，EGR 率，噴射圧力およびエンジン回転数）については，制御系設計の際は一定値とし，**表 4.2** に示す値を用いる。ただし，メイン噴射の噴射量 Q_{Main}〔$\mathrm{mm^3/st.}$〕については式 (4.85) に従うものとする。

$$Q_{Main} = Q_{total} - Q_{Pilot\_Pre} \tag{4.85}$$

表 4.2　運 転 条 件

運 転 条 件	値
パイロット噴射の噴射時期	−25 deg. ATDC
プレ噴射の噴射時期	−15 deg. ATDC
過給圧力	110 kPa
EGR 率	0.3
噴射圧力	80 MPa
エンジン回転数	1 500 rpm

離散化燃焼モデルは非線形離散時間システムであり，式 (4.86) のように記述できる。

$$X_{k+1} = f(X_k, U_k), \quad Y_k = g(X_k, U_k) \tag{4.86}$$

ただし，k は離散時間を表し，状態変数 X_k，出力 Y_k，入力 U_k は式 (4.87) ～ (4.89) で定義する。

$$X_k = [\,T_{RG,k} \;\; n_{O_2,RG,k} \;\; n_{CO_2,RG,k} \;\; n_{H_2O,RG,k} \;\; n_{N_2,RG,k}\,]^T \tag{4.87}$$

$$U_k = \begin{bmatrix} \theta_{MainInj.,k} \\ Q_{Pilot\_Pre,k} \end{bmatrix} \tag{4.88}$$

$$Y_k = \begin{bmatrix} \theta_{Peak,k} \\ P_{Peak,k} \end{bmatrix} \tag{4.89}$$

状態 X_k の各要素については**表 4.3** にまとめた。

表 4.3 状態変数の定義

状　態	変　数	説　　明
X_k	$T_{RG,k}$	EVC における残留ガス温度〔K〕
	$n_{O_2,RG,k}$	EVC における残留酸素濃度〔mol〕
	$n_{CO_2,RG,k}$	EVC における残留二酸化炭素濃度〔mol〕
	$n_{H_2O,RG,k}$	EVC における残留水素酸化物濃度〔mol〕
	$n_{N_2,RG,k}$	EVC における残留窒素濃度〔mol〕

制御系設計のために，この非線形システムを平衡点

$$X_k = X_0, \quad Y_k = Y_0, \quad U_k = U_0 \tag{4.90}$$

の周りで線形近似し，つぎの線形時不変離散時間システムを求める。

$$x_{k+1} = A\,x_k + B\,u_k \tag{4.91}$$

$$y_k = C\,x_k + D\,u_k \tag{4.92}$$

ただし

$$x_k = X_k - X_0 \tag{4.93}$$

$$u_k = U_k - U_0 \tag{4.94}$$

$$y_k = Y_k - Y_0 \tag{4.95}$$

である。さらに，入力から出力までのパルス伝達関数 P を

$$P[z] = C(zI - A)^{-1}B + D \tag{4.96}$$

と定義しておく。入力の平衡点を $U_0 = [-5, 4]^T$ としたときの線形近似モデルを H_∞ 制御器設計で使用するノミナルモデルとし，このときの $P[z]$ のゲイン線図を**図 4.25** に示す。

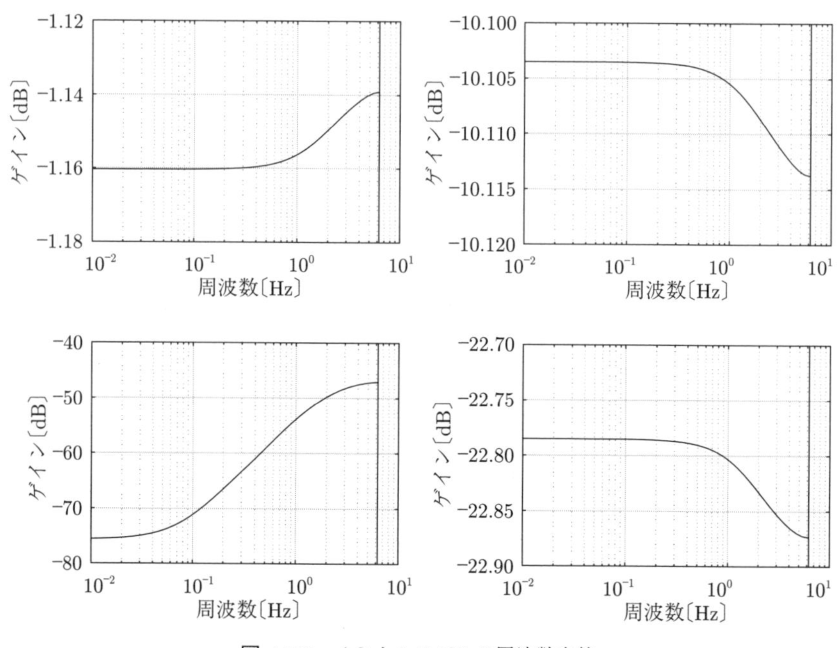

図 4.25　ノミナルモデルの周波数応答

燃焼制御系は，応答の悪い虚軸に近い極を持たないため，修正混合感度問題ではなく，通常の混合感度問題により制御器を設計する。混合感度問題は，感度関数と相補感度関数の間のトレードオフが明確なため，設計がしやすい。

混合感度問題の一般化プラントを**図 4.26** に示す。燃焼制御系の制御対象は離散時間システムなので，P および W_S，W_T はすべて離散時間システムで定義される。また，P の出力端に接続された $(1/z)I$ は，センサの検出遅れに起因する遅延を考慮するためのものである。ただし，I は単位行列を表し，P が 2 出力システムのため，I は 2 行 2 列となる。

この一般化プラントに対して，フィードバック制御 $u = Ky$ を行ったときの w から z までの閉ループ伝達行列は式 (4.97) となる。ただし，$N = (1/z)I$ と

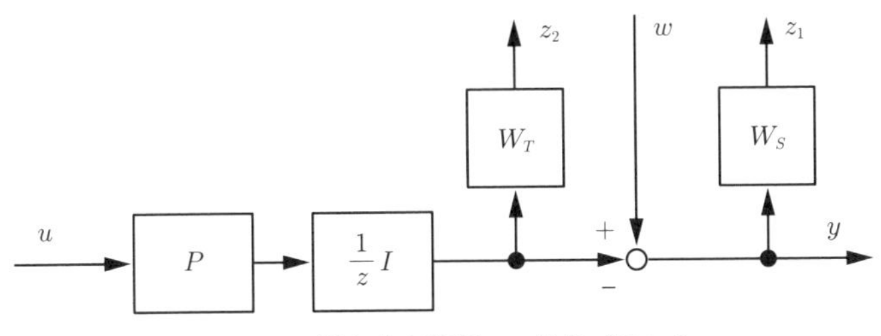

図 4.26 混合感度問題の一般化プラント

置いた。

$$G_{zw} = \begin{bmatrix} W_S(I+NPK)^{-1} \\ W_T NPK(I+NPK)^{-1} \end{bmatrix} \tag{4.97}$$

NP を制御対象と見なせば，G_{zw} の $(1,1)$ 要素は感度関数，$(2,1)$ 要素は相補感度関数の評価になっていることが確認できる。

感度関数と相補感度関数の間には $S+T=I$ の関係があるので，同じ周波数で S と T のゲインを同時に小さくすることはできない。そこで，重み関数 W_S と W_T をそれぞれ 1 次のローパスフィルタとハイパスフィルタで与えることとし，それらの折れ線近似を**図 4.27** に示す。

図 4.27 のゲイン特性を持つ重み関数は

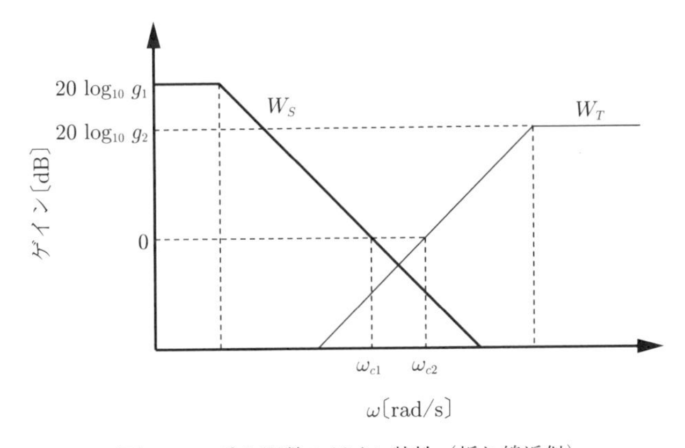

図 4.27 重み関数のゲイン特性（折れ線近似）

$$W_S = \frac{g_1 \omega_{c1}}{g_1 s + \omega_{c1}}, \quad W_T = \frac{g_2 s}{s + \omega_{c2} g_2} \tag{4.98}$$

で与えられる。ただし，g_1 および g_2 はそれぞれ W_S および W_T の最大ゲイン，ω_{c1}〔rad/s〕および ω_{c2}〔rad/s〕は，それぞれ W_S および W_T のゲインが 0 dB をクロスする角周波数（近似値）を表す。また，実際の設計では周波数の単位として Hz がよく使われるので

$$f_{c1} = \frac{\omega_{c1}}{2\pi}, \quad f_{c2} = \frac{\omega_{c2}}{2\pi} \tag{4.99}$$

を定義しておく。

各パラメータ g_1，g_2，f_{c1}，f_{c2} の選択指針について以下にまとめる。

1. g_1，g_2 は十分大きく選ぶ。$g_1 = g_2$ としても差し支えない。
2. $\|G_{zw}\|_\infty < 1$ となれば，感度関数は f_{c1} より低い周波数でゲインが 1 未満となり，相補感度関数は f_{c2} より高い周波数でゲインが 1 未満となる。
3. S と T を同じ周波数で同時に最小化できないので，$f_{c1} < f_{c2}$ を満たす必要がある。
4. S と T をできるだけ最小化する観点から，g_1 および g_2 はできるだけ大きく，また，f_{c2}/f_{c1} はできるだけ 1 に近いほうがよい。
5. 制御帯域はほぼ f_{c1} に一致するので，制御帯域を考えて f_{c1} を選択する。
6. 乗法的摂動が見積もれる場合，乗法的摂動のゲインを W_T が覆うように選べば，ロバスト安定性が保証できる。このとき，その際に得られた f_{c2} によって制御帯域が制約される。

ここで，具体的に重み関数を与えて H_∞ 制御器を設計する。エンジン回転数を 1 500 rpm と仮定すると，1 サイクルにかかる時間は 80 ms（12.5 Hz）になる。このとき，ナイキスト周波数は 6.25 Hz になるので，制御帯域を決める f_{c1} はその 1/10 以下としたい。そこで，f_{c1} は，0.5 Hz に設定する。g_1 については，低周波域で十分な外乱除去特性が得られるように，$g_1 = 100$（40 dB）に選ぶ。g_2 についても，相補感度関数のゲインを高周波域で最小化し，ノイズの影響を抑えられるように，$g_2 = 100$（40 dB）と選ぶ。f_{c2} については，f_{c2} が f_{c1} にできるだけ近づくように

$$f_{c2} = \alpha f_{c1} \tag{4.100}$$

とし，$\|G_{zw}\|_\infty < 1$ を満たす範囲で α を最小化することにした。

本設計では，乗法的摂動に対するロバスト安定化については，陽に考慮しない。ただし，上記で選択した W_T に対して

$$|\Delta_m(j\omega)| < |W_T(j\omega)|, \quad \forall\omega \tag{4.101}$$

を満たす乗法的摂動 Δ_m については，ロバスト安定性が保証されることになるので，可能な範囲で W_T のゲインを大きく選べば，制御系のロバスト性は向上する。なお，乗法的摂動に対するロバスト安定性を考慮した設計については，4.3.2 項の吸排気系の FB 制御器設計で詳しく説明する。

さて，制御対象は 2 入出力システムなので，重み関数もそれに合わせて 2 行 2 列の伝達行列で式 (4.102)，(4.103) のように与える必要がある。

$$W_S = \begin{bmatrix} \dfrac{2\pi f_{c1} g_1}{g_1 s + 2\pi f_{c1}} & 0 \\ 0 & \dfrac{2\pi f_{c1} g_1}{g_1 s + 2\pi f_{c1}} \end{bmatrix} \tag{4.102}$$

$$W_T = \begin{bmatrix} \dfrac{g_2 s}{s + 2\pi f_{c2} g_2} & 0 \\ 0 & \dfrac{g_2 s}{s + 2\pi f_{c2} g_2} \end{bmatrix} \tag{4.103}$$

さらに，制御対象は離散時間システムなので，重み関数も離散化が必要である。ここでは，極零マッチング法を用いて離散化した。

α を 1 から 1.3 まで 0.05 間隔で与えて，各 α に対して H_∞ ノルムの最小化を行った。その結果得られた α と H_∞ ノルムの関係を図 **4.28** に示す。そして，H_∞ ノルムが 1 未満となる

$$\alpha = 1.2 \tag{4.104}$$

に対して H_∞ 制御器を求めた。そのゲイン線図を図 **4.29** に示す。

つぎに，閉ループ伝達関数が重み関数で周波数整形されているかどうかを確認するため，感度関数，相補感度関数およびそれらを周波数整形する重み関数の

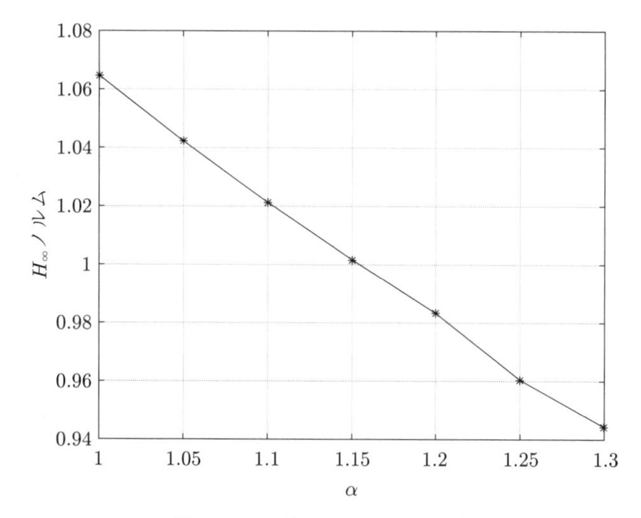

図 **4.28**　α と H_∞ ノルムの関係

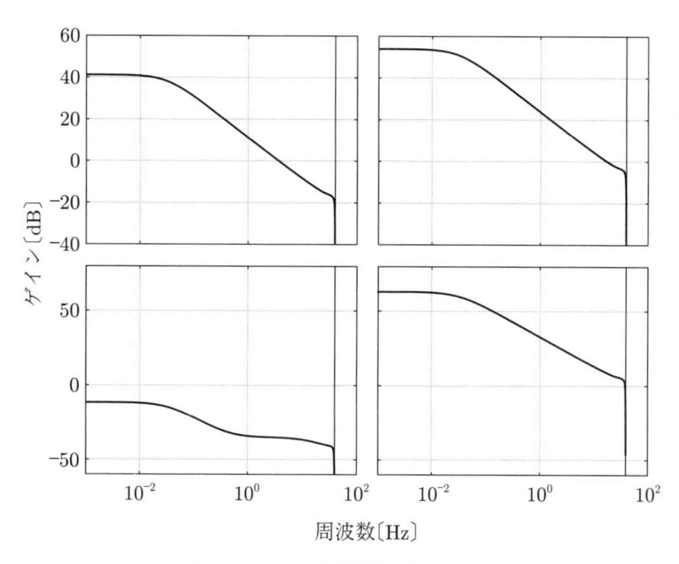

図 **4.29**　H_∞ 制御器のゲイン線図

逆数のゲイン特性を確認する。ただし，制御対象は 2 入出力システムのため，ここでは，感度関数および相補感度関数の (1,1) 要素についてのみ確認する。そこで，感度関数および相補感度関数の (1,1) 要素と，重み関数 W_S と W_T の (1,1)

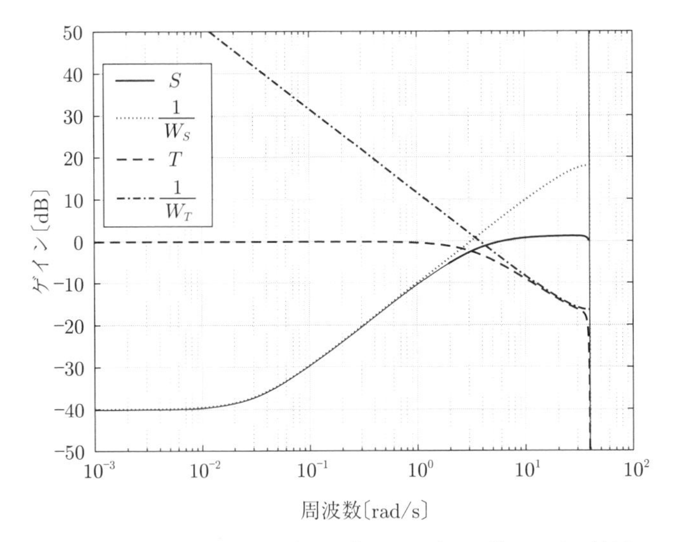

図 4.30　感度関数，相補感度関数および重み関数のゲイン線図

要素の逆数のゲイン線図を**図 4.30** にプロットした。この図から，感度関数および相補感度関数が重み関数によって周波数整形されている様子が確認できる。

最後に，設計した H_∞ 制御器を使って時間応答シミュレーションを行う。制御系は**図 4.31** に示す通常の直結フィードバック系とし，制御対象には，線形近似する前の非線形モデルを用いる。過渡応答を評価するため，**図 4.32** に示すように，最大圧力 P_{Peak}，エンジン回転数 N_e，総燃料噴射量 Q_{total}，過給圧力 P_{boost} を時間変化させる。

シミュレーション結果を**図 4.33** に示す。図 (a) において実線は出力，波線は目標値を表す。最大圧力時期 θ_{Peak} の目標値は 8.5 deg. ATDC で一定値とし，最大圧力 P_{Peak} の目標値を図 4.32 に従って変化させた。図 4.33(a) から良好

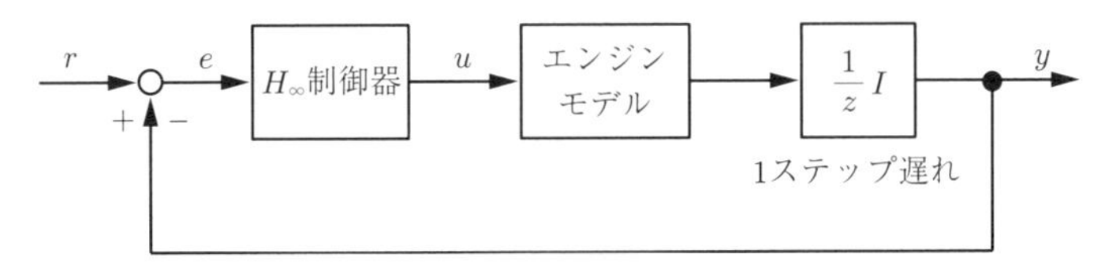

図 4.31　シミュレーションのためのフィードバック制御系

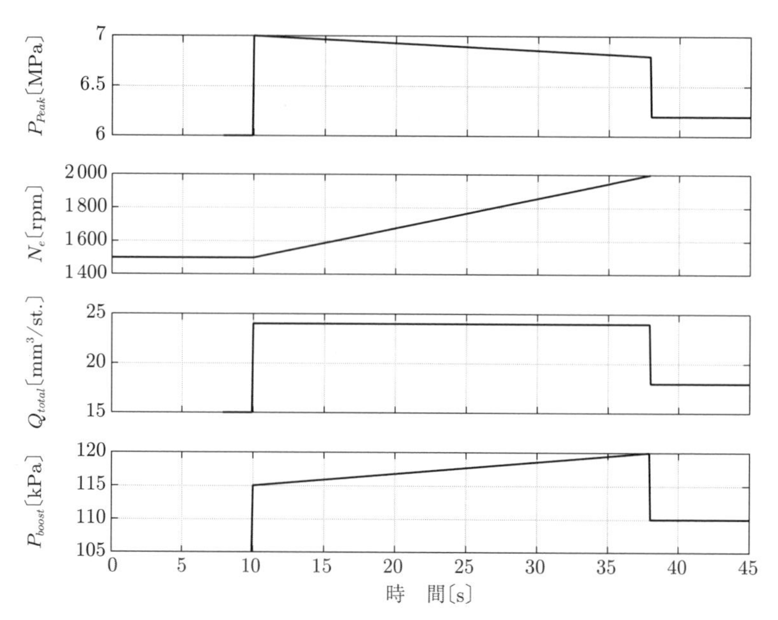

図 **4.32**　モード走行パターン

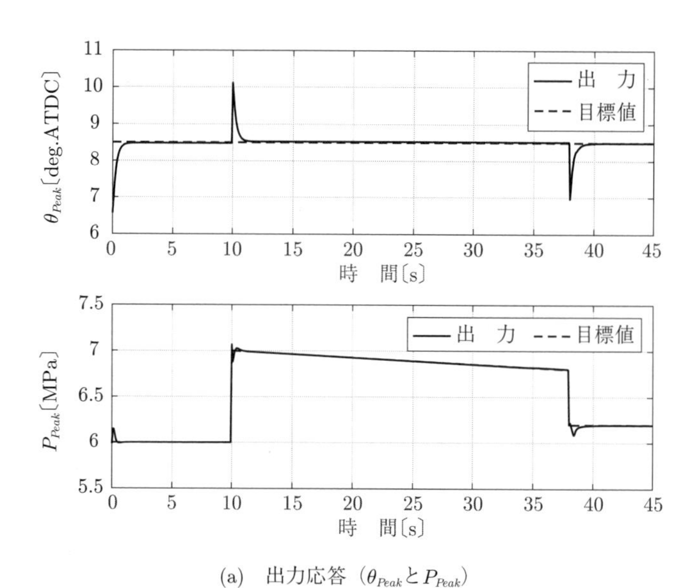

(a)　出力応答（θ_{Peak}とP_{Peak}）

図 **4.33**　シミュレーション結果

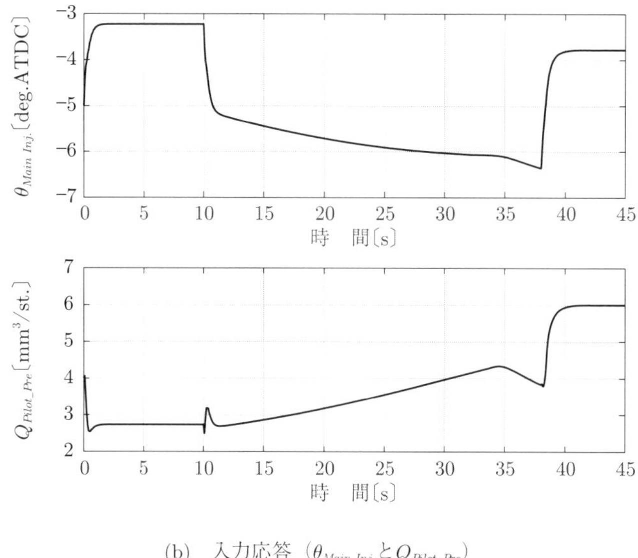

(b)　入力応答（$\theta_{Main\ Inj.}$とQ_{Pilot_Pre}）

図 **4.33**　（つづき）

な目標値追従特性が確認できる。また，図 (b) の入力応答を見ると，時間とともに $\theta_{MainInj.}$ と Q_{Pilot_Pre} が変化する様子が確認できる。なお，最大圧力の目標値が変化する 10 秒および 38 秒付近で，最大圧力時期の応答が目標値からずれているが，これは，最大圧力と最大圧力時期の間の相互干渉と考えられる。

4.2.3　適応燃焼 FB 制御器

ここでは，4.1.3 項で解説したシステムの ASPR 性に基づく適応制御手法による具体的かつ実践的な燃焼フードバック制御器の設計法を 2 章で示されたモデルを対象に示す。なお，対象とするモデルは，東京大学設置のエンジンベンチのデータから求められたものである。

〔1〕　メイン燃料噴射時期を制御入力とするシリンダ内最大圧力時期の制御

初めに，3 段噴射ディーゼルエンジンに対して，メイン燃料噴射時期を制御入力としてシリンダ内最大圧力時期を制御する制御設計法を示す。エンジンモデルは，**表 4.4** に示されるような状態 x，外部入力 u_{model} および出力 y を持つ

表 4.4　エンジンモデルの状態 x，外部入力 u_{model} および出力 y

状態変数 x	
残留ガス温度〔K〕	残留ガス O_2 モル量〔mol〕
残留ガス CO_2 モル量〔mol〕	残留ガス N_2 モル量〔mol〕
残留ガス H_2O モル量〔mol〕	
入　力 u_{model}	
総噴射量〔mm^3/st.〕	パイロット噴射量〔mm^3/st.〕
プレ噴射量〔mm^3/st.〕	パイロット噴射時期〔deg. ATDC〕
プレ噴射時期〔deg. ATDC〕	メイン噴射時期〔deg. ATDC〕
過給圧力〔MPa〕	外部 EGR 率
燃料噴射圧力〔MPa〕	エンジン回転数〔rpm〕
吸気マニホールド温度〔K〕	
出　力 y	
シリンダ内圧力ピーク時期〔deg. ATDC〕	

非線形システムとして

$$\left.\begin{aligned} x(k+1) &= f\left(x(k),\ u_{model}(k)\right) \\ y(k) &= g\left(x(k),\ u_{model}(k)\right) \end{aligned}\right\} \tag{4.105}$$

と表すことができる。さらに，制御入力として，外部入力のメイン燃料噴射時期を用いると，このエンジン燃焼システムはある平衡（定常）状態でつぎの入力直達項を持つ線形システムとして近似できるものとする（式 (4.106)）。

$$\left.\begin{aligned} x(k+1) &= Ax(k) + bu(k) + B_1 u_d(k) \\ y(k) &= c^T x(k) + du(k) + d_1^T u_d(k) \end{aligned}\right\} \tag{4.106}$$

ここで，$u(k)$ は制御入力であるメイン燃料噴射時期であり，$u_d(k)$ はそれ以外の外部入力である。

このモデルに対して，4.1.3 項で示した適応制御手法により制御系を設計することになる。しかし，実際にはシステム (4.106) においてシステムパラメータ (A, b, c, d) は未知である。問題は，安定な適応制御系を設計するために PFC をどのように設計するかということになるが，下記の仮定を満足するエンジン燃焼の特性を利用することにより，比較的簡単に PFC は設計できる。

仮定 4.3 システム (A, b, c, d) は ASPR である。

仮定 4.4 入力直達項の影響に比べシステムのダイナミクスの影響は無視できる。

仮定 4.3 および仮定 4.4 により，エンジン燃焼システムのノミナルモデルは

$$y(k) = du(k) \tag{4.107}$$

と考えられる。すなわち，d のノミナル値 d^* が求まれば，PFC を (4.45) に従い

$$G_{pfc}(z) = d_f = \frac{1}{1-a}d^* \tag{4.108}$$

と設計すればよい。実際のエンジンでは，ある定常状態からのステップ応答の大きさから簡易的に d^* を求めることになる。

このように設計された PFC を持つエンジン燃焼に対する適応制御器はつぎのように与えられる。

$$u(k) = \frac{1}{z-1}[\bar{u}(k)], \quad \bar{u}(k) = -\tilde{\theta}(k)\bar{e}_a(k) \tag{4.109}$$

ただし

$$\tilde{\theta}(k) = \bar{\sigma}\tilde{\theta}(k-1) + \bar{\sigma}\gamma\bar{e}_a(k)e_a(k) \tag{4.110}$$

$$\bar{\sigma} = \frac{1}{1+\sigma}, \ \sigma > 0, \ \gamma > 0$$

$$y_f(k) = d_f\bar{u}(k) \tag{4.111}$$

$$\bar{e}_a(k) = y(k) - y_r(k), \quad e_a(k) = \frac{\bar{e}_a(k) - d_f\bar{\sigma}\tilde{\theta}(k-1)\bar{e}_a(k)}{1 + d_f\bar{\sigma}\gamma\bar{e}_a(k)^2}$$

と求めることができる。

この制御器による数値シミュレーションでの燃焼制御結果を図 **4.34** に示す。シミュレーションでは，制御器の設計パラメータは

$$\sigma = 1.0 \times 10^{-3}, \ \gamma = 4.0, \ a = 0.5$$

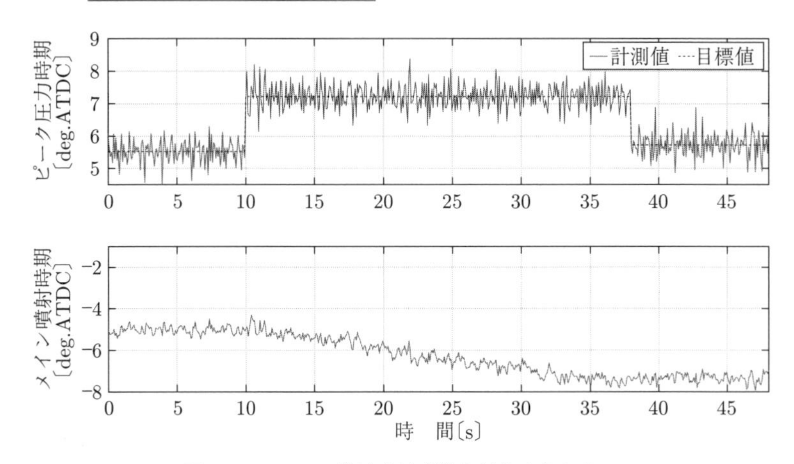

図 4.34　メイン燃料噴射時期を制御入力とする
シリンダ内最大圧力時期の制御結果

と設計した。また，PFC はモデルのステップ応答に基づき $d_f = 1.66$ と与えている。なお，シミュレーションでは，運転モードはエンジン回転数，総燃料噴射量，過給圧が**図 4.35** のように変化すると設定し，その他の外部入力は**表 4.5** に示す条件と仮定した。

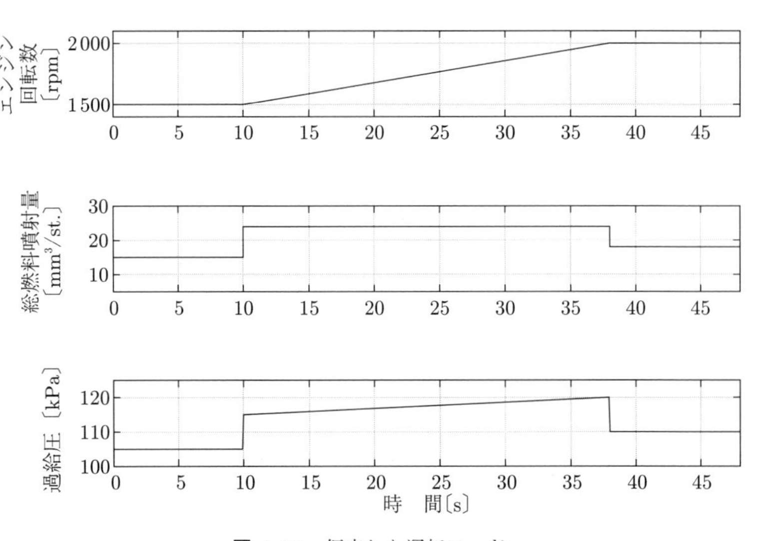

図 4.35　仮定した運転モード

表 4.5 運転条件

パイロット噴射量〔mm^3/st.〕	2
パイロット噴射時期〔deg. ATDC〕	−25
プレ噴射量〔mm^3/st.〕	3
プレ噴射時期〔deg. ATDC〕	−15
外部 EGR 率〔–〕	0.3
燃料噴射圧力〔MPa〕	80
吸気マニホールド温度〔°C〕	70

過渡走行下においても，目標とするシリンダ内最大圧力時期を保つ燃焼安定な燃焼が達成できていることがわかる。

つぎに，PFC を適応的に求める適応 PFC を有する燃焼制御系により制御した結果を図 **4.36** に示す。燃焼制御器は，式 (4.63) ∼ (4.69) で設計した。制御器の設計パラメータは

$$\sigma = 1.0 \times 10^{-3},\ \gamma = 4.0,\ \sigma_I = 1.0 \times 10^{-4},\ \gamma_{dI} = 1.0,\ \gamma_{dP} = 0.1,$$
$$d_{\max} = 50,\ d_{\min} = 1.0 \times 10^{-2}$$

と与えている。PFC を適応的に推定する（図 **4.37**）ことで，この場合も目標とするシリンダ内最大圧力時期を保つ燃焼安定な燃焼が達成できている。

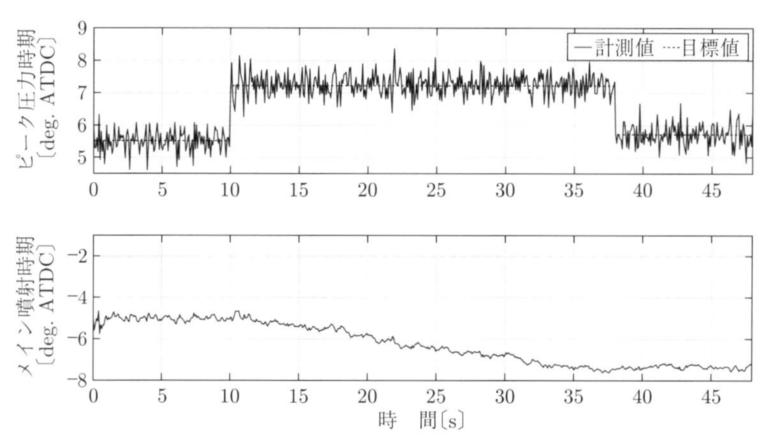

図 4.36 適応 PFC を用いたメイン燃料噴射時期を制御入力とするシリンダ内最大圧力時期の制御結果

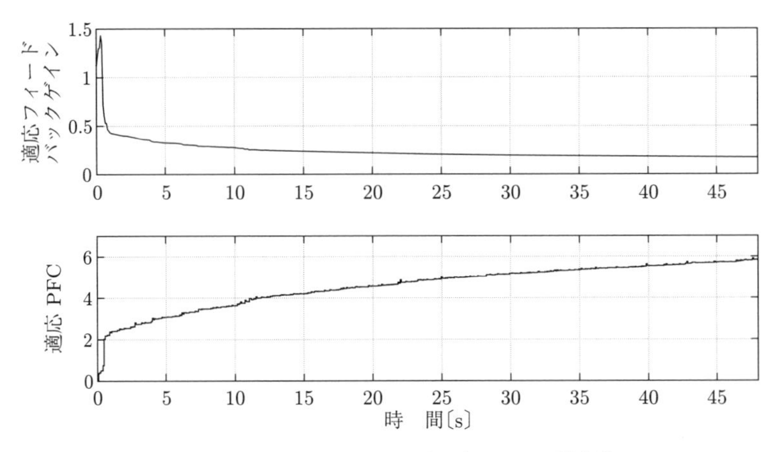

図 **4.37**　フィードバックゲインと PFC の推定値

実際のエンジンへの適用可能性を，実機エンジンを対象とした制御試験により検証した。制御試験は，**図 4.38** に示す走行モード条件で行い，その他の外部入力は，ECU を用いて表 4.5 に示す値となるように制御を行った。制御器の設計パラメータは

$$\sigma = 1.0 \times 10^{-1},\ \gamma = 1.0 \times 10^{-1},\ \sigma_I = 1.0 \times 10^{-3},\ \gamma_{dI} = 1.0 \times 10^{-2},$$

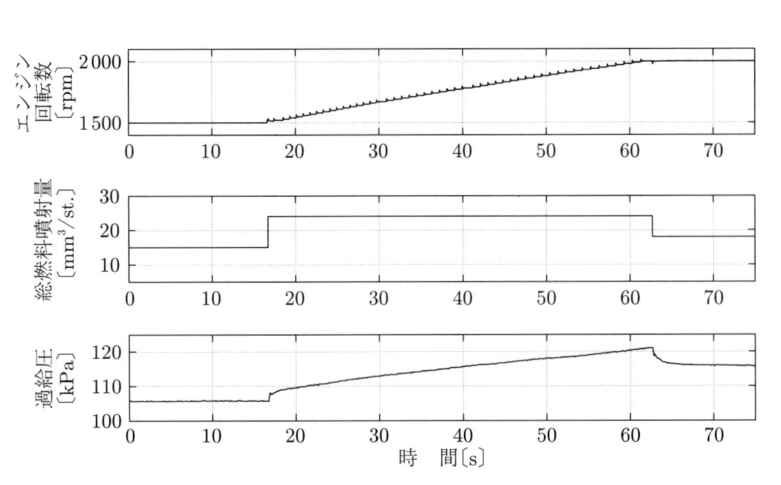

図 **4.38**　実験における運転モード

$$\gamma_{dP} = 5.0 \times 10^{-3},\ d_{max} = 10 \times 10,\ d_{min} = 1.0 \times 10^{-2}$$

と与えた。

適応 PFC を有する出力フィードバック制御と 4.2.1 項で示した燃焼モデルに基づくフィードフォワード制御を組み合わせた 2 自由度燃焼制御により制御した実験結果を**図 4.39** および**図 4.40** に示す。燃焼モデルに基づくフィードフォ

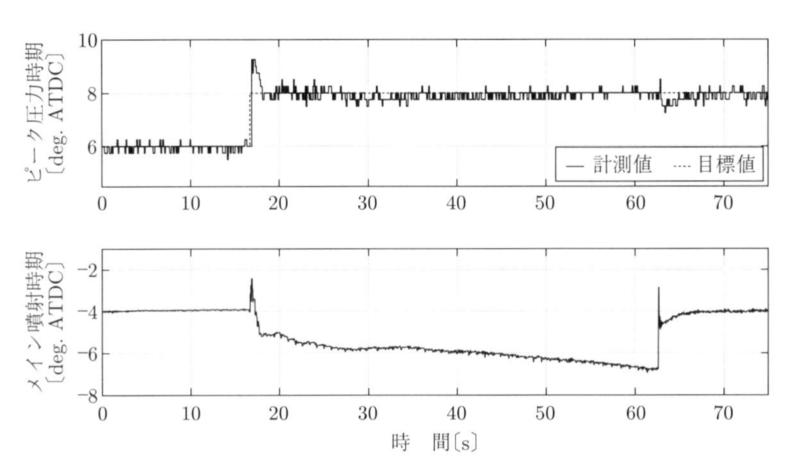

図 4.39　適応 PFC を用いたフィードバック制御による 2 自由度制御の実験結果

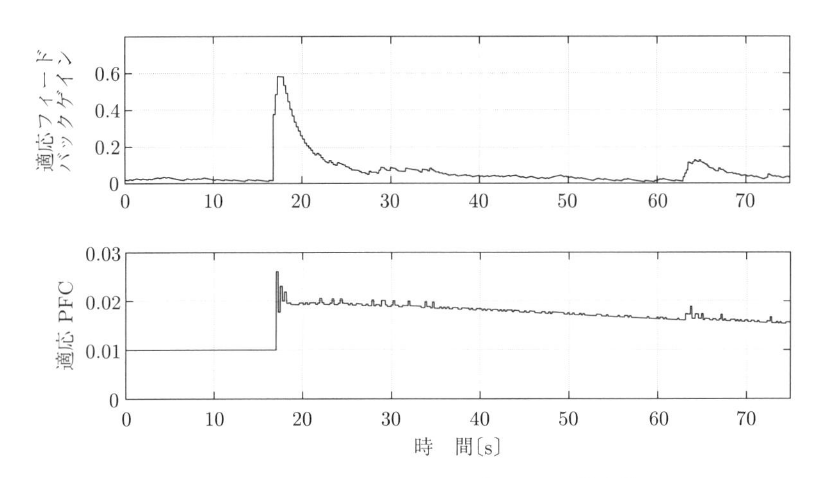

図 4.40　フィードバックゲインと PFC の推定値

ワード制御のみを用いて制御した実験結果を**図 4.41** に示す。FB 制御器を導入することで，制御対象の不確かさによるフィードフォワード制御の誤差を有効に抑えられていることがわかる。

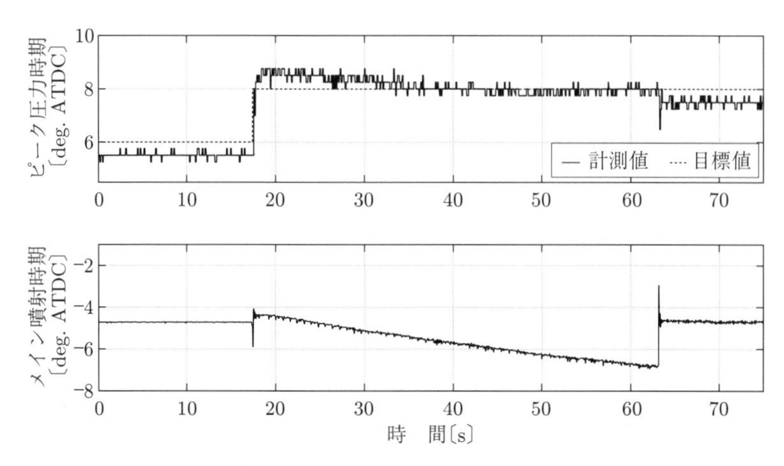

図 4.41　燃焼モデルに基づくフィードフォワード制御のみを用いた実験結果

〔**2**〕 双峰型熱発生を達成するエンジン燃焼制御

つぎに 3 段噴射ディーゼルエンジンに対して，燃料のプレ噴射時期，プレ噴射量およびメイン噴射時期を制御入力としてプレ熱発生ピーク時期，プレ熱発生ピーク値およびメイン熱発生ピーク時期を制御する制御設計法を示す。エンジンモデルは，先に示した 1 入出力系と同様に**表 4.6** に示すような状態 x，外部入力 u_{model} および出力 y を持つ非線形システムであるが，平衡（定常）状態ではつぎの入力直達項を持つ線形システムとして近似できるものとする（式(4.112)）。

$$\left.\begin{aligned} x(k+1) &= Ax(k)+Bu(k)+B_1u_d(k) \\ y(k) &= Cx(k)+Du(k)+D_1u_d(k) \end{aligned}\right\} \tag{4.112}$$

この場合も，対象とするシステムはダイナミクスの影響が小さく，そのノミナルモデルが近似的に

表 **4.6** 燃焼モデルの状態変数，外部入力および出力

状態変数 x	
残留ガス温度〔K〕	残留ガス O_2 モル量〔mol〕
残留ガス CO_2 モル量〔mol〕	残留ガス N_2 モル量〔mol〕
残留ガス H_2O モル量〔mol〕	
入　力 u_{model}	
総噴射量〔mm^3/st.〕	パイロット噴射量〔mm^3/st.〕
プレ噴射量〔mm^3/st.〕	パイロット噴射時期〔deg. ATDC〕
プレ噴射時期〔deg. ATDC〕	メイン噴射時期〔deg. ATDC〕
過給圧力〔MPa〕	外部 EGR 率
燃料噴射圧力〔MPa〕	エンジン回転数〔rpm〕
吸気マニホールド温度〔K〕	
出　力 y	
1 番目の熱発生率ピーク時期〔deg. ATDC〕	
1 番目の熱発生率ピーク値〔J/deg.〕	
2 番目の熱発生率ピーク時期〔deg. ATDC〕	

$$y(k) = D^* u(k) \tag{4.113}$$

と表されるとする。$D^* + D^{*T}$ が正定行列であれば，この場合は当然対象システムは ASPR である。よって，この条件が満足されていれば

$$G_{pfc}(z) = D_f = \frac{1}{1-a} D^* \tag{4.114}$$

とすることで，以下の適応制御器が設計できる。

$$u(k) = \frac{1}{z-1}[\bar{u}(k)], \quad \bar{u}(k) = -\tilde{\Theta}(k)\bar{e}_a(k) \tag{4.115}$$

$$\text{ただし，} \bar{e}_a(k) = y(k) - r(k) \tag{4.116}$$

$$\tilde{\Theta}(k) = \bar{\sigma}\tilde{\Theta}(k-1) + \bar{\sigma} e_a(k)\bar{e}_a(k)^T \Gamma \tag{4.117}$$

$$\bar{\sigma} = \frac{1}{1+\sigma}, \ \sigma > 0, \ \Gamma = \Gamma^T > 0$$

$$e_a(k) = \{I + \bar{\sigma} D_f \bar{e}_a(k)^T \Gamma \bar{e}_a(k)\}^{-1} \{\bar{e}_a(k) - \bar{\sigma} D_f \tilde{\Theta}(k-1)\bar{e}_a(k)\} \tag{4.118}$$

表 4.7 および**図 4.42** に示す走行モードの条件のもと，数値シミュレーションによって燃焼制御を行った結果を**図 4.43** に示す。制御器の設計パラメータは

表 4.7　運 転 条 件

パイロット噴射量〔mm^3/st.〕	3
パイロット噴射時期〔deg. ATDC〕	−20
燃料噴射圧力〔MPa〕	100

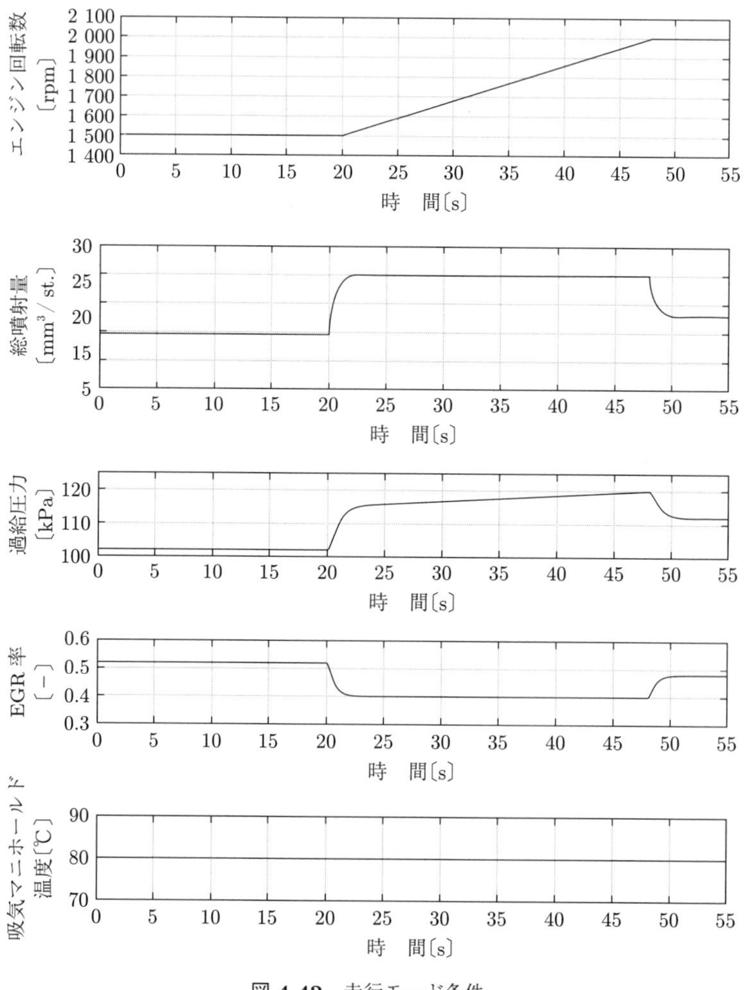

図 4.42　走行モード条件

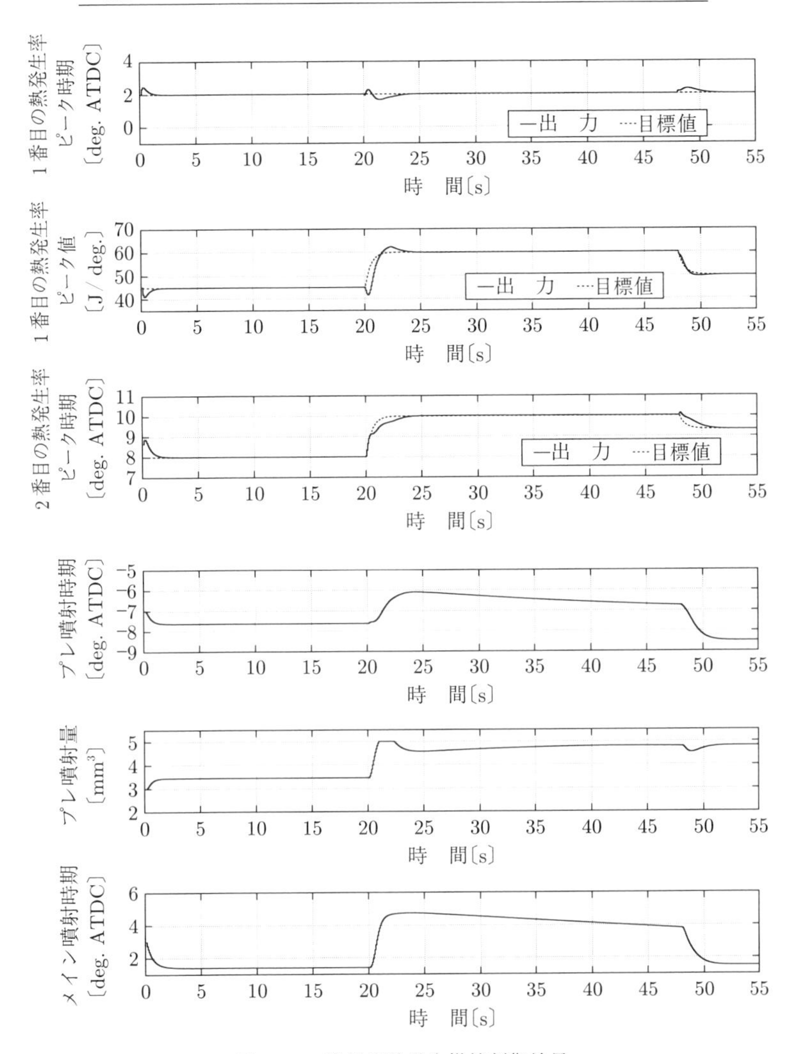

図 **4.43** 双峰型熱発生燃焼制御結果

$$\sigma = 1.0 \times 10^{-3},\ \Gamma = \mathrm{diag}[10, 10, 10],\ a = 0.8$$

と与えた。また，PFC はモデルのステップ応答に基づき

$$G_{pfc}(z) = D_f = \frac{1}{1-a}D^*,\quad D^* = \begin{bmatrix} 0.991 & -0.293 & -0.0103 \\ -1.19 & 11.4 & 0.00852 \\ 0.617 & -0.699 & 0.516 \end{bmatrix}$$

と与えた。過給圧やEGRの大きな変化にもかかわらず，フィードバックのみでも良好な制御結果が得られていることがわかる。

実機エンジンを対象とした制御試験では，プレ熱発生ピーク時期およびプレ熱発生ピーク値を出力とし，燃料のプレ噴射時期およびプレ噴射量を入力とする2入出力制御系を構成し，適応FB制御器の適用可能性を検証した。制御試験は，**図4.44**に示す運転モード下で行い，その他の外部入力は，簡易的なマップを用いて制御を行った。制御器の設計パラメータは

$$\sigma = 1.0 \times 10^{-1},\ \Gamma = \mathrm{diag}[10, 10],\ a = 0.8$$

と与えた。また，PFCはモデルのステップ応答に基づき

$$G_{pfc}(z) = D_f = \frac{1}{1-a}D^*$$

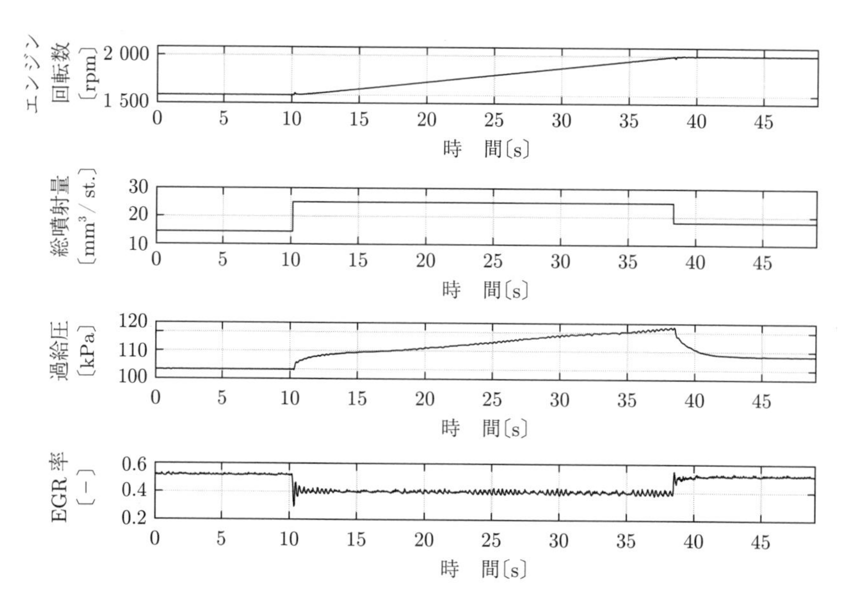

図4.44　走行モード条件

$$D^* = \begin{bmatrix} 0.991 & -0.293 \\ -1.19 & 11.4 \end{bmatrix}$$

と設計した。

適応出力フィードバック制御と簡易的なマップに基づくフィードフォワード制御を組み合わせた2自由度燃焼制御により制御した実験結果を**図 4.45**に示す。簡易的なマップに基づくフィードフォワード制御のみを用いて制御した実験結果を**図 4.46**に示す。簡易マップによるフィードフォワード制御のため，

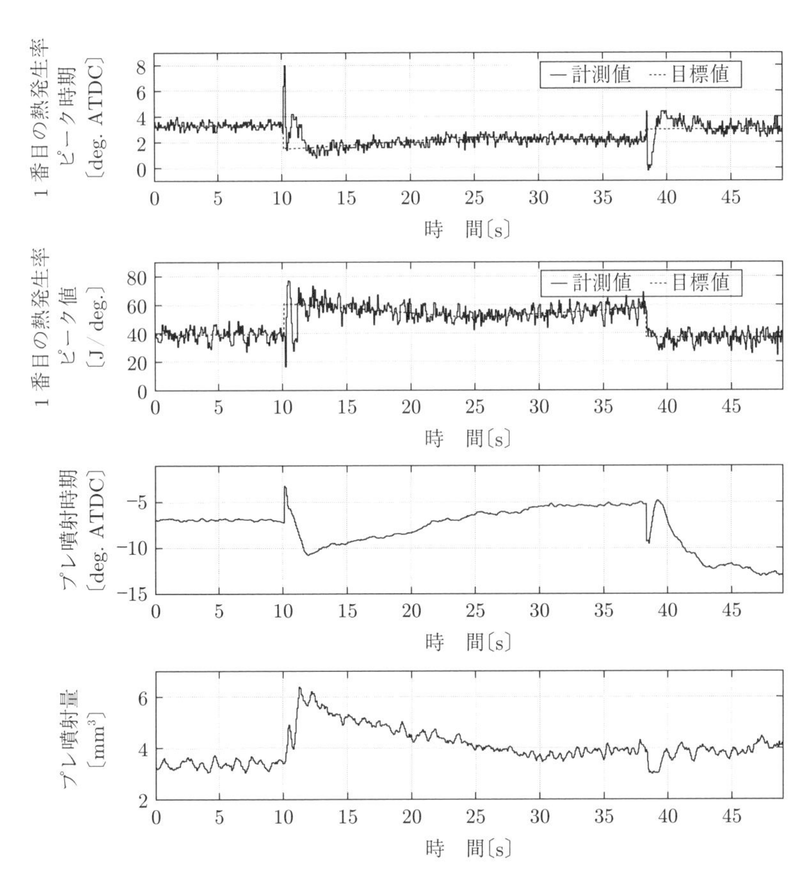

図 4.45　適応出力フィードバック制御と簡易的なマップに基づくフィードフォワード制御を組み合わせた2自由度燃焼制御の実験結果

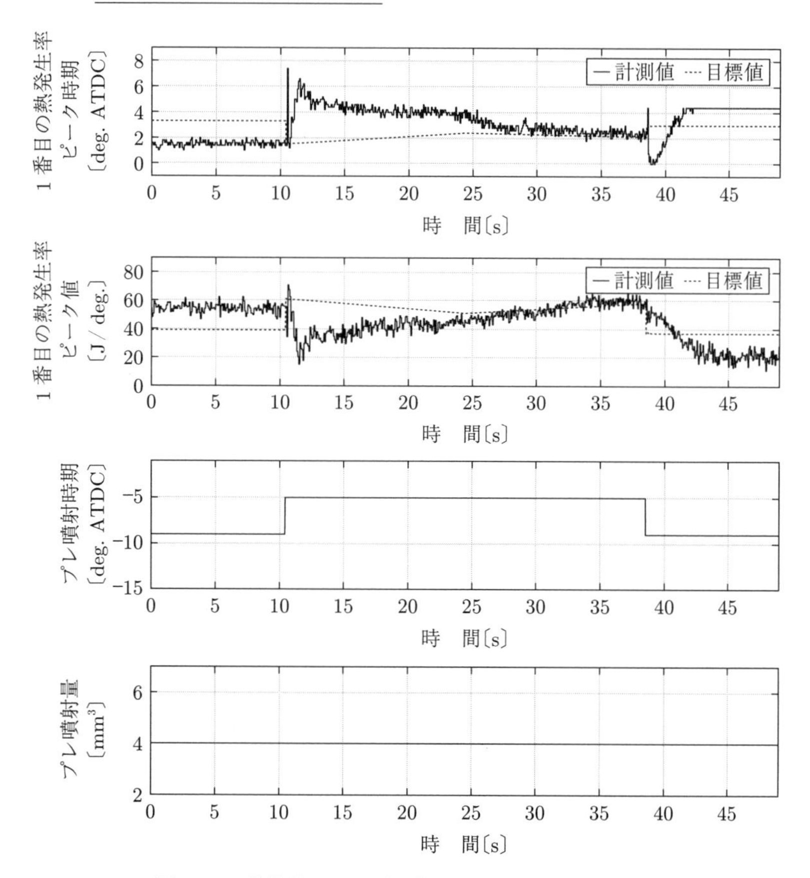

図 4.46　簡易的なマップに基づくフィードフォワード制御のみを用いた実験結果

フィードフォワードのみでは大幅な誤差が生じているが，適応フィードバックにより十分に有効な燃焼制御が実現できることがわかる。

4.2.4　フィードバック誤差学習（FEL）制御と学習

〔1〕　フィードバック誤差学習の制御構造

フィードバック誤差学習（FEL）[29)~31)]で用いられている制御構造は2自由度制御構造の一つであり，**図 4.47** のように示される。ここで，規範モデルが $W_r = I$，外乱モデルが W_d となるような FF 制御器 C_{FF} と FB 制御器 C_{FB}

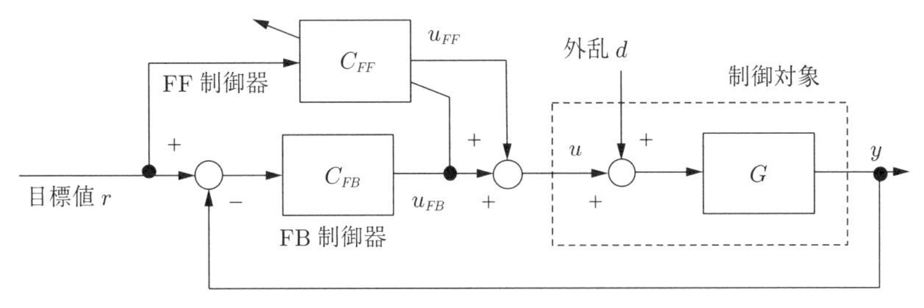

図 **4.47** FEL 制御系のブロック線図

は，簡単な計算から式 (4.119)，(4.120) のように与えられる。

$$C_{FF} = (W_r - I)W_d^{-1} + G^{-1} = G^{-1} \tag{4.119}$$

$$C_{FB} = W_d^{-1} - G^{-1} \tag{4.120}$$

これらの式から二つの伝達関数 $\{W_r, W_d\}$ を独立に設定できることがわかる。したがって，この制御系は 2 自由度制御系である。さらに，C_{FF} は制御対象の逆系に，C_{FB} は安定性を保証しながら高ゲインに設定することがわかる。

ここでは，燃焼制御対象は正方システム（入力数＝出力数）になるように，アクチュエータ，センサが選択されているが（注意：入力数 ≧ 出力数ならば FEL の構成は可能である），G^{-1} は未知であるため，C_{FF} を適応・学習によりオンライン学習させることで逆系を実現することを考える。すなわち，図に示す FB 制御器の出力信号 u_{FB} を適応システムの駆動誤差として採用し，これがゼロになれば，自動的に G の逆系が C_{FF} として実現できる。

〔**2**〕 **フィードバック誤差学習の FB 制御器設計**

上述したように，フィードバック誤差学習の制御構造では，FF 制御器内に含まれる可変パラメータ（重み係数）の調整に，FB 制御器の出力信号 u_{FB} を駆動誤差として用いる。このため，本項では，誤差伝達関数 W が SPR（強正実）になるように FB 制御器が設計されていなければならないことを説明する。図 4.47 を入力側のシステムとして変換すると，FF 制御器 C_{FF} に着目した制御構造を図 4.47 と等価な**図 4.48** を得る。

図 4.48 から，C_{FF} に含まれるパラメータを学習させるための教師信号 u が

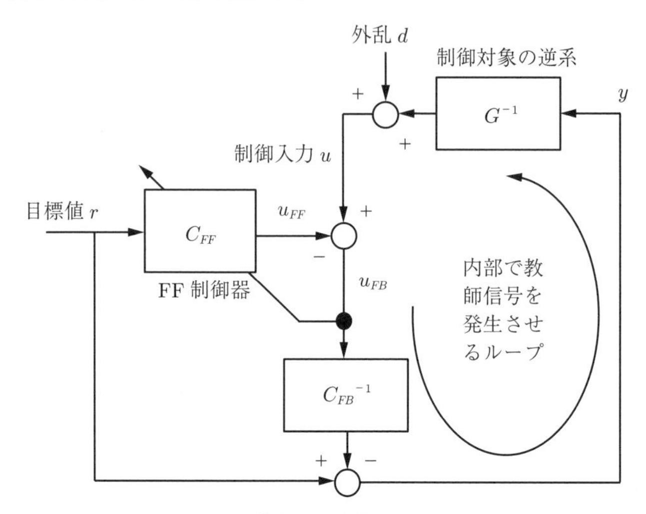

図 4.48　図 4.47 と等価な制御構造を持つ制御システム

内部ループで発生させている構造であることがわかる。さらに，図から駆動誤差 u_{FB} を計算すると，式 (4.121) のようになる。

$$u_{FB} = W\left(G^{-1}r + d - u_{FF}\right) \tag{4.121}$$

ここで，W は誤差伝達関数と呼ばれ，式 (4.122) のように計算される。

$$W := (I + C_{FB}G)^{-1}C_{FB}G \tag{4.122}$$

さらに式 (4.122) を考慮して，FF 制御器の適応・学習のブロック線図を描くと，**図 4.49** のようになる。

図 4.49 から，駆動誤差 u_{FB} は，W という誤差伝達関数を通じて発生していることがわかる。適応・学習のフィードバックループの安定性を保証するため，この誤差伝達関数 W が SPR（強正実）である必要がある。式 (4.122) は，G が ASPR（概強正実）[32]であれば，出力 FB 系である W が SPR となることを示している。図 4.13 を参考に定数 FB を付加した FB システムを描くと**図 4.50** となる[33]。ここで，G^* は制御対象 G の近似モデルである。このように設計すると，u_a から y_a までの伝達関数 G_a を ASPR（概強正実）とできるが，y までの強正実性は保証されないことに注意する。

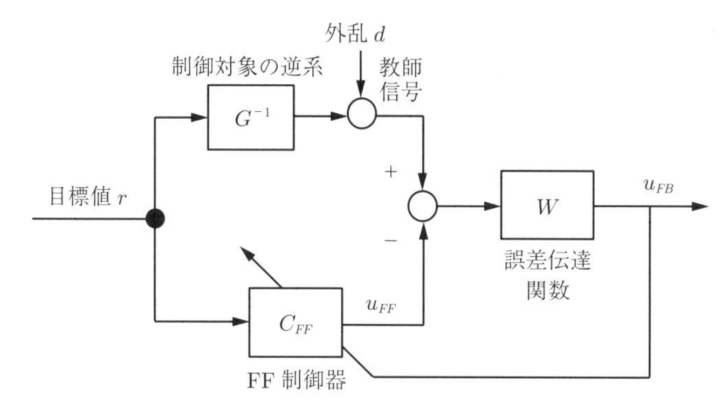

図 4.49 FF 制御器の適応・学習

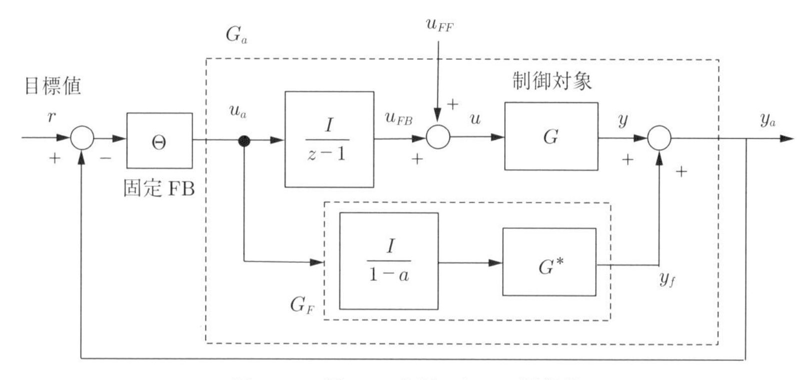

図 4.50 図 4.13 を用いた FB 制御系

図 4.50 では，G_a に直達項があり因果律の問題が生じているので，**図 4.51** のように因果律の問題を解決したブロック線図で実現する。

図 4.51 において，$K_{FB}, \bar{C}_{FB}$ は式 (4.123) ～ (4.125) のように定義される。

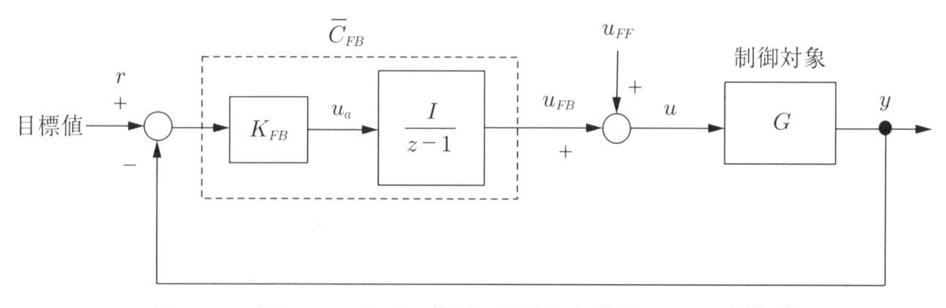

図 4.51 図 4.50 における等価で因果律を考慮した FB 制御系

$$K_{FB} = (I + \Theta G_F)^{-1}\Theta \tag{4.123}$$

$$G_F := \frac{I}{1-a}G^* \tag{4.124}$$

$$\bar{C}_{FB} = \frac{1}{z-1}K_{FB} \tag{4.125}$$

図 4.51 では因果律の問題は解決されている。また，最適な FB ゲイン Θ は未知であり，4.2.3 項では，適応的に求める立場を紹介しているが，ここでは，Θ を適応的に求める立場をとらず，ハイゲイン Θ を事前に設定し適応的に求めることはしない。すなわち，式 (4.126) のように設定する。

$$\Theta = \theta I, \quad \theta(\gg 1) \in \mathrm{R} \tag{4.126}$$

しかし，図 4.51 の制御系では式 (4.122) の W は強正実にならない。これは $\bar{C}_{FB}$ の相対次数がゼロでないからである。そこで実際には，**図 4.52** のように図 4.51 と等価で正実性の問題を解決する構造を持つ FB 制御系を利用することを考える。これが最終的な FB 制御系である。

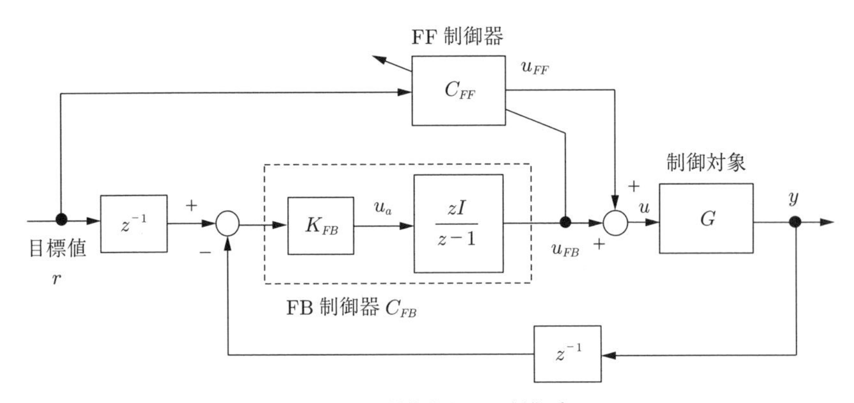

図 4.52　最終的な FB 制御系

図 4.51 の $\bar{C}_{FB}$ の相対次数をゼロにする代償として，図 4.52 では，r, y からのパスに 1 ステップ遅れ要素 z^{-1} を挿入してある。この制御系において，式 (4.122) の W が SPR になるための条件を導出することができる。すなわち，つぎの条件（式 (4.127)）を満足するように制御対象 G の近似モデル G^* を選

ぶならば，W は強正実関数となる。まず，Δ をつぎの式 (4.127) で表現される乗法的モデル化誤差とする。

$$G = G^*(1 + \Delta), \quad \Delta \in \mathrm{RH}_\infty^{m \times m} \tag{4.127}$$

このとき，つぎの三つの条件（式 (4.128) ～ (4.130)）が成立するならば，$W = \left(I + z^{-1} C_{FB} G\right)^{-1} C_{FB} G$ は，Θ を十分大きくとると，SPR となる。

$$\text{(C1)} \qquad G^* \in \mathrm{ASPR} \tag{4.128}$$

$$\text{(C2)} \qquad \|\Delta\|_\infty < 1 \tag{4.129}$$

$$\text{(C3)} \qquad \left\|(\mathrm{I} + \Delta)^{-1} \Delta\right\|_\infty < \frac{1 - \mathrm{a}}{2} \tag{4.130}$$

これにより，W を SPR にする条件が明らかとなった。ここでは，近似モデル G^* を制御対象 G の直達項成分 D_{step} と選択している。

〔3〕 順伝搬型ニューラルネットワーク（FFNN）による FF 制御器

本項と〔4〕では，FF 制御系の具体的な学習方法と実証実験について説明する。FF 制御器の構造として二つの構造を採用した。一つは，順伝搬型ニューラルネットワーク（FFNN）であり，NN にループ結合を持たず，入力ノード，中間ノード，出力ノードのように 1 方向のみに信号が伝搬するネットワーク[34)]である。もう一つは，小脳演算モデルコントローラ（cerebellar model articulation controller，CMAC）[35),36)]であり，FFNN の演算よりも必要な演算時間が短く，ECU（engine control unit，クロック周波数 300 MHz 程度）における実際の計算負荷軽減に有効である。本項では FFNN について述べる。

3 層以上（入力層をカウントしない数え方では 2 層以上）の FFNN は，可微分で連続な非線形関数を近似できることが知られている。FFNN は機械学習で頻繁に用いられている学習機構である。**図 4.53** に FFNN の信号伝達構造を示す。

さらに，FFNN で用いる記号の定義を**表 4.8** に示す。

i 層目の j 番目のノードからの出力 $p_{i,j}$ は式 (4.131) のように表される。

$$p_{i,j} = F_i(w_{i,j} p_{i-1} + b_{i,j}) \tag{4.131}$$

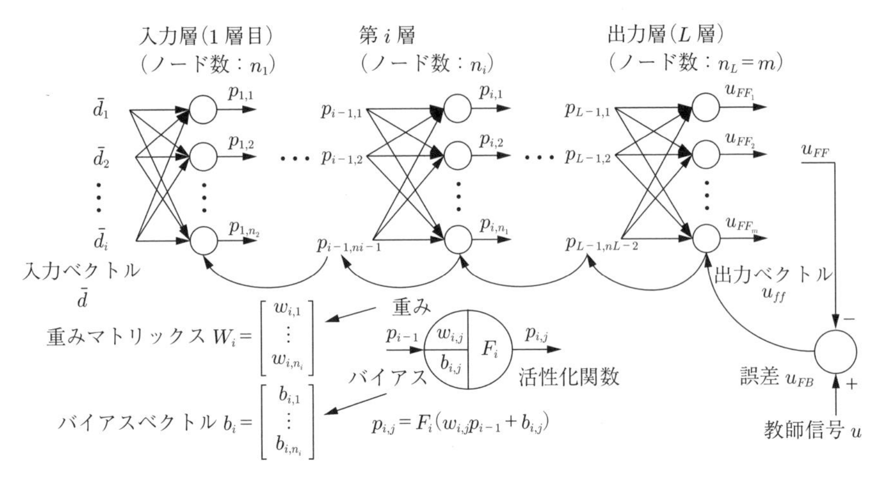

図 **4.53**　FFNN の信号伝達構造

表 **4.8**　FFNN で用いる記号の定義

層　　数	L
第 i 層のノード数	$n_i\ (1 \leqq i \leqq L-1),\ n_L = m$
第 i 層の j 番目のノードの重みベクトル	$w_{i,j} \in R^{1\times n_{i-1}}\ (1 \leqq j \leqq n_i)$
第 i 層の j 番目のノードのバイアス	$b_{i,j} \in R$
第 i 層の重み行列	$W_i = \left[w_{i,1}^{\mathrm{T}}\ w_{i,2}^{\mathrm{T}}\ \cdots\ w_{i,n_i}^{\mathrm{T}}\right]^{\mathrm{T}} \in R^{n_i\times n_{i-1}}$
第 i 層のバイアスベクトル	$b_i = \left[b_{i,1}\ b_{i,2}\ \cdots\ b_{i,n_i}\right]^{\mathrm{T}} \in R^{n_i}$
第 i 層の活性化関数	F_i
第 i 層の活性化関数の導関数	f_i
第 i 層の j 番目のノードからの出力	$p_{i,j}$
第 i 層からの出力ベクトル	$p_i = \left[p_{i,1}\ p_{i,2}\ \cdots\ p_{i,n_i}\right]^{\mathrm{T}} \in R^{n_i}$, $p_0 = \bar{d}, p_L = u_{FF}$
学　習　率	(λ)

これを行列表記すると，i 層目からの出力ベクトル p_i は式 (4.132) のように表される。

$$p_i = F_i(W_i p_{i-1} + b_i) \tag{4.132}$$

ネットワークの順方向の計算は式 (4.132) によって計算される。続いて，逆方向の計算はバックプロパゲーションを用いて行われる。ネットワークからの出力と，それに対する教師信号の誤差を減少させるように，各層の重み，バイアスが調整される。FEL の場合，ネットワークからの出力は FF 制御器からの出力 u_{FF} に，教師信号は制御入力 u に，誤差信号は FB 制御器からの出力 u_{FB} に対応しており，u_{FB} を減少させるように学習が進行する。

式 (4.133) に示す評価関数を考える。

$$J_1 = \frac{1}{2}\sum_{q=1}^{m} u_{FB,q}^2 \tag{4.133}$$

ただし，$u_{FB,q}$ は誤差信号 u_{FB} の q 番目の要素とする。この評価関数を最小化するように，各層の重みとバイアスを調整することを考える。ここで

$$u_{FB,q} = u_q - u_{FF,q} \tag{4.134a}$$

$$u_{FF,q} = F_L(w_{L,q}p_{L-1} + b_{L,p}) \tag{4.134b}$$

であることに注意すると，出力層（第 L 層）の q 番目のノードの重みベクトルとバイアスの更新量は，勾配降下法により，式 (4.135)，(4.136) のように計算される。

$$\begin{aligned}
\frac{\partial J_1}{\partial b_{L,q}} &= -u_{FB,q}\frac{\partial u_{FF,q}}{\partial b_{L,q}} \\
&= -u_{FB,q}\frac{\partial F_L(w_{L,q}p_{L-1} + b_{L,p})}{\partial b_{L,q}} \\
&= -u_{FB,q} f_L(w_{L,q}p_{L-1} + b_{L,p})
\end{aligned} \tag{4.135}$$

$$\begin{aligned}
\frac{\partial J_1}{\partial w_{L,q}} &= -u_{FB,q}\frac{\partial u_{FF,q}}{\partial w_{L,q}} \\
&= -u_{FB,q}\frac{\partial F_L(w_{L,q}p_{L-1} + b_{L,p})}{\partial w_{L,q}} \\
&= -u_{FB,q} f_L(w_{L,q}p_{L-1} + b_{L,p})p_{L-1}^{\mathrm{T}} \\
&= \frac{\partial J_1}{\partial b_{L,q}} p_{L-1}^{\mathrm{T}}
\end{aligned} \tag{4.136}$$

これを行列表記すると，第 L 層の重み行列 W_L とバイアスベクトル b_L の更新量 $\Delta W_L, \Delta b_L$ は式 (4.137)，(4.138) のように計算される。

$$\Delta b_L = \frac{\partial J_1}{\partial b_L} = -u_{FB} \odot f_L(W_L p_{L-1} + b_L) \tag{4.137}$$

$$\Delta W_L = \frac{\partial J_1}{\partial W_L} = [-u_{FB} \odot f_L(W_L p_{L-1} + b_L)] p_{L-1}^{\mathrm{T}} = \Delta b_L p_{L-1}^{\mathrm{T}} \tag{4.138}$$

ここで，$\odot$ はアダマール積を表している。各層ごとに同様の偏微分を繰り返し計算することで，第 i 層 $(1 \leqq i \leqq L-1)$ の重み行列 W_i とバイアスベクトル b_i の更新量 Δb_i，ΔW_i は式 (4.139)，(4.140) のように計算される。

$$\Delta b_i = W_{i+1}^{\mathrm{T}} \frac{\partial J_1}{\partial b_{i+1}} \odot f_i(W_i p_{i-1} + b_i) \tag{4.139}$$

$$\Delta W_i = \left[W_{i+1}^{\mathrm{T}} \frac{\partial J_1}{\partial b_{i+1}} \odot f_i(W_i p_{i-1} + b_i) \right] p_{i-1}^{\mathrm{T}} = \Delta b_i p_{i-1}^{\mathrm{T}} \tag{4.140}$$

このようにして，出力層側から入力層側に向かって重み，バイアスを更新していく。これによって，評価関数 J_1 が最小となるような重み，バイアスを獲得することができる。以下に FFNN のアルゴリズムをまとめる。

【アルゴリズム 1：FFNN】

〔ステップ 1：入力の正規化〕

FFNN の入力とする変数ベクトル d を，つぎのようにして $-1 \sim 1$ に正規化し，$\bar{d}$ とする。

$$\left. \begin{aligned} d_{ave} &= \frac{1}{2}(d_{max} + d_{min}) \\ \bar{d}_i &= \frac{d_i - d_{ave,i}}{d_{max,i} - d_{ave,i}}, (1 \leqq i \leqq \ell) \end{aligned} \right\} \tag{4.141}$$

ここで，d_{max}, d_{min} は d の最大値，最小値ベクトルである。

〔ステップ 2：初期化〕

各層の重み行列を，ある範囲内の乱数で初期化する。また，バイアスベクトルはゼロベクトルで初期化する。

〔ステップ 3：順方向の計算〕

ネットワークの順方向の計算を式 (4.142) のように行う。

$$p_i = F_i(W_i p_{i-1} + b_i), (1 \leqq i \leqq L) \tag{4.142}$$

ただし，$p_0 = \bar{d}, p_L = u_{FF}$ である。

〔ステップ 4：誤差の収束確認〕

誤差信号 u_{FB} が収束判定条件

$$u_{FB}^{\mathrm{T}} u_{FB} < \varepsilon \tag{4.143}$$

を満たさない場合，ステップ 5，ステップ 6 を実行する。収束判定条件を満たす場合，ステップ 5，ステップ 6 は実行しない。ただし，$\varepsilon > 0$ は，誤差の閾値である。

〔ステップ 5：逆方向の計算〕

各層の重み行列とバイアスベクトルの更新量を式 (4.144) ～ (4.147) のように計算する。

$$\Delta b_L = -u_{FB} \odot f_L(W_L p_{L-1} + b_L) \tag{4.144}$$

$$\Delta W_L = \{-u_{FB} \odot f_L(W_L p_{L-1} + b_L)\} p_{L-1}^{\mathrm{T}} = \Delta b_L p_{L-1}^{\mathrm{T}} \tag{4.145}$$

$$\Delta b_i = W_{i+1}^{\mathrm{T}} \frac{\partial J_1}{\partial b_{i+1}} \odot f_i(W_i p_{i-1} + b_i) \tag{4.146}$$

$$\Delta W_i = \left\{ W_{i+1}^{\mathrm{T}} \frac{\partial J_1}{\partial b_{i+1}} \odot f_i(W_i p_{i-1} + b_i) \right\} p_{i-1}^{\mathrm{T}} = \Delta b_i p_{i-1}^{\mathrm{T}} \quad (1 \leqq i \leqq L-1) \tag{4.147}$$

〔ステップ 6：重みとバイアスの更新〕

学習率（λ）を用いて，式 (4.148) のように重みとバイアスを更新する。

$$\left. \begin{aligned} b_i &\mapsto b_i + \lambda \Delta b_i \\ W_i &\mapsto W_i + \lambda \Delta W_i \end{aligned} \right\} \tag{4.148}$$

〔ステップ 7：反復計算〕

各データごとにステップ 3 ～ ステップ 6 を実行する。

MIMO（［メイン噴射時期，プレ噴射量］を入力，［ピーク圧力時期，ピーク圧力］を出力）の定常走行における 4 層 NN の FF 制御と図 4.52 の C_{FB} を用いた実験を行った（**図 4.54** ～ **図 4.57**）。FF 制御器と FB 制御器の役割分担が予想どおり確認できた。

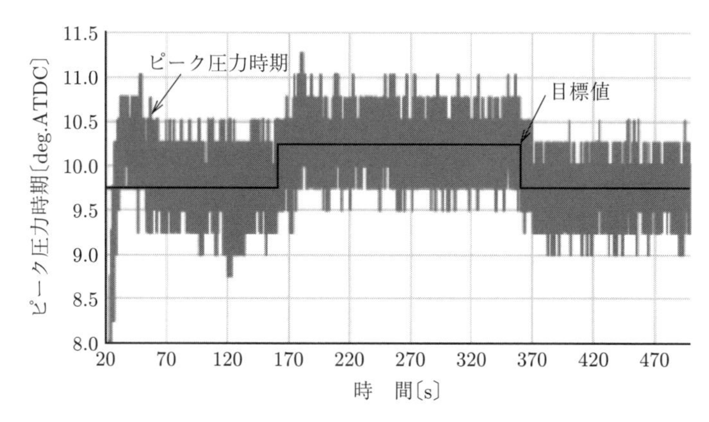

図 4.54　ピーク圧力時期（出力 1）

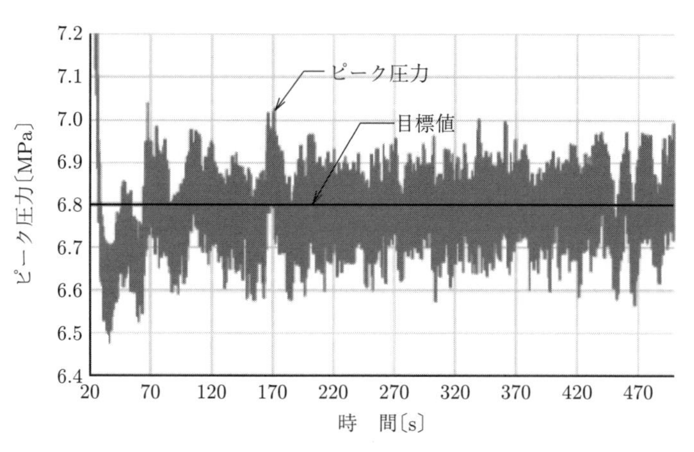

図 4.55　ピーク圧力（出力 2）

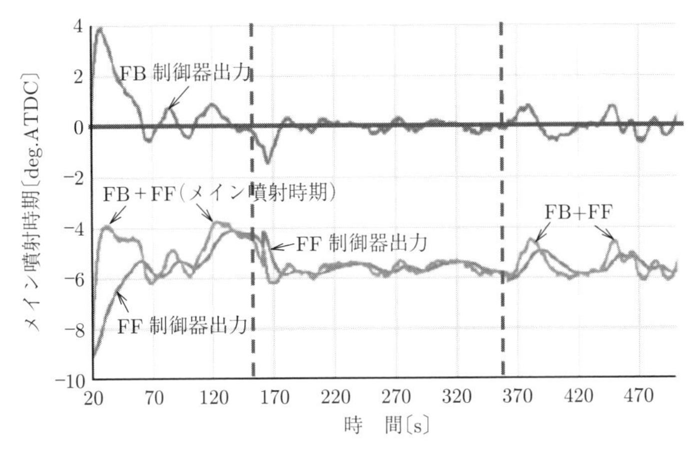

図 **4.56**　メイン噴射時期（入力 1）

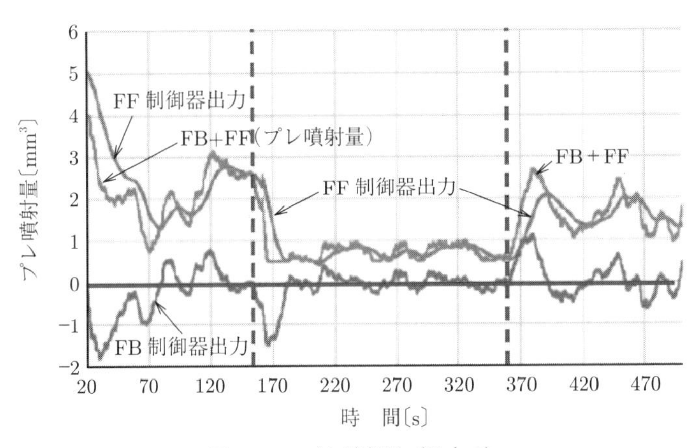

図 **4.57**　プレ噴射量（入力 2）

〔4〕 小脳演算モデルコントローラ CMAC による FF 制御器

説明の簡単化のため，2 入力 1 出力の CMAC における信号伝達構造を図 **4.58** に示す。さらに，説明で用いる記号の定義を表 **4.9** に示す。

図 4.58 では，二つの入力に対して，それぞれ 1 ～ 10 までのラベルを用意し，入力空間（Input Space）を $(1,1)$ ～ $(10,10)$ と 100 分割している。さらに，各入力の大きさラベルを 1 ～ 4 のブロックに分割し，それぞれに対して荷重表

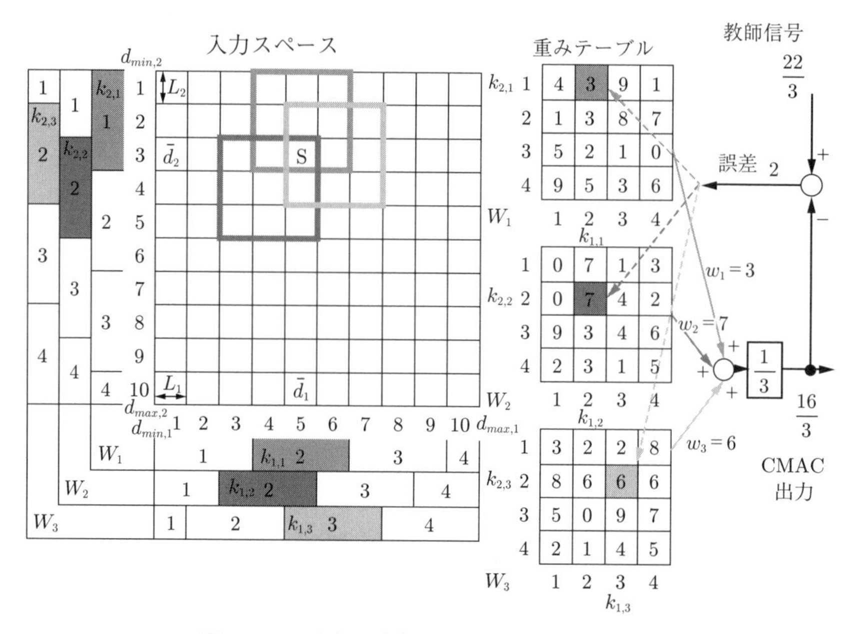

図 **4.58**　2 入力 1 出力の CMAC の信号伝達構造

表 **4.9**　CMAC で用いる記号の定義（2 入力 2 出力）

CMAC に対する入力	$d = [d_1\ d_2]^{\mathrm{T}}$
入力 d_i $(i = 1, 2)$ の最大値	$d_{max,i}$
入力 d_i $(i = 1, 2)$ の最小値	$d_{min,i}$
入力 d_i $(i = 1, 2)$ の分割数	N_i
入力 d_i $(i = 1, 2)$ に対するラベル	$\bar{d}_i$ $(d_i = 1, 2, \cdots, N_i)$
CMAC の出力	$u_{FF} = [u_{FF,1}\ u_{FF,2}]^{\mathrm{T}}$
荷重表の数	C
m $(m = 1, 2)$ 番目の出力に対する，j $(j = 1, 2, \cdots, C)$ 番目の荷重表	$W_{j,m}$
荷重表 $W_{j,m}$ からの出力	$w_{j,m}$
誤差の閾値	(ε)
学　習　率	(λ)

（Weight Table）の設定として 3 層を設けている。例えば，図のように，入力空間に $(5, 3)$ が入力されると，荷重表の $W_1(1, 2), W_2(2, 2), W_3(2, 3)$ が発火し，荷重表に設定された $W_1(1, 2) = 3, W_2(2, 2) = 2, W_3(2, 3) = 6$ が引き出され，

CMACの出力であるu_{FF}は平均値16/3が出力される。このとき，学習（荷重表の更新）はつぎのように行われる。教師信号が22/3のとき，駆動誤差の値は$22/3-16/3=2$となる。これが（δw）となり，荷重表の値が更新される。つまり，($W_1(1,2)=3+2=5$，$W_2(2,2)=7+2=9$，$W_3(2,3)=6+2=8$)と更新される。この学習アルゴリズムからわかるように，入力空間を分割し，区間内の値は同一であるとして学習を進めていくため，演算負荷が少なく，汎化能力にも優れており，数値精度が荒ければ分割数を増加させればよく，演算負荷と数値精度のバランスをとることが可能である。さらに，1回の学習では荷重表の発火した一部だけが更新されるので，すべての重み係数を更新する必要があるFFNNと比べて，重み係数の相互作用から発生する不都合なことが生じにくい。一方，入力数が入力空間の次元に対応するので，必要なメモリが爆発的に増加する。FFNNでは，入力数の増加が入力層のノードが増える程度で済むことに比べると欠点である。

CMACによるFEL制御系を用いて実機実験を行った（車速一定，2入力2出力）。入力はメイン噴射時期（図**4.59**），プレ噴射量（図**4.60**）であり，出力はピーク圧力時期（図**4.61**），ピーク圧力（図**4.62**）である。またここでは，比較のため事前学習を行っていない。本提案手法によって，ステップ状の目標値にうまく追従するように制御できていることがわかる。また，同じ目標値に対する応答の遅れがFF制御器の学習によって改善されていることがわかる。CMACは記憶領域の特定部分のみを更新しており，同じ目標値に対しては同じ領域が参照される。そのため，同じ目標値に対しては一度の学習で済む。したがって，高速に学習ができるということが示された。また，FB制御器からの出力成分が減少していることがわかる。これはFF制御器のCMACがオンライン学習をしていることを示す結果となっている。ノイズの影響をFF制御器がほとんど受けていないことがわかる。このことからCMACのロバスト性の高さも示される。

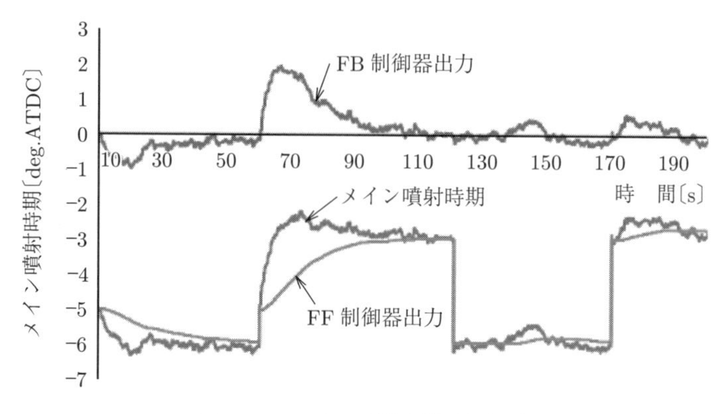

図 **4.59**　メイン噴射時期（入力 1）

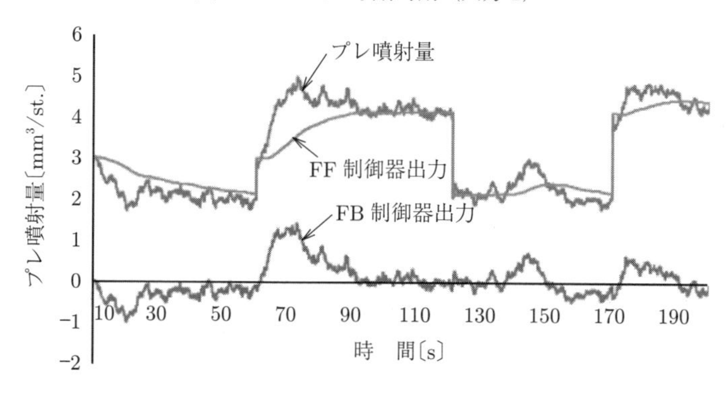

図 **4.60**　プレ噴射量（入力 2）

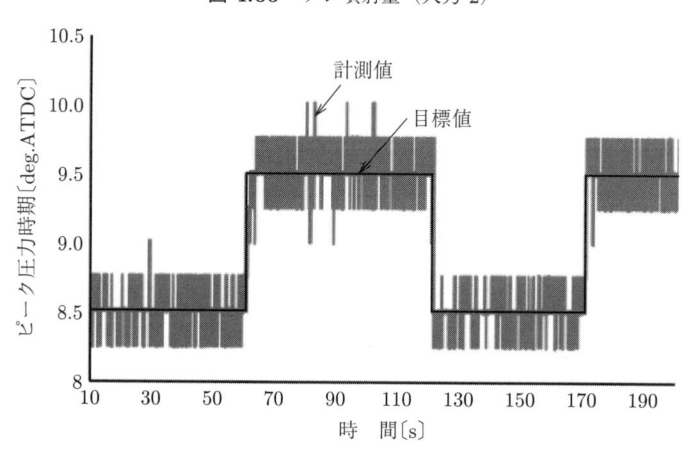

図 **4.61**　ピーク圧力時期（出力 1）

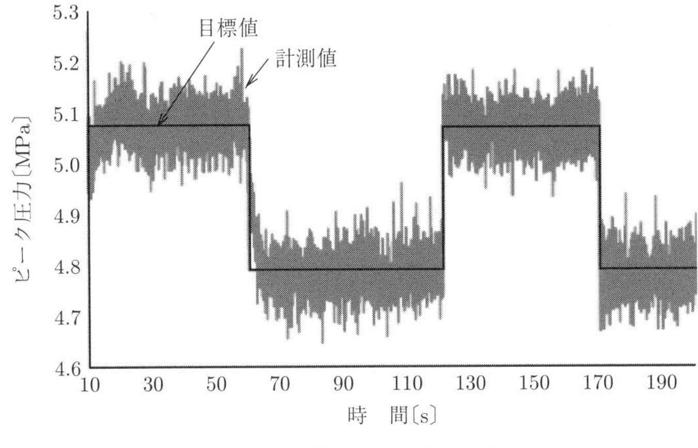

図 **4.62**　ピーク圧力（出力 2）

4.3　吸排気制御システム

4.3.1　FF 制 御 器

FF 制御器は基本的に制御対象の逆モデルから構成する。制御対象の伝達関数が P で与えられる場合は，P^{-1} のように簡単に構成できるが，非線形システムの場合はそうはいかない。ある動作点周りで線形近似をして伝達関数を求め，その逆系から FF 制御器を構成することはできるが，その動作点周りでしか有効に機能しない。

そこで，本項では，線形近似は行わず，制御対象の非線形性を残したまま FF 制御器を構成する文献 37) の方法について紹介する。

〔1〕 問題設定と仮定

以下で構成する FF 制御器は，インマニ圧力と EGR 率の目標値 p_{im}^* および r_{EGR}^* が与えられたとき，出力が目標値へ一致するような VGT ベーン閉度 u_{VGT}〔% closed〕と EGR バルブ開度 u_{EGR}〔% open〕を算出するものとする。その際，スロットル閉度 u_{pt}〔% closed〕，エンジン回転数 N_e〔rpm〕，燃料噴射量 Q_{fuel}〔mm^3/st.〕は与えられるものとする。

吸排気システムのモデルは非線形性が強く，次数も 7 次と比較的高次のため，なんの仮定も置かずに逆モデルを求めるのは難しい。そこで，つぎの仮定を置く。

1. 考慮するダイナミクスについては，ターボチャージャの応答遅れを表す 3 章で示した式 (3.47) のみとし，それ以外については定常状態を仮定する。つまり

$$\dot{\rho}_{pt} = \dot{\rho}_{im} = \dot{\rho}_{em} = \dot{p}_{pt} = \dot{p}_{im} = \dot{p}_{em} = 0 \tag{4.149}$$

を仮定する。

2. T_{pt} と T_{EGR} は一定値とし，既知とする。また，大気圧 p_{cab} と大気温度 T_{cab} も一定値とし，既知とする。
3. エキマニ温度 T_{em} は，センサなどで検出できるか，または離散化燃焼モデルなどを用いてその推定値が得られるものとする。

〔**2**〕 **逆モデルの構成**

まず，インマニ圧力の目標値 p_{im}^* とインマニ温度 T_{im} から，インマニの密度

$$\rho_{im} = \frac{p_{im}^*}{RT_{im}} \tag{4.150}$$

が計算できるので，式 (3.27) より W_{ei} が計算できる。$\dot{\rho}_{im} = 0$ を式 (3.12) に代入することで

$$W_{pt} + W_{EGR} = W_{ei} \tag{4.151}$$

が得られ，式 (4.151) と EGR 率の定義式である式 (3.1) から式 (4.152)，(4.153) が求まる。

$$W_{EGR} = r_{EGR}^* W_{ei} \tag{4.152}$$

$$W_{pt} = (1 - r_{EGR}^*) W_{ei} \tag{4.153}$$

式 (3.13) において，$\dot{p}_{im} = 0$ と置き，式 (4.152) と式 (4.153) を代入することで，インマニ温度 T_{im} は式 (4.154) のように計算できる。

$$T_{im} = (1 - r_{EGR}^*) T_{pt} + r_{EGR}^* T_{EGR} \tag{4.154}$$

仮定から，p^*_{im}，T_{pt}，$A_{pt}(u_{pt})$ は既知で，W_{pt} は式 (4.153) から得られるので，式 (3.23) から p_{pt} が計算できる†。また，$\dot{\rho}_{pt}=0$ と式 (3.14) から

$$W_c = W_{pt} = (1 - r^*_{EGR})W_{ei} \tag{4.155}$$

のようにして W_c が計算できる。得られた p_{pt} と W_c を使えば，式 (3.49) から $\widehat{P}_c$ が計算できる。そして，式 (3.47) と $\widehat{P}_c$ から

$$\widehat{P}_t = \frac{1}{\eta_{tc}}\left(\tau_{tc}\dot{\widehat{P}}_c + \widehat{P}_c\right) \tag{4.156}$$

のようにして $\hat{P}_t$ が計算できる。ただし，$\widehat{P}_c$ の微分 $\dot{\widehat{P}}_c$ については，近似微分を使うことにする。また，$\dot{\rho}_{em}=0$ と式 (3.16) から

$$W_t = W_{ei} + W_f - W_{EGR} \tag{4.157}$$

が得られる。なお，W_f は式 (3.18) から計算できる。

仮定からエキマニ温度 T_{em} は既知であり，式 (4.156) および式 (4.157) から $\widehat{P}_t$ と W_t が求まるので，式 (3.48) を用いてエキマニ圧力 p_{em} が求まる。

以上から，p^*_{im}，p_{em}，T_{em}，W_{EGR} と式 (3.24) から u_{EGR} が，p_{em}，T_{em}，W_t と式 (3.37) から u_{VGT} が求まる。このようにして構築した FF 制御器のブロック線図を**図 4.63** に示す。

〔3〕 シミュレーションおよび実機実験

フィードフォワード制御系を**図 4.64** のように構成し，エンジン回転数および燃料噴射量を**図 4.65** のように変化させた過渡状態で，インマニ圧力と EGR 率の目標値を変化させた場合のシミュレーションを行った。なお，本シミュレーションでは，制御対象のモデルとして，3 章で構築した 7 次の非線形モデルを用いた。エキマニ温度 T_{em} については，離散化燃焼モデルを用いて推定した。結果を**図 4.66** に示す。図 (a) はインマニ圧力と EGR 率およびそれらに対する

† p_{pt} を求めるために，Ψ については式 (3.22) を使う必要がある。

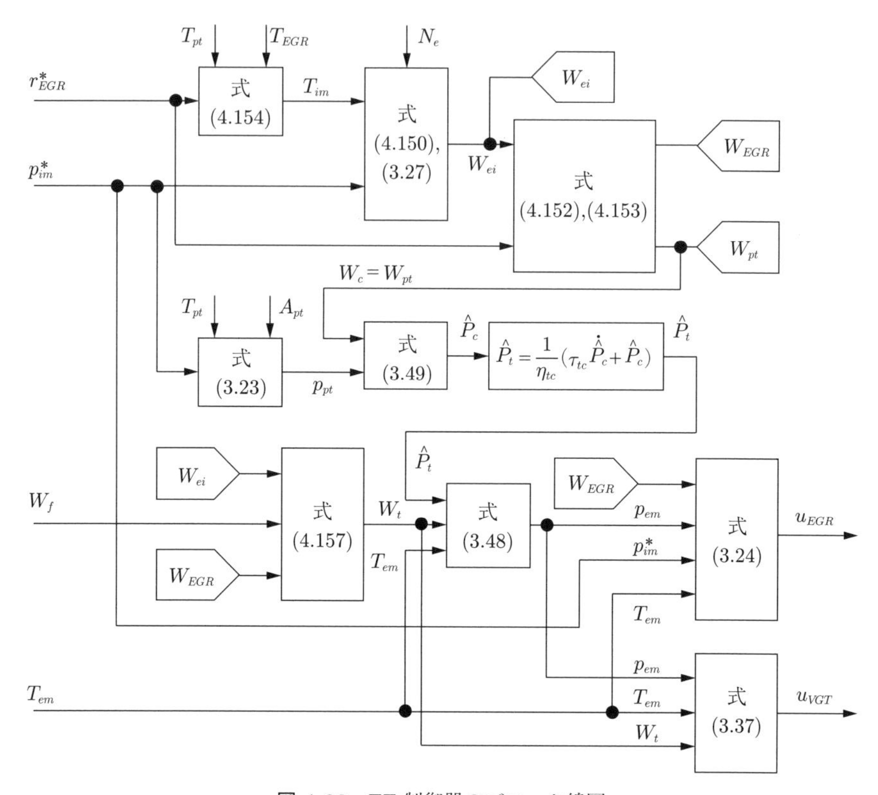

図 4.63　FF 制御器のブロック線図

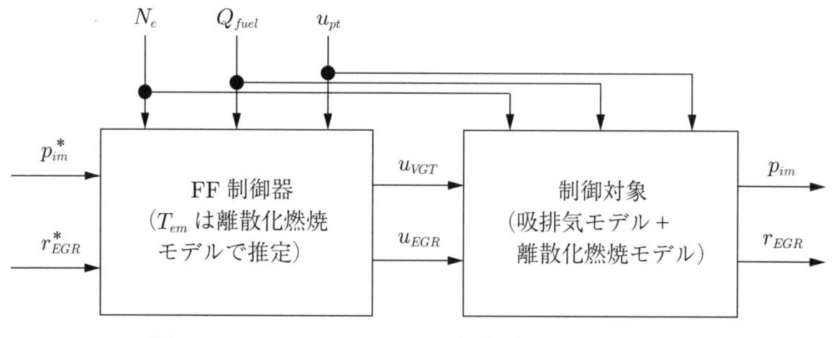

図 4.64　フィードフォワード制御系のブロック線図

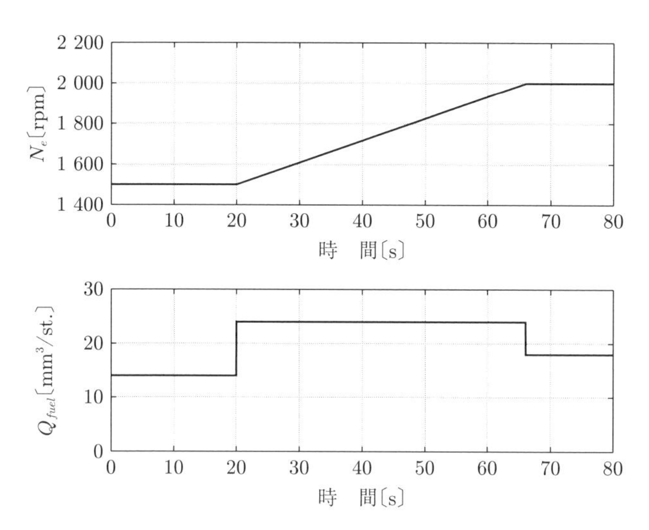

図 4.65 エンジン回転数 N_e および燃料噴射量 Q_{fuel} の応答

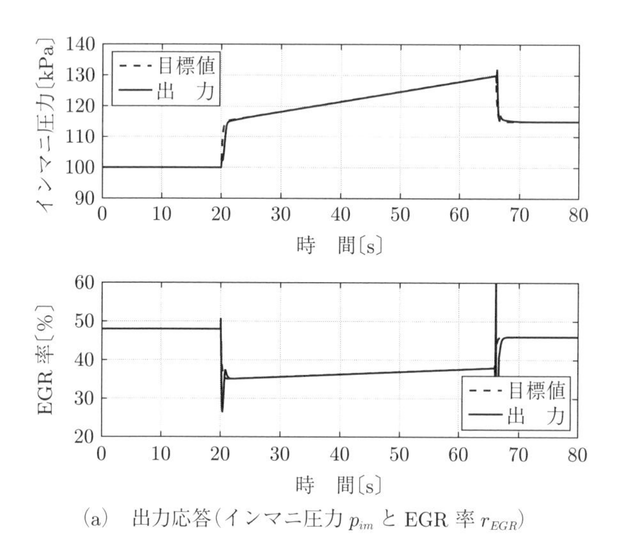

(a) 出力応答(インマニ圧力 p_{im} と EGR 率 r_{EGR})

図 4.66 シミュレーション結果

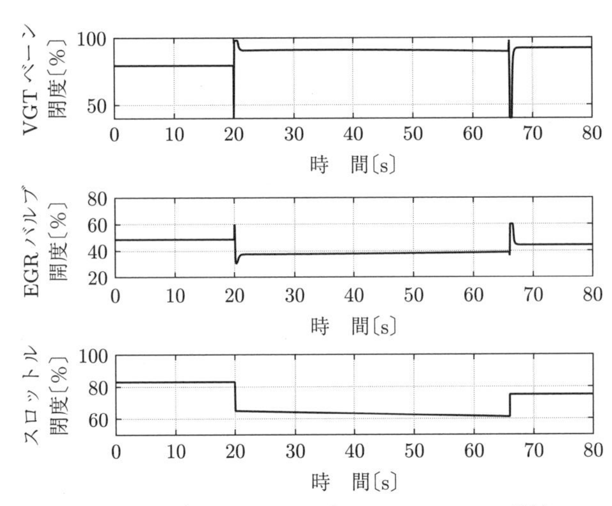

(b)　入力応答（VGT ベーン閉度 u_{VGT}，EGR バルブ開度 u_{EGR}，スロットル閉度 u_{pt}）

図 4.66　（つづき）

目標値，図 (b) は VGT ベーン閉度 u_{VGT}，EGR バルブ開度 u_{EGR}，およびスロットル閉度 u_{pt} を表す。なお，スロットル閉度については，実際のエンジンに搭載されている ECU のスロットル指令値とほぼ同じものを与えた。目標値が変化する瞬間に，EGR 率にオーバシュートやアンダシュートは見られるが，それらを除いて良好な追従特性が確認できる。

つぎに，負荷に低慣性ダイナモが接続されたエンジンベンチを用いて実機実験を行った。結果を**図 4.67** に示す。各図の応答はシミュレーションと同じである。実験の場合は，シミュレーション結果と異なりインマニ圧力および EGR 率のどちらにもオフセットが生じている。これは，外乱やモデル化誤差が原因と考えられ，これらを除去するためには，フィードバック制御を組み合わせた 2 自由度制御[1)]が有効である。

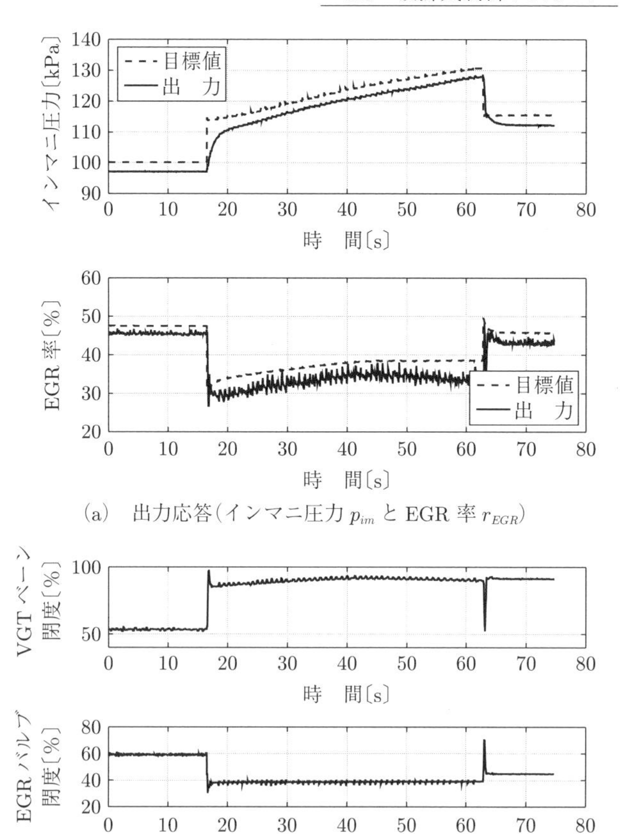

(a)　出力応答（インマニ圧力 p_{im} と EGR 率 r_{EGR}）

(b)　入力応答（VGT ベーン閉度 u_{VGT}，EGR バルブ開度 u_{EGR}，スロットル閉度 u_{pt}）

図 4.67　実験結果

4.3.2 FB 制御器

吸排気システムは比較的高次で非線形性も強く，かつ多入出力システムのため，制御の難易度は高い。このような制御対象に対する強力な制御方法として，非線形モデル予測制御に期待が寄せられている[38),39)]。非線形モデル予測制御では，制御対象の非線形なモデルを使って，現時刻から少し先の未来までの制御対象の挙動を予測し，その中で，最適となる入力を逐次求めることができる。制御入力の飽和や制御対象が有する制約条件も考慮できる強力な方法であるが，PID 制御などと比べて計算負荷が非常に高く，現行 ECU への搭載が難しい。また，制御性能はモデルの精度にも大きく依存するため，高精度なエンジンモデルが必要となるが，エンジンのモデル化自体が難しい，という本質的な問題も有する。したがって，制御対象に対する知見や各制御理論の特徴を活かしながら，現実的な制御方法を模索しているというのが現状である。

非線形システムに対する基本的なアプローチは，動作点周りで線形近似モデルを求めてそれに対して固定 FB 制御器を設計する方法である。ただし，非線形性の強い吸排気システムでは，一つの動作点に対する固定 FB 制御器で全動作範囲をカバーすることは難しいので各動作点に対応した FB 制御器を複数用意しておき，動作点ごとに切り替えて制御を行うなどの工夫が必要となる。

このようなアプローチでは，動作点だけでなく動作点近傍でも問題なく動作する必要がある。さらに，一つの固定 FB 制御器がカバーできる動作範囲が広ければ広いほど，用意すべき固定 FB 制御器の数を減らすことができ好都合である。そこで，本項では PCCI 燃焼を想定した**表 4.10** に示す比較的低負荷の領域をカバーする一つの固定 FB 制御器を H_∞ 制御理論により設計した文献 40) の方法を紹介する。この領域は 4.2.2 項で説明した H_∞ 制御器による燃焼制御系のシミュレーションで用いた図 4.32 のモード走行パターンに対応している。

表 4.10　PCCI 燃焼を想定した運転条件

パラメータ	値
N_e	$1\,500 \sim 2\,000\,\mathrm{rpm}$
Q_{fuel}	$15 \sim 24\,\mathrm{mm^3/st.}$
p_{im}	$104 \sim 124\,\mathrm{kPa}$
r_{EGR}	$0.22 \sim 0.38$

〔1〕 線形モデルの導出

H_∞ 制御では，制御器の次数は，ノミナルモデルの次数と重み関数の次数の和となる。制御器の実装を考えると，次数はできるだけ小さいほうがよい。そこで，プレスロットル温度，インマニ温度，エキマニ温度，インタクーラ通過後温度および EGR 通過後温度を定数と仮定し，モデルから密度 ρ_* に関する微分方程式 (3.12)，(3.14)，(3.16) を除いた。このようにして得られた非線形状態方程式を式 (4.158) で定義する。

$$\dot{X} = f(X, U), \quad Y = g(X, U) \tag{4.158}$$

ここで，状態 X，入力 U および出力 Y の各要素を**表 4.11** に示す。

表 4.11　状態 X，入力 U および出力 Y の定義

	変　数	説　　明
状態 X	p_{im}	インマニ圧力（過給圧力）〔Pa〕
	p_{em}	エキマニ圧力〔Pa〕
	p_{pt}	プレスロットルマニホールド圧力〔Pa〕
	P_c	コンプレッサパワー〔W〕
入力 U	u_{VGT}	VGT ベーン閉度〔% closed〕
	u_{EGR}	EGR バルブ開度〔% open〕
出力 Y	p_{im}	インマニ圧力〔kPa〕
	r_{EGR}	EGR 率〔%〕

つぎに，線形近似モデルを求める。そこで，X，U および Y の平衡点をそれぞれ X_0，U_0，Y_0 で定義し，この平衡点周りの線形近似モデルを式 (4.159) で定義する。

$$\dot{x} = Ax + Bu, \quad y = Cx + Du \tag{4.159}$$

ただし，$x = X - X_0$，$u = U - U_0$，$y = Y - Y_0$ と定義した。

表 4.10 に示したパラメータ範囲から，40 通りの定常点を選択し，定常運転試験を行った。その際に計測した VGT ベーン閉度，EGR バルブ開度，プレスロットル温度，インマニ温度，エキマニ温度，インタクーラ通過後温度および

EGR 通過後温度を使って，40 個の線形近似モデルを求めた。これらの周波数応答を**図 4.68** に示す。

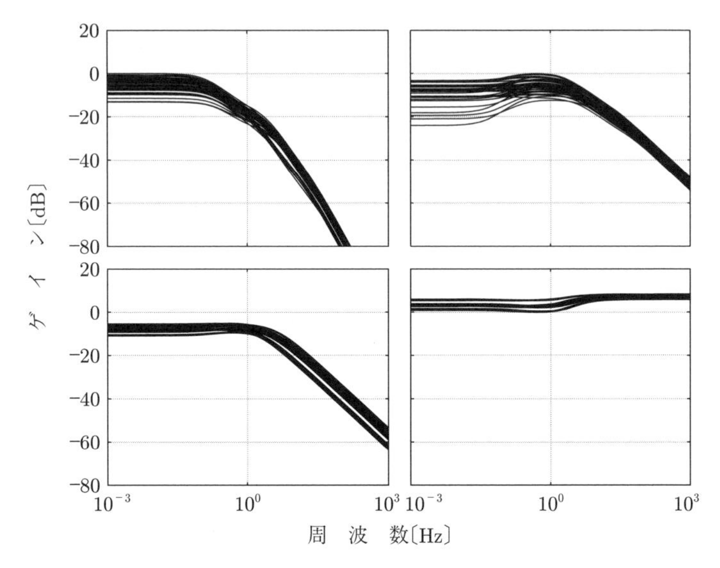

図 4.68　40 通りの線形近似モデルのゲイン線図

H_∞ 制御器設計のためのノミナルモデルは，40 通りのモデル集合の中で，ゲイン特性が中間的なものを選んだ。このノミナルモデルは，エンジン回転数，燃料噴射量，スロットル閉度はそれぞれ 2 000 rpm，18 mm^3/st.，73 %closed，インマニ圧力および EGR 率は 115 kPa，30.9 %であった。以降，ノミナルモデルの伝達行列を P で，ノミナルモデルを除く 39 個のモデルを P_i $(i = 1, \cdots, 39)$ で表す。

さて，ノミナルモデルを含めた 40 個のモデルは，図 4.68 に示すように低周波域から高周波域にかけてゲインが大きく変わる。H_∞ 制御では，低周波域に摂動があると，乗法的摂動も低周波域で大きくなるため，図 4.3 に示した関係から，制御帯域をきわめて低く設定せざるを得なくなる。その結果，性能の向上も難しくなる。一般に，低周波域の摂動は，フィードバック制御によって低周波域の感度関数を抑え，低感度化することでその影響を低減できる。したがって，本設計では高周波域の摂動のみを考慮することにする。そこで，周波数 $\omega = 0$ における P_i の対角成分のゲインをノミナルモデル P の対角成分のゲインに等しくなるように変換を行った。変換後の P_i のゲイン線図を**図 4.69** に示す。

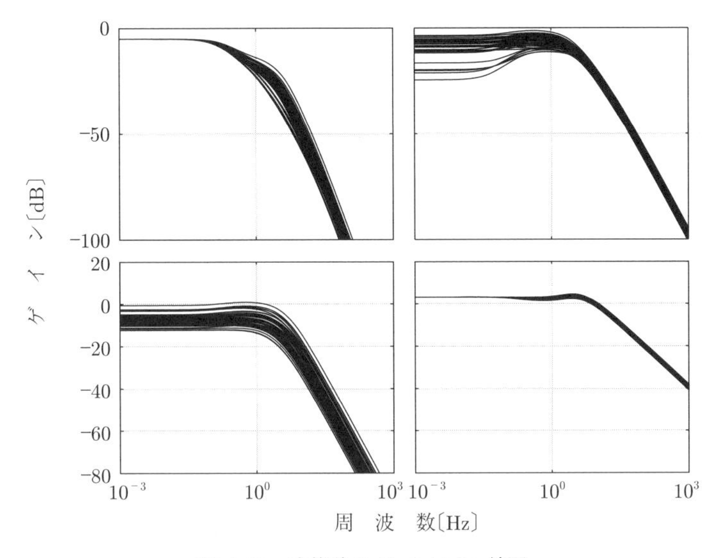

図 **4.69**　変換後の P_i のゲイン線図

このように，摂動のゲインを変更したこと，また，そもそも非線形モデルの線形近似モデルを使って設計をしていることから，ロバスト安定性は理論的に保証されない。したがって，最後に非線形モデルを用いたシミュレーションを行い，安定性や性能を確認する必要がある。なお，低周波域に摂動が存在する場合の H_∞ 制御法として，フィードバック型誤差を使った方法が知られる[41)]。

〔2〕 乗法的摂動の見積り

変換後の摂動モデル P_i すべてに対して，閉ループ系が安定になる制御器を設計するために，各 P_i に対して乗法的摂動を計算する。その際，EGR バルブと VGT ベーンを動かすアクチュエータの応答遅れがあっても制御系が不安定にならないようにするため，P_i の入力端にその遅れを模擬する時定数 τ のローパスフィルタを乗じたものを新たな摂動モデル $\widetilde{P}_i$ として，式 (4.160) のように再定義した。

$$\widetilde{P}_i = P_i F, \quad F = \mathrm{diag}\left[\frac{1}{\tau s+1}, \frac{1}{\tau s+1}\right] \tag{4.160}$$

時定数 τ については，実機の特性を考慮し，$\tau = 0.033$ と定めた。

各 $\widetilde{P}_i$ に対する乗法的摂動 Δ_i $(i = 1, \cdots, 39)$ は

$$\widetilde{P}_i = P(I + \Delta_i) \tag{4.161}$$

と表現できる。ただし，I は P と同じサイズの単位行列を表す。したがって，P と $\widetilde{P}_i$ の周波数応答 $P(j\omega)$ および $\widetilde{P}(j\omega)$ から，乗法的摂動の周波数応答 $\Delta_i(j\omega)$ は式 (4.162) から計算できる。

$$\Delta_i(j\omega) = P^{-1}(j\omega)(\widetilde{P}_i(j\omega) - P(j\omega)) \tag{4.162}$$

式 (4.162) から計算した乗法的摂動の特異値プロットを**図 4.70** に破線で示す。

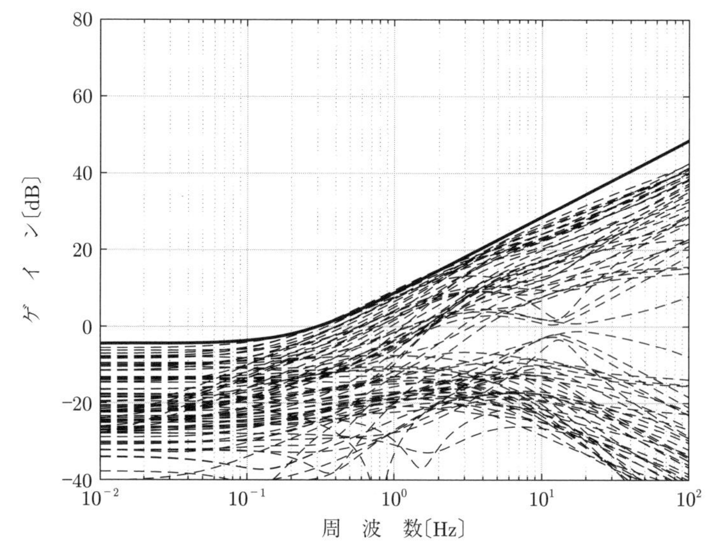

図 4.70　乗法的摂動（破線）と W_T（実線）のゲイン線図

〔3〕 $\boldsymbol{H_\infty}$制御系設計

H_∞ 制御理論に基づいてFB制御器を設計する。その際，一般化プラントは，**図4.71**に示す修正混合感度問題とする。図において，w_1 から z_1 のパスで外乱抑圧特性を評価し，W_{PS} は外乱が存在する周波数帯域でゲインを大きく選ぶ。w_1 から z_2 のパスは，乗法的摂動に対するロバスト安定化を図るためのものであり，W_T を乗法的摂動の最大特異値を覆うように選び，w_1 から z_2 までの H_∞ ノルムを1未満にすれば，スモールゲイン定理よりロバスト安定性が保証される。w_2 および W_{eps} は，観測ノイズのモデルであり，W_{eps} をハイパスフィルタに選ぶことで，高周波域のノイズを表現する。

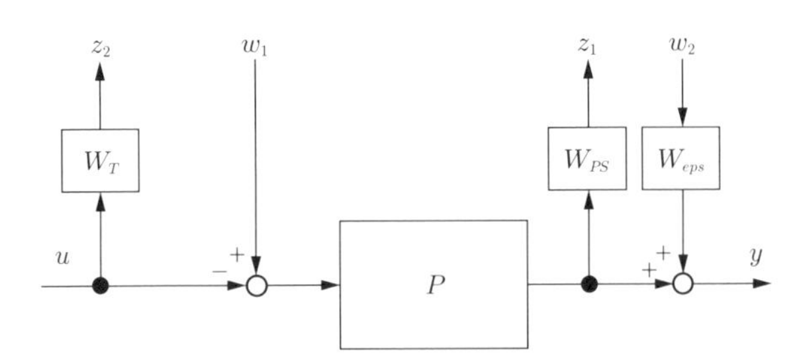

図4.71 一般化プラントのブロック線図

W_T は，すでに述べたように，乗法的摂動を覆うように選ぶ必要がある。今回は図4.70の実線で示すように選んだ。なお，W_T は2行2列の伝達行列として与える必要があるので，次式のように選んだ。

$$W_T = \mathrm{diag}\begin{bmatrix} w_t & w_t \end{bmatrix} \tag{4.163}$$

$$w_t = \frac{s + 1.414}{s + 2.356 \times 10^4} \times 10^4 \tag{4.164}$$

外乱抑圧特性の重み W_{PS} については，通常，外乱は低周波域に存在することからローパスフィルタ型に選ぶ。多少の試行錯誤を経て，つぎのように定めた。

$$W_{PS} = \mathrm{diag}\begin{bmatrix} 1.2\, w_{ps} & w_{ps} \end{bmatrix} \tag{4.165}$$

$$w_{ps} = \frac{1}{s + 0.001} \tag{4.166}$$

なお，W_{PS} の (1,1) 要素の係数 1.2 は，インマニ圧力の応答と EGR 率の応答の性能差を見ながら調整した。また，W_{eps} については，観測ノイズのモデルなので，ハイパスフィルタ型として，次式で与えた。

$$W_{eps} = \mathrm{diag}\begin{bmatrix} w_{eps} & w_{eps} \end{bmatrix} \tag{4.167}$$

$$w_{eps} = \frac{15s + 16.97}{s + 1.697 \times 10^4} \times 10^{-3} \tag{4.168}$$

これらの重み関数と図 4.71 の一般化プラントを用いて H_∞ 制御器を求めたところ，w から z までの H_∞ ノルムが 0.93 となる制御器が得られた。制御器のゲイン線図を**図 4.72** に示す。また，実機に適用する際はこの制御器を双一次変換によりサンプリング周期 1 ms で離散化するため，離散化後のゲイン特性も図に破線で示した。

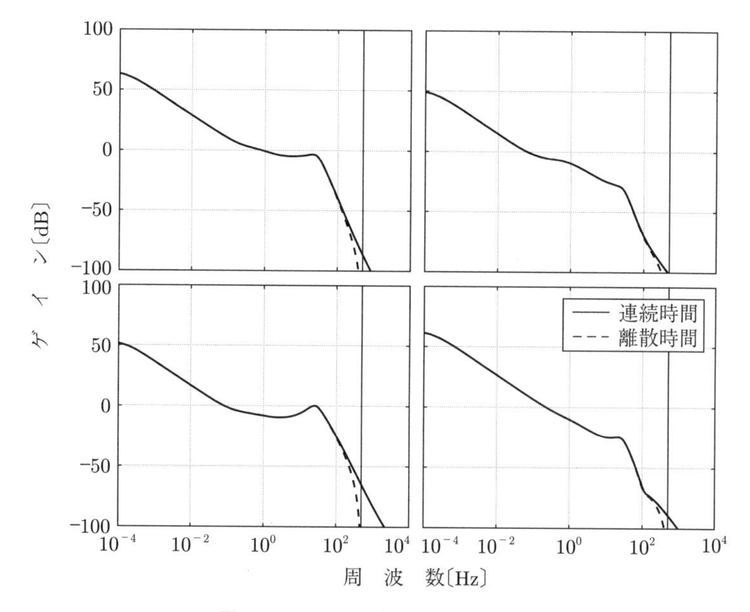

図 4.72　H_∞ 制御器の周波数応答

〔**4**〕 **シミュレーションおよび実機実験**

設計した H_∞ 制御器を，非線形な吸排気システムのモデルに適用して制御性能の評価を行う。シミュレーションの制御対象は，式 (4.158) とは異なり，3 章で構築した吸排気システムの非線形モデルの制御入力に，アクチュエータの応答遅れを考慮するためのローパスフィルタ（式 (4.160) の F）を接続したものとなっている。

図 4.73 のフィードバック制御系を構築し，**図 4.74** に示すエンジン回転数 N_e および燃料噴射量 Q_{fuel} の時間応答のもとで，インマニ圧力と EGR 率の目標値を変化させたときのシミュレーションを行った。なお，スロットル閉度に

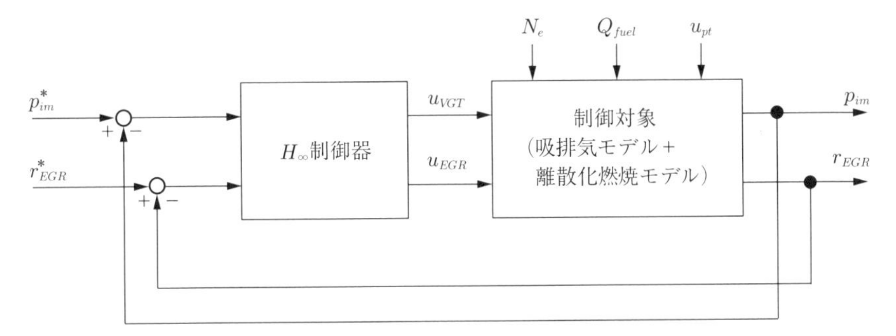

図 4.73　フィードバック制御系のブロック線図

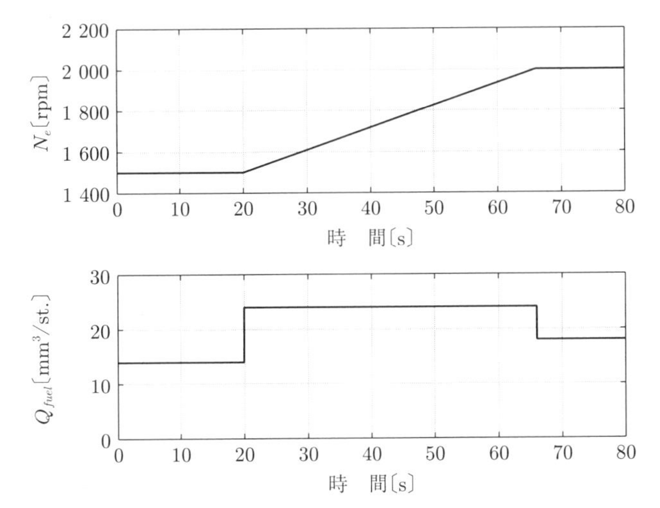

図 4.74　エンジン回転数 N_e，燃料噴射量 Q_{fuel} の応答

ついては，FF 制御のときと同じものを与えた。結果を**図 4.75** に示す。FF 制御の結果（図 4.66）に比べて，目標値が変化した際の追従は若干遅いが，目標値に偏差なく追従している様子が確認できる。

つぎに，負荷に低慣性ダイナモが接続されたエンジンベンチを用いて H_∞ 制御器の制御性能を評価した。制御系のブロック線図は図 4.73 と同じである。実験結果を**図 4.76** に示す。この図から，若干オーバシュートが大きくなっているが，シミュレーションとほぼ同様の追従特性が得られている。得られた応答を詳細に見ると，インマニ圧力の目標値がステップ状に変化する 17 秒付近で，対応する出力がオーバシュートしている。その原因の一つとして，図 (b) に示すように，VGT ベーンが完全に閉じて飽和していることが挙げられる。PCCI 燃焼を想定した低負荷領域では，インマニ圧力の応答性が悪く，このように入力飽和が起こりやすい。なお，入力飽和に対しては，アンチワインドアップ対策を施すことで，さらなる性能改善が望める[42]。

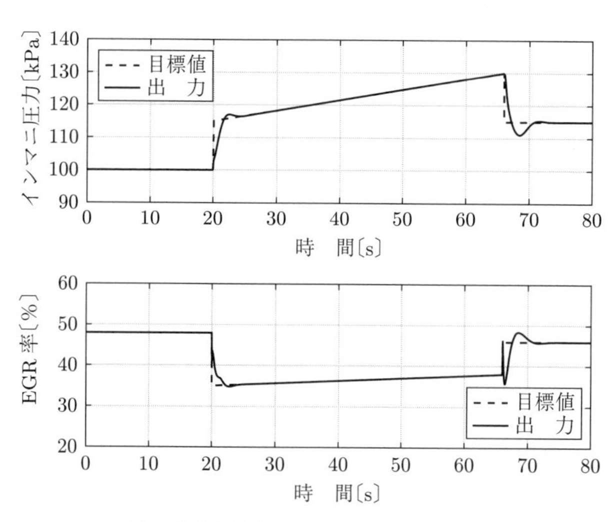

(a)　出力応答（インマニ圧力と EGR 率）

図 4.75　シミュレーション結果

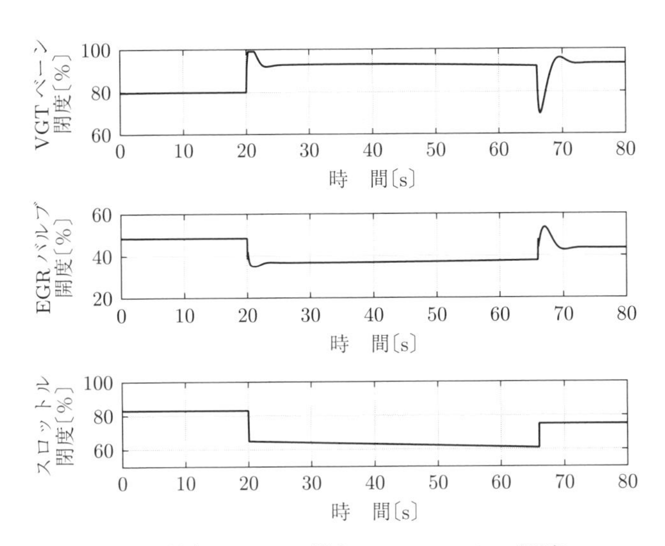

（b）　入力応答（VGT ベーン閉度 u_{VGT}，EGR バルブ開度 u_{EGR}，スロットル閉度 u_{pt}）

図 4.75　シミュレーション結果（つづき）

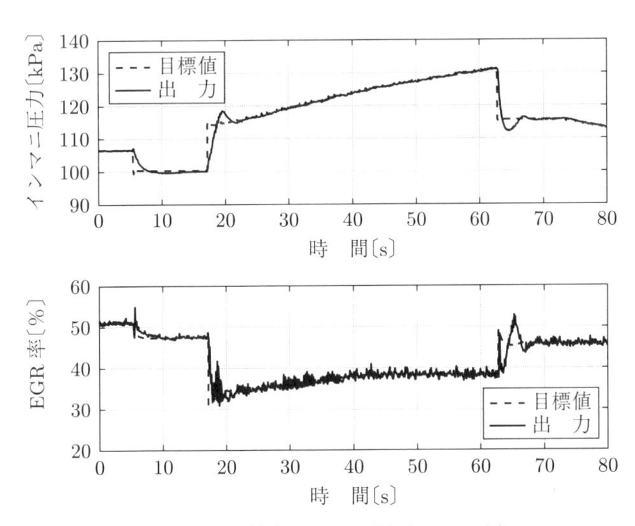

（a）　出力応答（インマニ圧力と EGR 率）

図 4.76　実 験 結 果

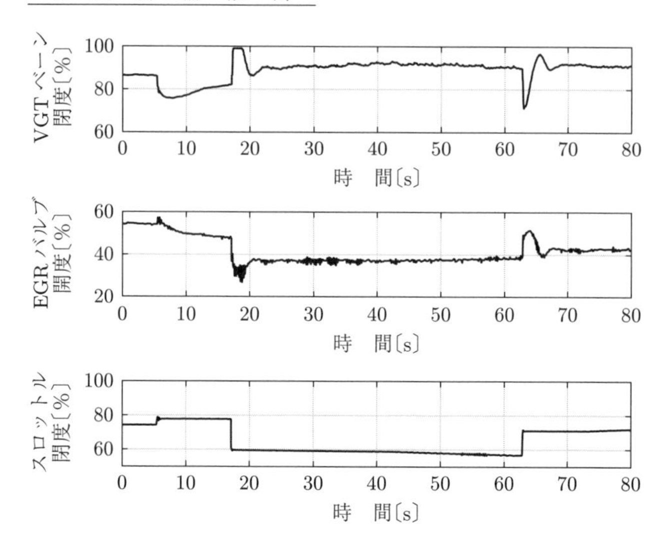

（b）　入力応答（VGT ベーン閉度 u_{VGT}，EGR バルブ開度 u_{EGR}，スロットル閉度 u_{pt}）

図 4.76　実験結果（つづき）

コラム 4.1

わかりやすい制御の話

ここでは，比喩的に FF 制御器と FB 制御器の働きを考察する。比喩として男女の話が出てくるが，男女の違いを問わず，社会活動の中で，個の能力が活かされ環境に応じて制御目的が果たされる機構が述べられている。

（a）　FF 制御器の限界　　**図 1** は，結婚前の彼女（制御対象）の事前情報（経験的知識の集積情報）をもとに，彼氏（制御器）が，彼女に喜んでもらおう（目標値）と，逆系制御

$$u = G^{-1}r \tag{1}$$

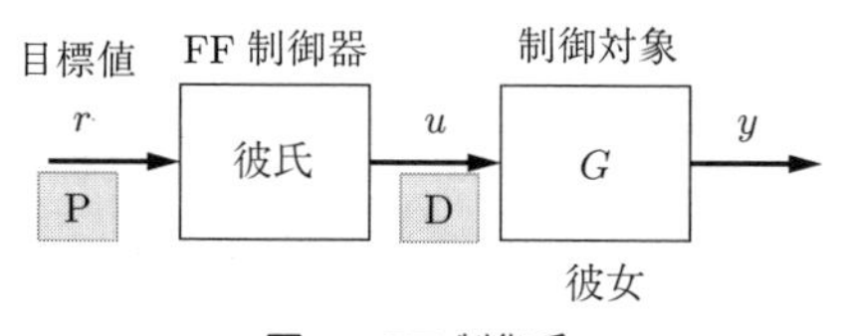

図 1　FF 制御系

を行っている図である。彼女の逆を想定して入力を発生させている。本当の彼女とモデル G が同じで，G と G^{-1} が安定ならばこれで大概うまくいくが，じつは表層的である。制御対象を実験計画法などで，多くの実験を効率よく行い，MAP を作成した MAP 制御のような制御系に対応する。ところが結婚すると（制御帯域を広げると），これまでの経験や SNS のプロフィールに書かれている以外のモデルの存在（Δ）や外乱（ここでは外乱を未知外乱（d）と予見可能な外乱（p）に分けて考えている）が顕在化してしまう。例えば，モータを駆動すれば温度が上がり電機子抵抗は変化するなど，環境に応じてモデルには必ず誤差が生じてしまう。**図 2** では実際の Honey の行動 y は

$$y = (G + \Delta)G^{-1}r + p + d = r + \delta \tag{2}$$

となる。ここで，$\delta := \delta(\Delta, p, d)$ であり，この分だけ Husband（Hus）の思惑と Honey との行動にはずれが生じてしまう。この分を帳消しにするように修正するには，事前にモデル化誤差 Δ と未知外乱 δ が定量的にわかっていなければならないが，無理なことである。

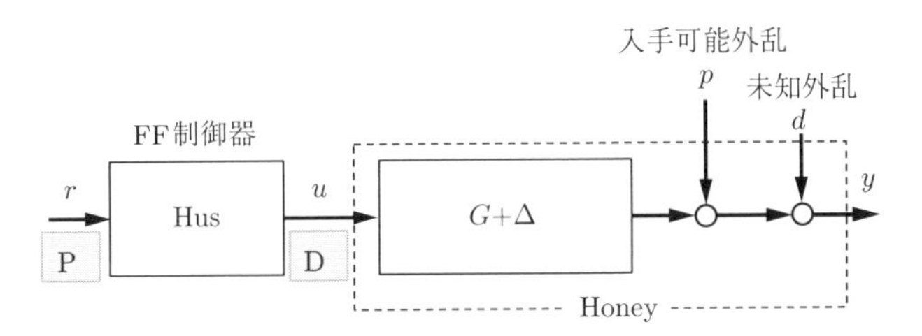

図 2 変動が生じた場合の FF 制御系

（b） 予見可能な外乱の除去 **図 3** は予見可能な外乱をフィードフォワード制御に利用した FF 制御系である。例えば，Honey は木曜日は機嫌が悪いとわかっていれば，Hus は木曜日の帰宅を避けるなどの対策をとることができる。自動車では，車速や GPS からの情報があれば，制御性能を向上させることができ，

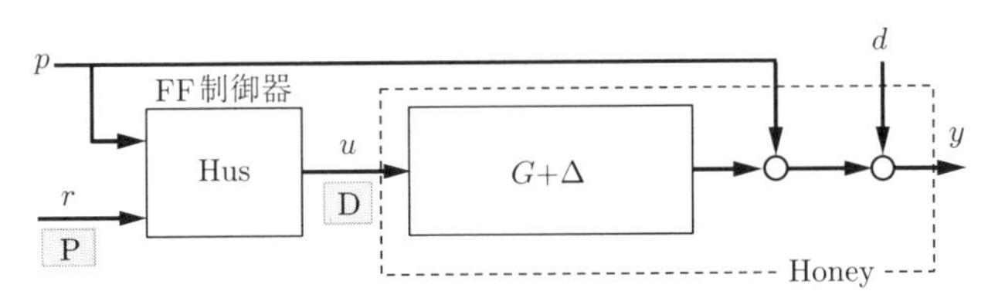

図 3 FF 制御による予見可能な外乱の除去

事前にわかっている情報の利用価値は大きい。予見可能外乱を利用して，制御入力は式 (3) のように発生させればよい。

$$u = G^{-1}(r - p) \tag{3}$$

このとき $(G + \Delta)G^{-1}p \simeq p$ ならば，奥様の行動は

$$y = r + \delta_1 \tag{4}$$

となる。ここで $\delta_1 := \delta_1(\Delta, d)$ であり，予見可能な外乱 p の影響は軽減できるが，依然として，モデル化誤差 Δ と未知外乱 δ の影響 δ_1 は残ってしまう。ここまでが FF 制御系の限界であり，FF 制御系は未知外乱とモデル化誤差の影響軽減には寄与できない。

（c） FB 制御器の導入と効果　これまでの FF 制御系は，経済用語の P（plan），D（do），C（check），A（action）でいえば，P，D だけでチェック（反省）しないシステムであった。そこで，チェック機構が存在する FB 制御器を導入する（図 **4**）。FB 制御系は結果から原因を作り出す仕組みであり，必ずループが存在する。

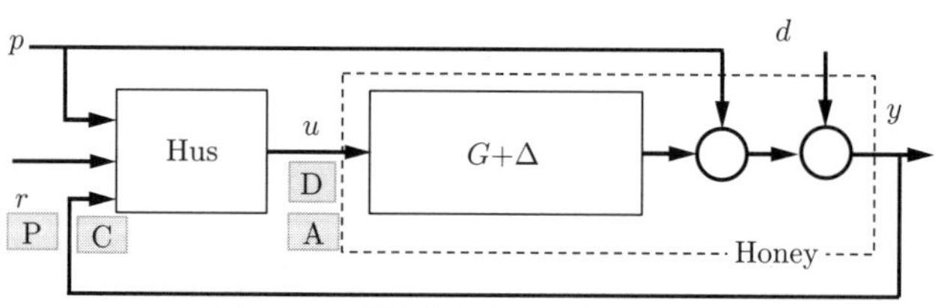

図 4　FB 制御器を導入したシステム

これを数式で表現すると

$$u = G^{-1}(r - p) + C(r - y) \tag{5}$$

となる。式 (5) の右辺第 1 項は FF 制御部，第 2 項が導入した FB 制御部であり，式 (5) の制御系は 2 自由度制御構造と呼ばれている。式 (5) を実現するには，Hus は Honey の行動をきちんと理解している必要があり，それに基づいて Hus も行動を起こす。別の言葉でいえば，この FB ループは夫婦間の対話（会話）という相互作用であり，システム制御性能を向上させるために，かなり重要な仕組みであることがわかる。式 (5) を使うと

$$y = r + \delta_1 + (G + \Delta)\,C(r - y) \tag{6}$$

より，式 (7) を得る。

$$y = r + \frac{1}{1 + (G + \Delta)\,C}\delta_1 \tag{7}$$

式 (7) の右辺第 2 項は，FB 制御器（Hus）のゲインを大きくすると小さくできる。これが FB 制御器の外乱抑制効果であり，事前にモデル化誤差 Δ と未知外乱 d が定量的にわかっていなくても，モデル化誤差と外乱の影響を小さくできる。実際には，FB 制御器（Hus）が大きすぎると閉ループ制御系は不安定化するので（大きな入力信号は Honey に対しては逆効果であり，無理なことをすると離婚される），いわゆる，ロバスト安定性を保ちつつ，制御性能向上のために FB 制御器（Hus）を設計する必要がある。このバランスを保って，合理的に FB 制御器を設計する方法として H_∞ 制御理論が知られている。

（d） Honey（制御対象）も協力する制御系　図 4 の 2 自由度制御系は，見方を変えると**図 5** のようになる。

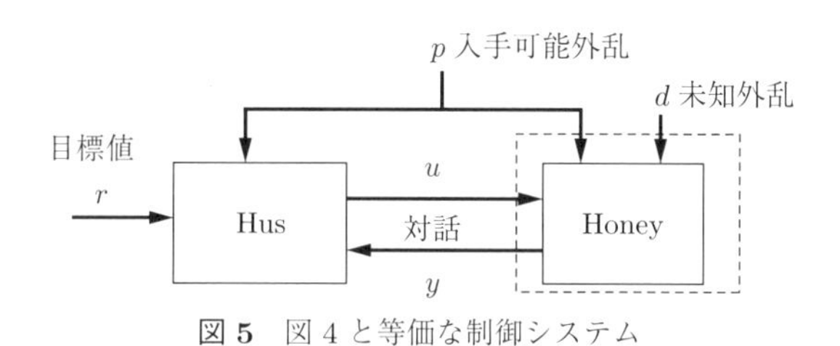

図 5　図 4 と等価な制御システム

さらに，実装誤差（Hus の行動も理論どおりには行われないことを表していると考えられる），および目標としているものを Honey も理解している（あなたと一緒に幸せになるわ）という太い線を二つ付け加えると，**図 6** を得る。

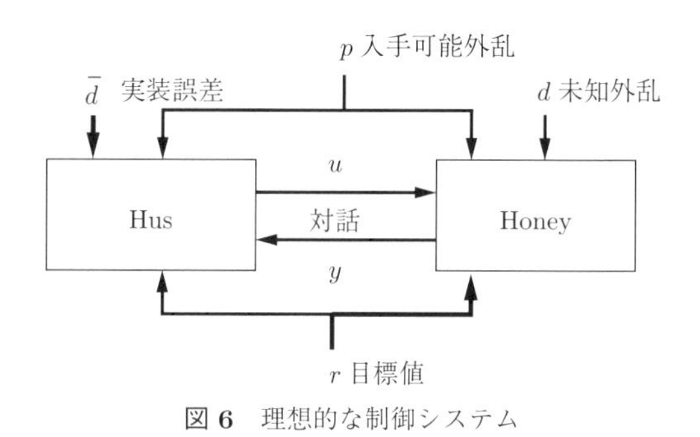

図 6　理想的な制御システム

FB があるとループができて，Hus（制御器）と Honey（制御対象）は入れ替えても構造上の変化は生じない。すなわち，FB ループの存在下では，制御器と制御対象の違いはなく平等である。Hus は Honey を制御するつもりでも，じつは Honey に制御されている状況が生じているのである。Honey に混入する外乱のように，Hus に対する外乱として実装誤差を考えることができ，この影響も FB で軽減できる。さらに，Honey（制御対象）も目標（幸福など）を意識させることにより，より幸福に夫婦円満を実現できる。（目標・制御対象・制御器）の三者は，それぞれが相手を想いやりながら協力して歩み寄ることが重要であり，大きな入力（暴力的な Hus）は決してよい結果を生まない。最終的には，タイミングよく小さな入力量・観測量でたがいに阿吽（あうん）の呼吸によりわかり合え，目標を達成するためにたがいが変化していくのである（**図 7**）。制御器，制御対象の本来持っているよい部分を活かしつつ協調（協力）するのがよい制御といえる。

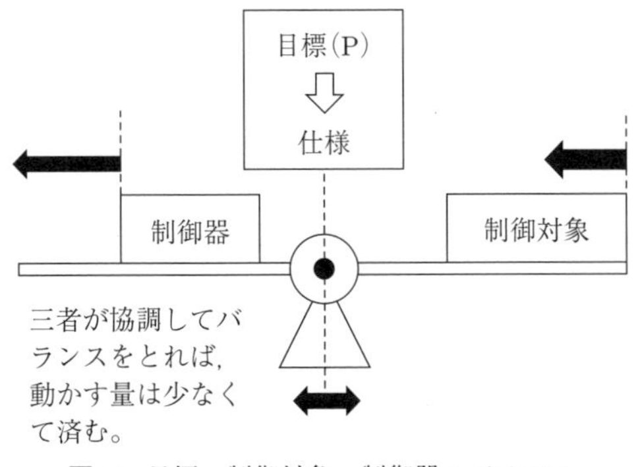

図 7　目標・制御対象・制御器のバランス

5 制御システム評価

最終章の本章では，ここまでに紹介した制御モデル，およびそれを利用して構築した制御器を実際のエンジンへ適用して制御試験を行った結果を紹介する。制御試験を行うシステムは，通常の単気筒でのエンジンの燃焼実験などと比べると少し特殊な装置，環境を用意する必要があるため，まずそのシステムを説明し，その後，試験結果のいくつかの例を紹介する。

5.1 実機評価システム

制御試験を行うにあたって使用した試験環境について紹介する。**図 5.1** に実験システムの概要を示す。システムを構成するものは大きく分けて，エンジン，過渡試験に対応できる低慣性のダイナモメータ，エンジンの制御系として独自に構築した制御器を実装するラピッドプロトタイピングである。エンジンは 4 気筒の自動車用の市販ディーゼルエンジンを使用した。エンジンの仕様を**表 5.1** に示す。エンジンは 2.8 L の 4 気筒で，可変ジオメトリーターボ，EGR クーラ，インタクーラ，スロットルバルブを備えており，燃料の噴射系はコモンレールと第 4 世代のソレノイド式のインジェクタを用いている。一つのシリンダには，シリンダ内圧力センサを改造して取り付けており，制御性能の確認および FB 信号として利用する。

ダイナモメータはエンジンの動力吸収に用いられるが，エンジン回転数およびトルクを評価用の走行モードに設定することも可能となっている。

エンジン制御の試験を行う際には，既存 ECU を一切使用せずに，すべての機能を独自の制御装置に実装して行うフルパス制御と，テストしたい独自の制

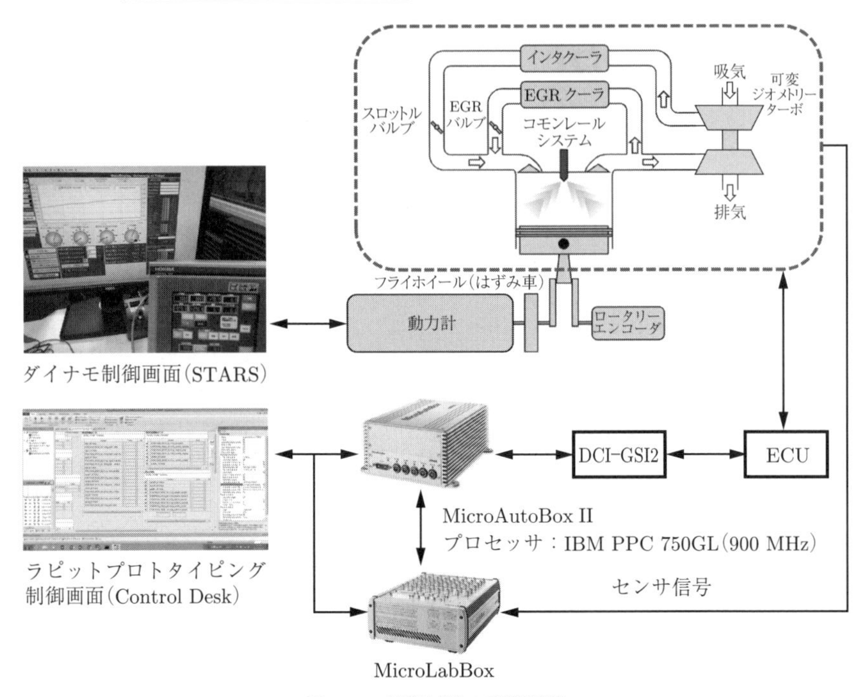

図 **5.1**　制御試験の実験環境

表 **5.1**　エンジン仕様

エンジンタイプ	4 気筒 直噴ディーゼル
ボア × ストローク〔mm〕	92 × 103.6
排気量〔cm^3〕	2 754
圧縮比	15.6
燃料の噴射系	コモンレール
ターボ	可変ジオメトリー

御系のみを制御装置に実装し，ほかの部分に関しては既存 ECU の制御機能を利用するといったバイパス制御方式が取られる。フルパス制御を行うには，エンジンのすべてのアクチュエータの制御を行えるように独自に制御系を準備する必要がある。制御信号のやり取りだけでなく，アクチュエータの駆動回路や，個体差のあるインジェクタの補正なども準備する必要が生じる。一方で，バイパス制御を行う場合には，既存の ECU で運転しながら，独自に構築した制御

系が導出したアクチュエータの指示値を，既存 ECU からの指示値を上書きするような形でアクチュエータに入力するようになり，基本的には制御信号のやり取りのみを検討すればよい。したがって，検討したい項目のみについて制御系を構築すれば試験を行える環境が整う。ただし，既存 ECU，つまり OEM（original equipment manufacturer）が提供する ECU に，外部からの信号を割り込ませる回路の設定が必要になり，OEM の協力がないと実施するのが難しいのも事実である。今回は OEM の協力のもとで，外部から信号をバイパスさせることのできる試験用の ECU を提供いただき試験を行った。

バイパス入力する制御指示値の信号は，独自に構築した制御器を市販のラピッドプロトタイピングに実装したプログラムにより生成される。ラピッドプロトタイピングは，メーカーによって仕様は異なるものの，ほとんどは自動車の制御系開発のデファクトスタンダードとなっている MATLAB®/Simulink® で記述されたプログラムを，エンコーダで処理して実装できるようになっている。今回使用したシステムは dSPACE 製のもので，制御プログラムの実行は図 5.1 中の MicroAutoBox II 上で実行され，そこで生成されたアクチュエータへの指示値が，インタフェース（図 5.1 中の DCI–GSI 2）を介して ECU に入力される。また，ECU からは DCI–GSI 2 を介して，既存 ECU で使用しているセンサの出力値やその演算値を MicroAutoBox II で受け取り，それらの値を独自に構築した制御プログラム上でも用いている。既存 ECU と MicroAutoBox II との通信に関しては，既存 ECU 側の仕様によるところになるため，ここでは説明を省略する。通常は，MicroAutoBox II 内で生成した信号の値や，既存 ECU から受け取った値などは，各社のラピッドプロトタイピングシステムの専用のソフトウェア（dSPACE の場合は Control Desk）を用いて，PC モニタ上で確認でき，またこのソフトウェアを介して，手動での ECU 変数の書き換え，および MATLAB の関数機能が利用できるようになっている。ただし，書き換えられる ECU の変数の設定はあらかじめ ECU 側で機能を設定しておく（通常，OEM や ECU 開発メーカーが設定している）必要がある。

なお，現状では，市販車に利用されている ECU のプロセッサのクロック数は200 MHz程度といわれているが，今回試験に使用したラピッドプロトタイピングは，プロセッサのクロック数は900 MHzで，クロック数では4倍ほど高速なものとなっている。また，試験の都合上，MicroAutoBox IIでの計算負荷を低減させる必要がある場合には，別途計測や計算を行うデバイスの追加（図5.1中のMicroLabBoxが相当）を行うことも可能である。

5.2 実機を用いた制御試験結果

5.1節で紹介した実機を用いて，4章までに構築した燃焼のFF制御器，FB制御器，吸排気のFF制御器，およびFB制御器を組み合わせて，エンジン回転数やトルクが変化する条件において行った制御試験の結果のいくつかを以降に紹介する。なお，4章までは，おもにシリンダ内圧力のピーク値およびその時期を制御することを例に，モデルおよび制御器の構築を行ってきたが，ここでは，熱発生率の予測モデルとそれを用いて構築した制御システムで制御試験を行った例を示す。熱発生を制御対象とした場合もモデル構築や制御器設計は圧力を対象とした場合とほぼ同様の手順で対応可能となっている。なお，熱発生率を対象とした場合の燃焼制御モデルの入出力については**表5.2**にまとめる。

5.2.1 評価運転パターン

制御試験では，エンジン回転数とトルクが**図5.2**のように3回の加速と減速を行う運転パターンを想定した。なお，この運転パターンは，DセグメントのSUV相当の車両を想定したものである。一つ目の山は中低負荷での運転を想定したものであり，後の二つの山の加速部では中負荷以上を想定している。一つ目の山の中低負荷では，ロバスト性の低くなる予混合度の高い燃焼コンセプトを適用しており，特に制御の役割が大きくなる条件となっている。また，この領域では回転数が1 500 ～ 2 000 rpmまで40秒程度であるが，簡単のためギア比一定での運転を想定してたもので，このときの車両としての速度，加速度の値としては，WTLCのパターン内に存在する値となっている。また，これに続

表 **5.2** 熱発生率を対象とした燃焼制御モデルの入出力

運転条件の入力	
N_{engine}	エンジン回転数〔rpm〕
P_{rail}	燃料噴射圧力〔MPa〕
Q_{total}	総噴射量〔mm^3〕
Q_{Pilot}	パイロット噴射量〔mm^3〕
$\theta_{PilotInj.}$	パイロット噴射タイミング〔deg. ATDC〕
Q_{Pre}	プレ噴射量〔mm^3〕
$\theta_{PreInj.}$	プレ噴射タイミング〔deg. ATDC〕
$\theta_{MainInj.}$	メイン噴射タイミング〔deg. ATDC〕
P_{boost}	過給圧〔kPa〕
r_{EGR}	EGR 率〔—〕
T_{inmani}	吸気マニホールド温度〔K〕
前サイクルからの入力	
Q_{prev}	Previous Cycle における総噴射量〔mm^3〕
T_{RG}	残留ガス温度〔K〕
$n_{x,RG}$	残留ガスにおける O_2, CO_2, H_2O, N_2 のモル数
予 測 出 力	
$\theta_{RHR1Peak}$	1 番目の熱発生率ピーク時期〔deg. ATDC〕
$dQ_{RHR1Peak}$	1 番目の熱発生率ピーク値〔J/deg.〕
$\theta_{RHR2Peak}$	2 番目の熱発生率ピーク時期〔deg. ATDC〕
$dQ_{RHR2Peak}$	2 番目の熱発生率ピーク値〔J/deg.〕

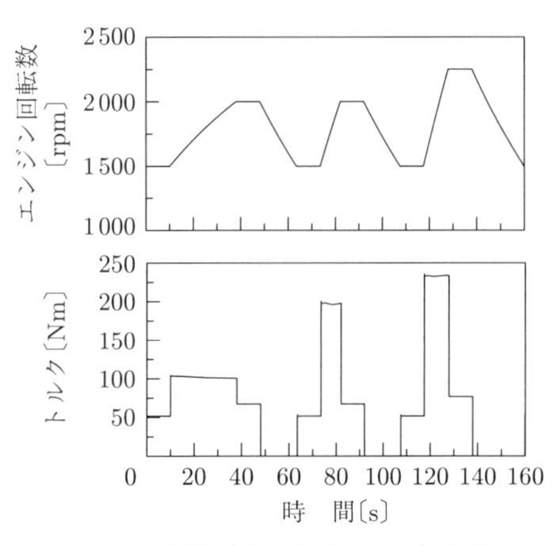

図 **5.2** 制御試験で想定した運転条件

く負荷の高い二つの山の運転領域においては，ほぼ従来の拡散燃焼に近い燃焼を利用しており，中低負荷の条件よりは燃焼の安定性は高いが，一つ目の山よりも加速度は大きな条件となっている。なお，中低負荷（ここでは燃料噴射量 $25\,\mathrm{mm}^3$/cycle 以下とする）では予混合度が高い燃焼で，中高負荷（燃料噴射量 $25\,\mathrm{mm}^3$/cycle より多いとする）では拡散的な燃焼となり，燃焼形態が異なることから，燃焼制御モデルのモデルパラメータは，燃料噴射量 $25\,\mathrm{mm}^3$/cycle を境に，切り替えて対応することとした。

5.2.2 燃焼 FF 制御

まず，燃焼制御に対し FF 制御器のみを適用した場合の結果を紹介する。ここでは独自に構築した従来の方法に近い制御 MAP や定常実験の統計処理によって得た FF 制御器と，燃焼制御モデルを利用した FF 制御器による制御試験結果についてそれぞれ示し，制御性能を比較する。

まず，制御 MAP を利用した FF 制御器によって運転した場合（**図 5.3**）の結果を**図 5.4** に示す。FF 制御器となる制御 MAP は評価走行モードのパターン上の条件で定常運転を行い，圧力上昇率を指標に設定した燃焼制御目標値を安定して満たすように，手動で燃料噴射条件を変更しながら運転し設定したものである。ここで燃焼制御目標値は，中低負荷（エンジン回転数の変化の一つ目の山）では熱発生率の 1 段目のピーク値およびその時期とし，操作量はプレ噴射量

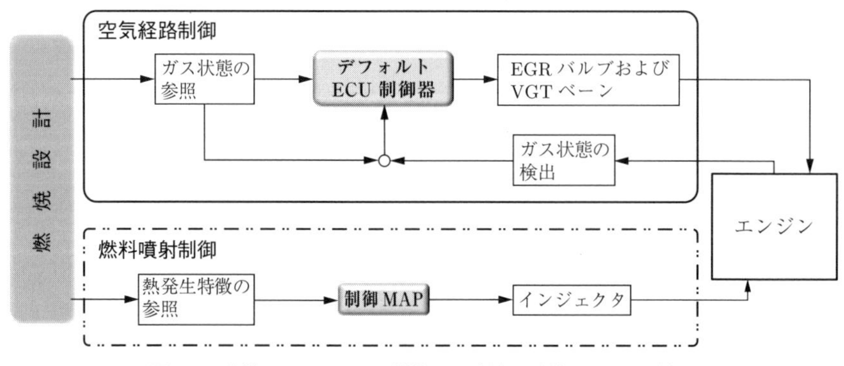

図 5.3　制御 MAP による燃焼 FF 制御の制御ブロック線図

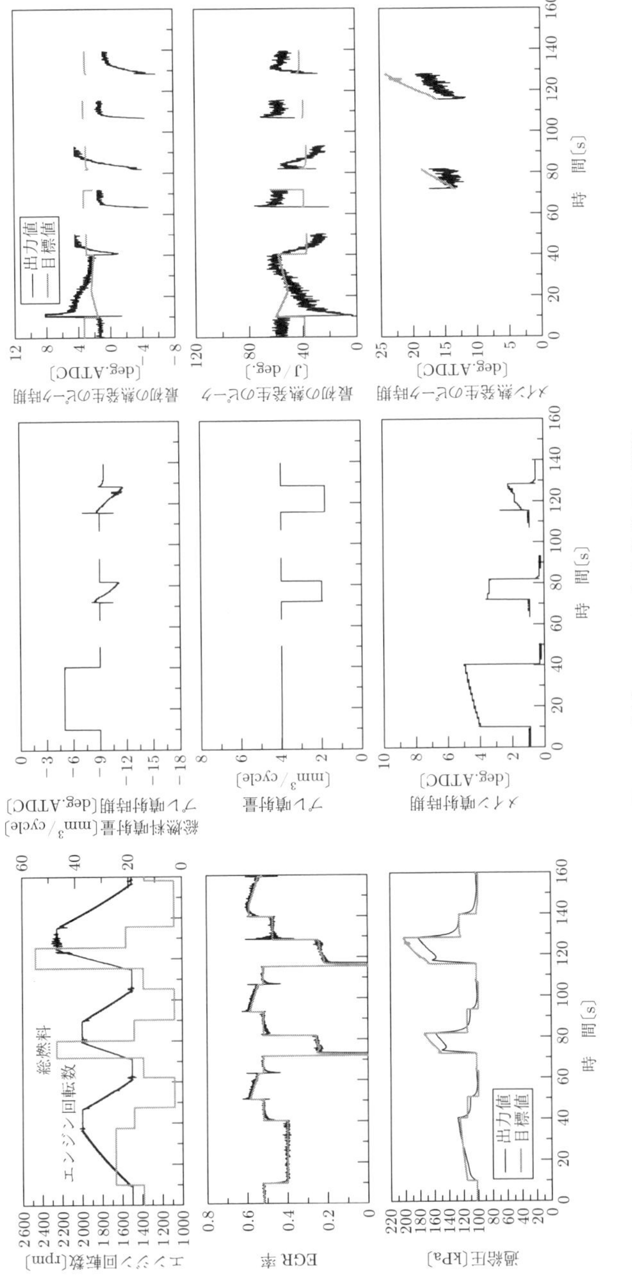

図 5.4 制御 MAP による燃焼 FF 制御

とプレ噴射時期とする2入力2出力の制御であり，回転数と燃料噴射量の2次元制御 MAP 上に設定した。中高負荷（エンジン回転数の変化の二つ目の山と三つ目の山）では，拡散燃焼支配が支配的となることから，メインの熱発生の時期をメインの噴射時期で制御する1入力1出力の制御とした。ただし，三度の加速とも，エンジン回転数が上昇した後，いったん一定値をとった後に低下していくが，この回転数の低下する過程においては，燃料噴射をほぼ $0\,\mathrm{mm}^3/\mathrm{cycle}$ とするため（今回の実験では，プログラムの都合上，若干の噴射は行っている）に熱発生率の制御は行っていない。なお，吸排気の制御については EGR 率および過給率の目標値のみ与え，制御については ECU デフォルトのまま運転を行った。一つ目の山の回転数上昇時に，1段目の熱発生率のピーク値およびその時期は目標値から大きくずれていることがわかる。これは，制御 MAP は定常試験の結果を用いて設定されているが，過渡では過給圧が目標値に追従しないなど，定常と同じガスの状態を再現できず，その状態変化を制御 MAP では考慮できないためである。回転数の上昇途中で過給圧が目標値と一致した時刻あたりから，1段目の熱発生率のピーク値およびその時期が目標値に一致していることからも，その事実がわかる。

つぎに，燃焼制御モデルを利用して構築したモデルベース FF 制御器（4章の図 4.23）を用いる場合の制御ブロック線図を**図 5.5** に，それを用いて制御試験を行った結果を**図 5.6** に示す。制御 MAP による制御では，一つ目の山の回

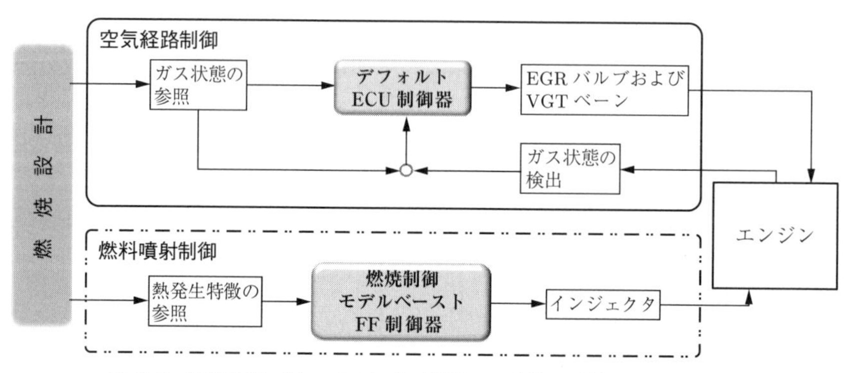

図 5.5　物理に基づくモデルによる燃焼 FF 制御の制御ブロック線図

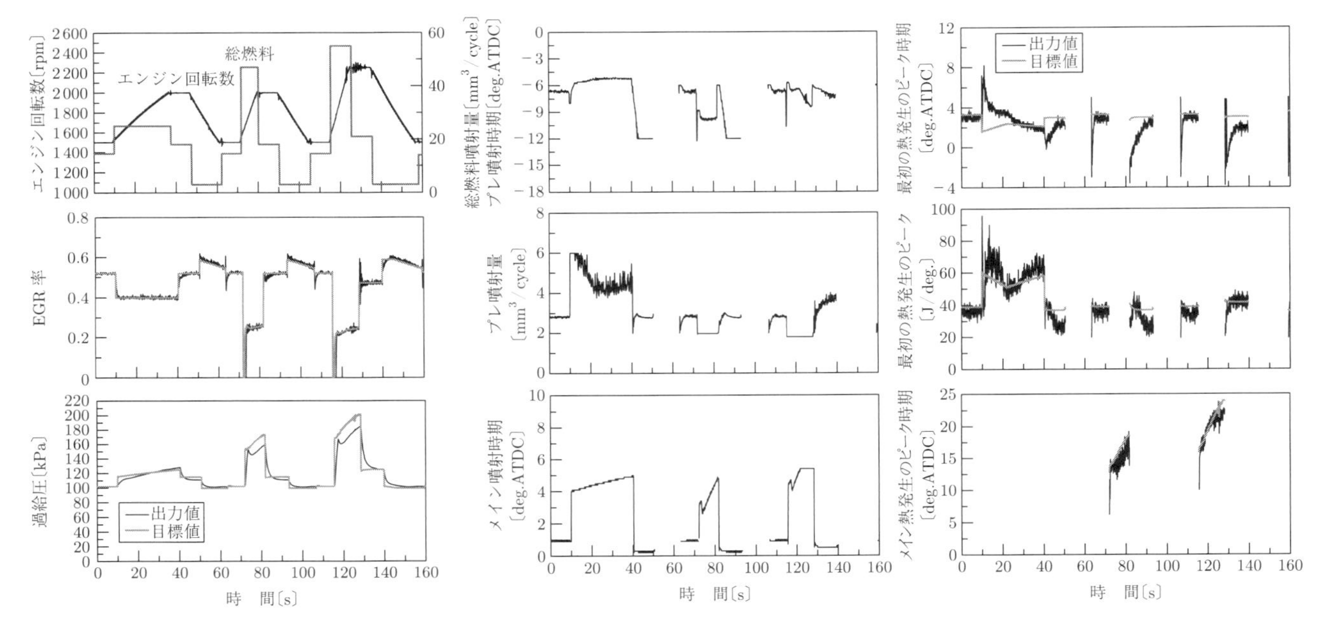

図 5.6　物理に基づくモデルによる燃焼 FF 制御

転数上昇時に，熱発生率のピーク値およびその時期は目標値から大きくずれていた。しかし，モデルを用いた場合には，制御 MAP 利用時と同様に過給圧は目標値からずれており，熱発生率のピーク時期は制御 MAP 利用時と目標値と同程度の差はあったが，熱発生率のピーク値については振動はあるものの目標値を追従できていることがわかる。また，中高負荷の運転領域（回転数における二つ目の山と三つ目の山）においても過給圧が目標値からずれているにもかかわらず，メインの熱発生率のピーク値の目標値を制御 MAP 利用時よりも，誤差が少なく追従できていることがわかる。この条件では，特に過給圧の影響が大きかったと思われるが，制御モデルを用いた制御では，ガスの状態量の値も考慮したモデルをオンボードで計算し，操作量を導出している効果が出ている。

なお，燃焼制御モデルは，中低負荷と中高負荷でモデルパラメータの値を変えて計算を行っているが，それぞれの領域でモデルパラメータの同定に利用した事前の定常実験の点数は中低負荷で 72 点，中高負荷で 50 点となっている。この同じ実験結果を重回帰分析により得られた統計処理に基づく FF 制御器を用いた制御試験も行った。そのときの制御ブロック線図を**図 5.7** に示す。なお，重回帰分析には 13 変数を利用した。制御試験結果を**図 5.8** に示す。中低負荷での 1 段目の熱発生率のピーク値とその時期，中高負荷でのメインの熱発生率の時期とも，目標値の追従が先の制御モデルを用いたものよりも悪い結果となった。同じ実験点数を用いて，物理に基づくモデルのモデルパラメータを適合し

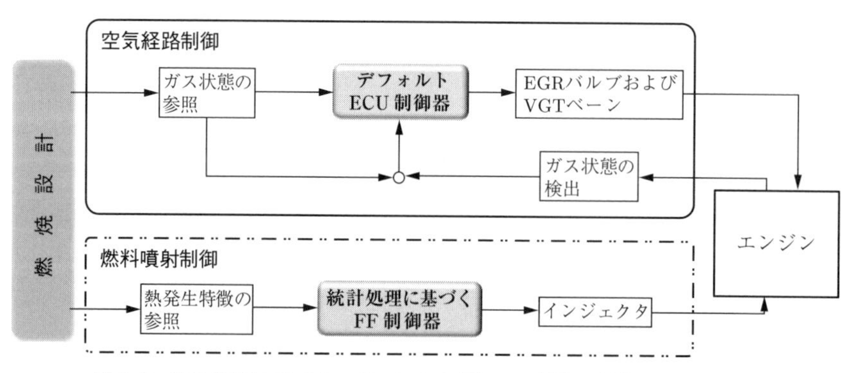

図 5.7　統計処理に基づくモデルによる燃焼 FF 制御の制御ブロック線図

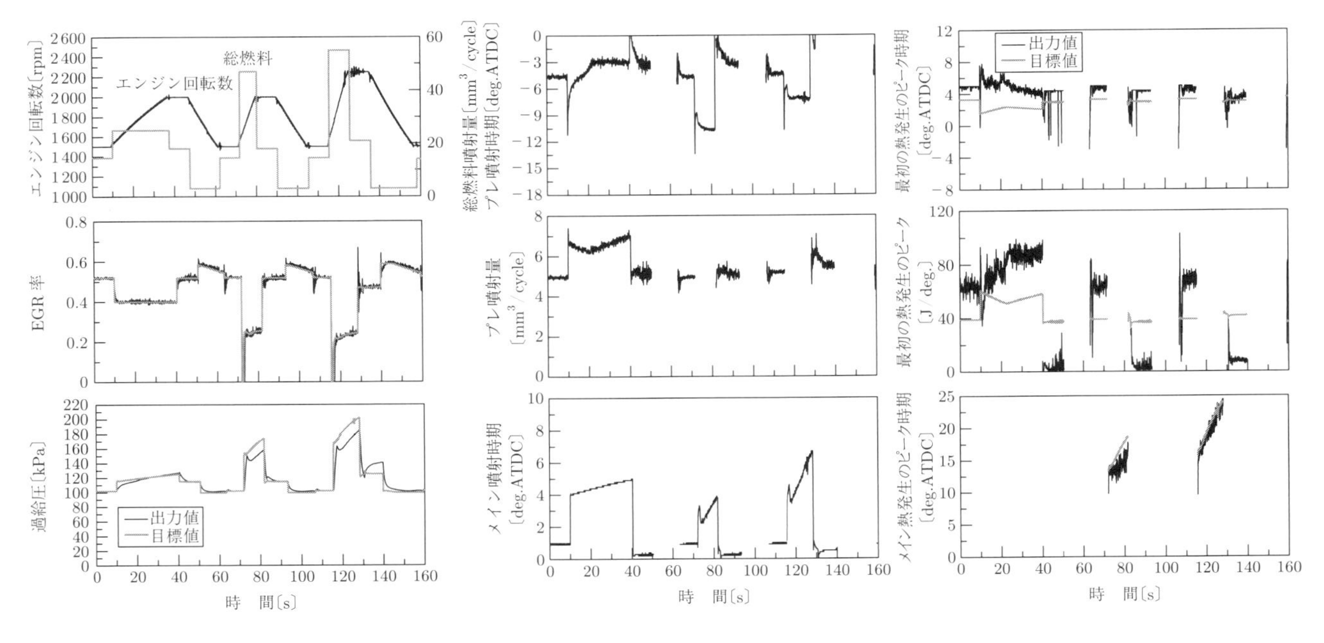

図 5.8　統計処理に基づくモデルによる燃焼 FF 制御

たFF制御器のほうが，統計処理によって得られたFF制御器よりも制御性能がよい結果となった。つまりは，統計モデルで物理に基づくモデルと同程度の制御性能を得るには，実験点数を増やす必要があると考えられ，物理に基づくモデルが工数削減に対して，有効であったといえる。なお，今回利用した実験条件が，物理に基づくモデルのパラメータ適合には適していたが，重回帰分析には適していない設定であった可能性もあり，実験結果の処理の仕方によって適切な実験条件が異なることも考えられる，ということを付け加えておく。

5.2.3　燃焼FF制御 ＋ FB制御

つぎに，物理に基づくモデルを利用したFF制御器に，このモデルに適応制御理論を適用し構築したFB制御器を組み合わせたFF制御＋FB制御の2自由度制御系（**図5.9**）で制御試験を行った結果を**図5.10**に示す。図5.6に示したFF制御器のみの場合は，低負荷で1段目の熱発生率のピーク時期が目標値からのずれが大きかったが，FB制御器を追加することで大きく改善されたことがわかる。また，1段目の熱発生のピーク値についても，振動は残るがその平均値はより目標値に近づいており，FB制御器が有効に機能したことがわか

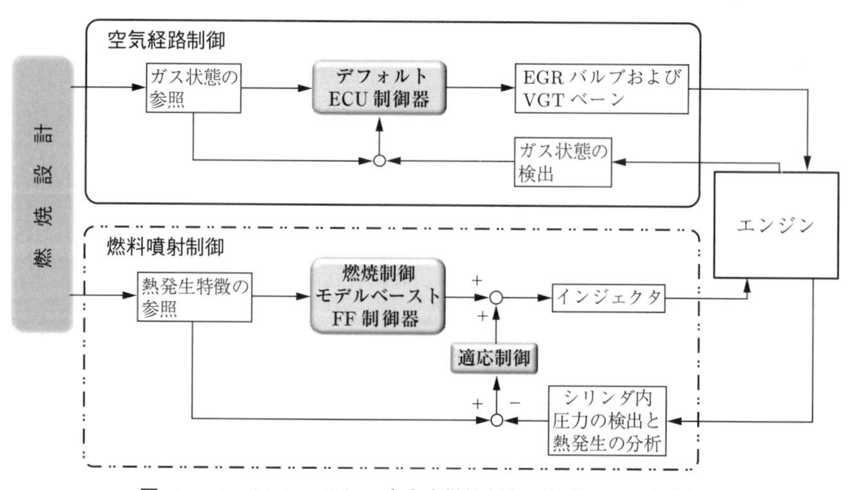

図5.9　モデルベースト2自由度燃焼制御の制御ブロック線図

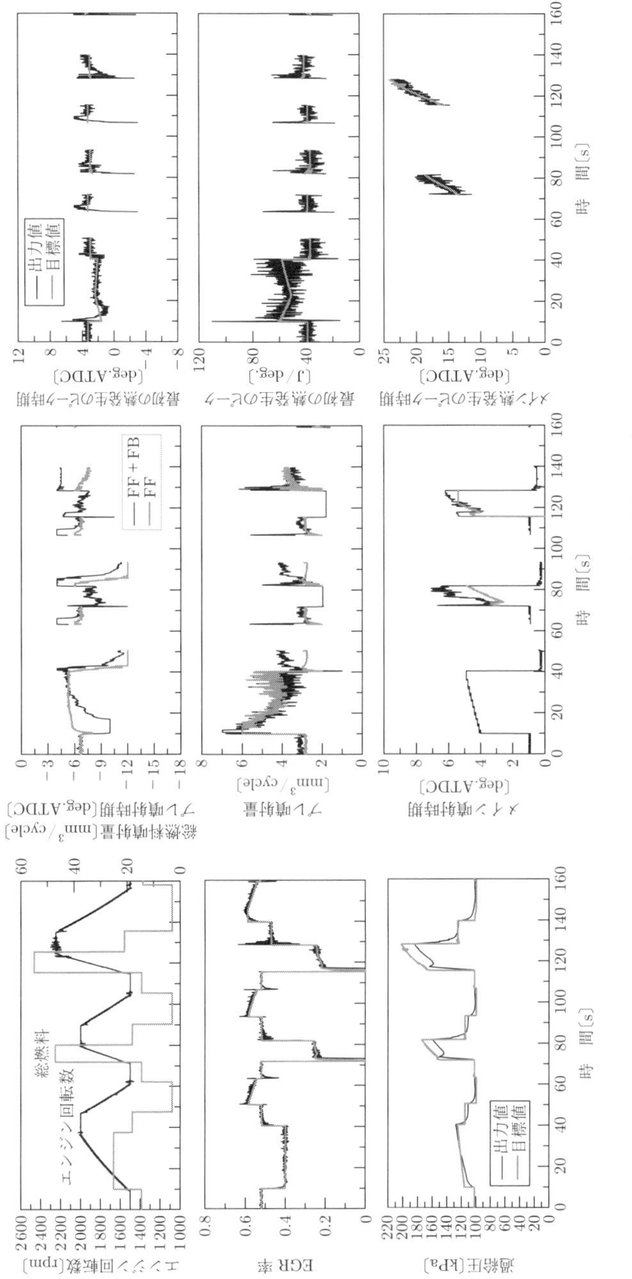

図 5.10　モデルベースト2自由度燃焼制御

る。物理に基づくモデルも完璧にプラントを再現できるものとするのは難しいため，一般的にモデル化誤差をFB制御器によって吸収するのは有効であるが，FB制御器を理論的に設計するには，ある程度信頼できるモデルが必要となる。これまで，エンジン燃焼の制御モデルは，その現象の複雑さばかりにとらわれすぎたのか，適切なものが構築できなかったが，本書に紹介したような簡素化したモデルでも，制御に必要なエッセンス（パラメータの変化に対する傾向）は十分に表現でき，また，そのモデルを使ってFB制御器も設計できるようになる。FB制御器に適応制御理論を利用することで，モデル精度を補償し，またエンジンのような幅広い運転条件にも対応できる制御系となっている。

5.2.4 燃焼FF制御 + FB制御 + 吸排気FF制御 + FB制御

つぎに，物理に基づくモデルを利用した燃焼の2自由度制御に吸排気の2自由度制御も統合（**図5.11**）し，制御試験を行った結果を**図5.12**に示す。物理に基づく吸排気系のモデルを利用したFF制御器とそのモデルにH_∞制御理論を適用したFB制御器を組み合わせることで，過給圧の追従特性が向上していることがわかる。特に低負荷では，過給圧の追従特性が改善したためか，10秒

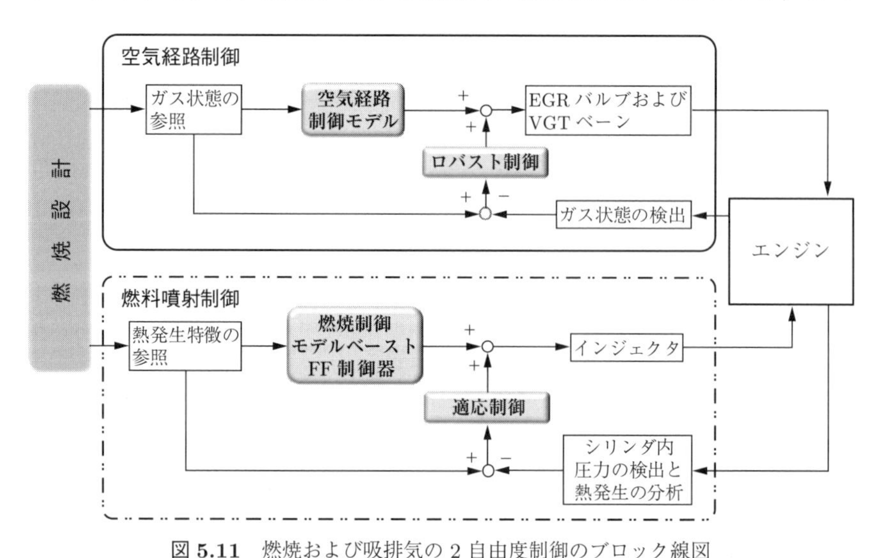

図5.11 燃焼および吸排気の2自由度制御のブロック線図

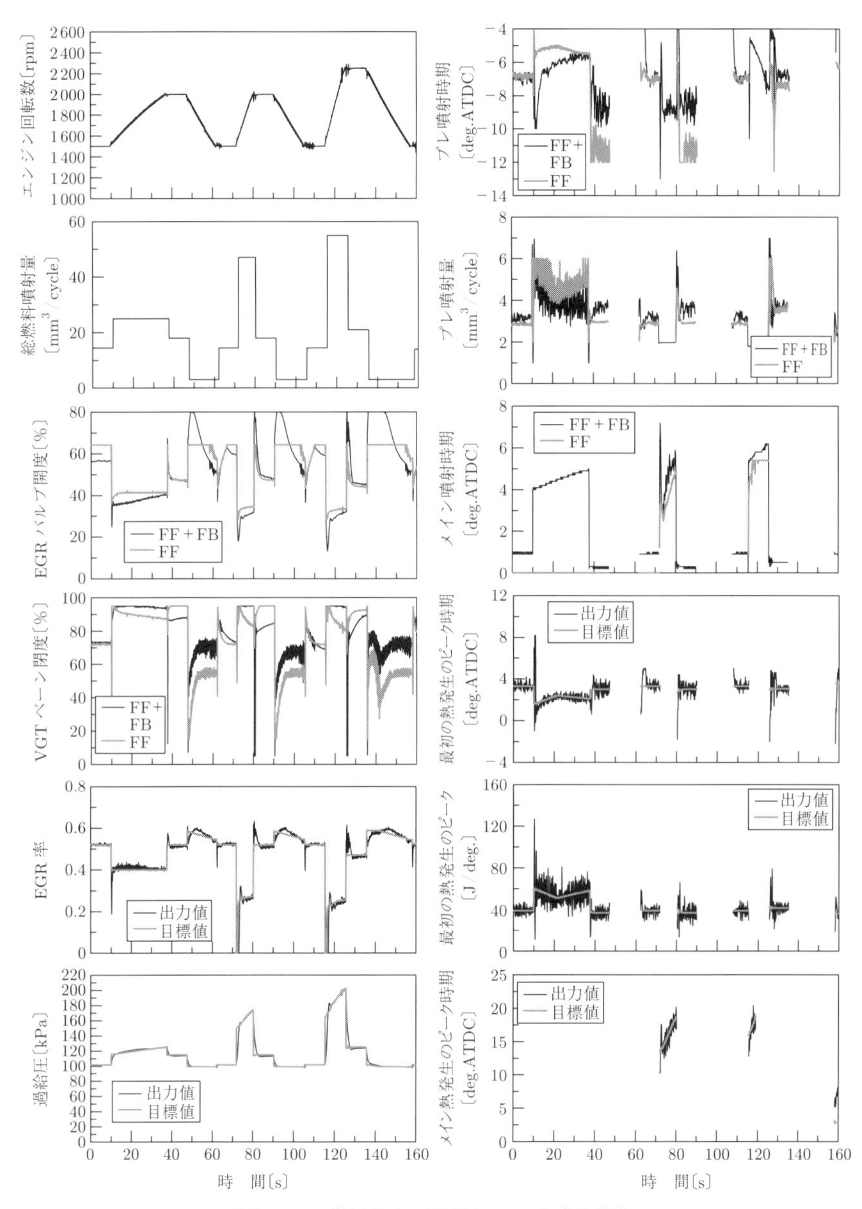

図 5.12 燃焼および吸排気の 2 自由度制御

付近で燃料噴射量がステップ状に上昇した際に，1段目の熱発生のピーク時期の目標値に対する遅れが図5.10の場合と比べて短くなっている一方で，その前後でのオーバシュート，アンダシュートは大きくなっている。吸排気系の制御系を変更したことにより過給圧の追従性は向上したが，EGRは燃料噴射量をステップ状に変化した際に，アンダシュートが大きく出ており，この影響が燃焼に出たものと考えられる。

5.2.5 FB燃焼誤差学習制御

経年変化などが生じると，モデル構築時からエンジンの特性が変化しFF制御器として動作するモデルとの誤差が大きくなり，その結果，2自由度制御の場合にはFB制御器への依存度が大きくなる。FB制御器は，必ず1サイクル以上遅れることや，制御の観点からもFB制御器への依存度を大きくすることは望ましくない。そこで，最後に，学習によってモデルを補正することでFF制御の性能を維持あるいは向上させながら制御を行うアルゴリズムを使用した試験結果を紹介する。制御ブロック線図を**図5.13**に示す。適応制御器のFB出力を減らすように，FF制御器のパラメータを学習していくようになってい

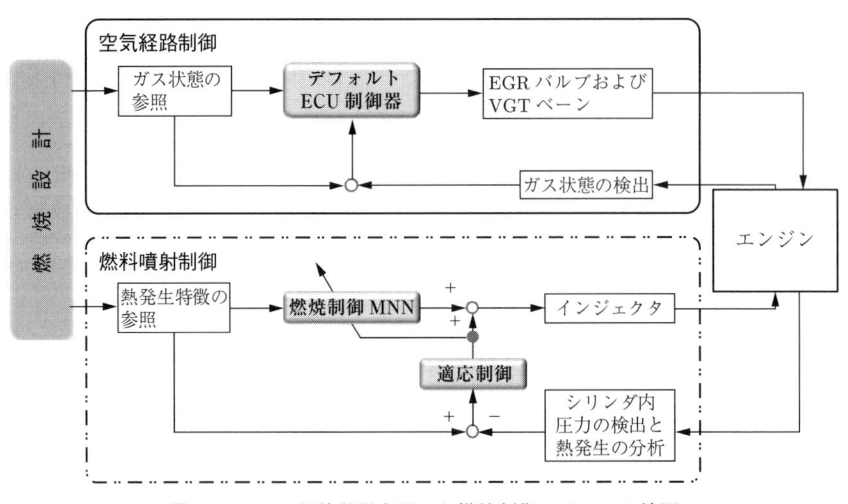

図5.13　FB誤差学習を用いた燃焼制御のブロック線図

る。なお，ここでは学習の対象となるFF制御器としては，学習の導入を容易にするために，これまでの物理構造を持ったモデルを直接使用したものではなく，多層のニューラルネットワーク（MNN）を用いている。MNNは入力層，出力層を含む全5層で，三つの中間層のノード数はいずれも20となっている。MNNの入力は，制御目標となる1段目の熱発生率のピーク値，その時期，エンジン回転数，総燃料噴射量，EGR率，および過給圧の六つの値に対して，現サイクルと過去1サイクルの2サイクル分の合計12の値となっている。MNNの重みなどは，事前に燃焼制御モデルを用いて学習を行い，逆系を取得した後に，制御試験を行った。

オンラインでの学習前（燃焼制御モデルのみで学習）とオンライン学習後（評価パターンの一つ目の山の加速部分のみを対象とし，30回学習した）の実機制御試験の結果について**図5.14**に比較して示す。いずれもFF制御器の学習の効果を把握するため，この結果を取得した際にはFB制御器，学習も停止している。また，吸排気系については，いずれの場合もECU純正の制御系を用いている。制御対象となる1段目の熱発生率のピーク値およびその時期の目標値追従性が，オンライン学習を行ったFF制御器を用いたほうが，燃焼制御モデルのみで学習した場合に比べて，よくなっているのがわかる。

燃焼制御モデルには，図5.6および図5.10の制御試験結果からもわかるように，いくらかのモデル化誤差が存在する。その誤差をオンラインで学習し，燃焼制御モデルそのものではないが，モデルでの学習後を初期状態としたMNNによって構築されたFF制御器のパラメータを調整することで，制御性能が向上している。

なお，MNNの初期状態を適切に設定しないと，エンジンの運転が行えず，オンラインでの学習も進められないため，モデル化誤差は含むものの，燃焼制御モデルもMNNに基づく制御器の初期条件を決定する事前学習に適切な学習データを提供するという意味でここでは重要な役割を果たしており，さらにFB誤差学習を行うためのFB制御器も燃焼制御モデルに基づいて設計されている。NNなどを用いる場合には，一見，物理に基づくモデルは不要になるとも思え

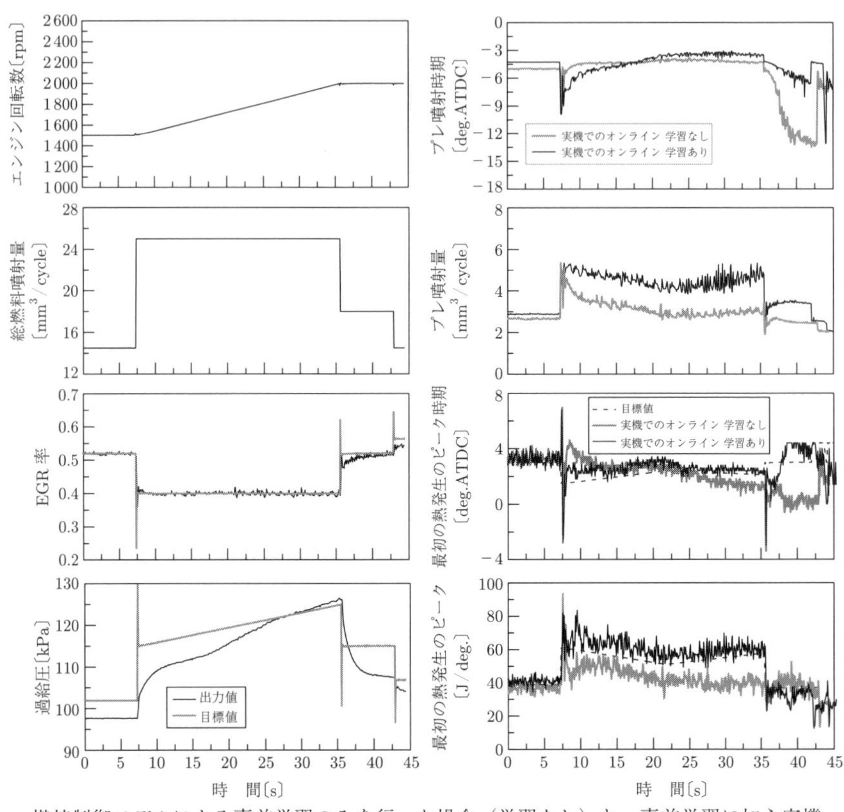

燃焼制御モデルによる事前学習のみを行った場合（学習なし）と，事前学習に加え実機で 30 回オンライン学習を行った場合（学習あり）の MNN による FF 制御の比較

図 5.14　FB 誤差学習を用いた燃焼制御試験

るが，そのようなことは決してなく，学習に用いるデータを作り出す役割を持ち，基盤となるモデルの果たす役割はますます重要になるといえる。

5.3　モデルを用いた制御，制御系設計の有効性と今後の課題

モデルに基づく燃焼と吸排気の制御器の設計，実装，および制御試験の結果から，制御器の重みなど調整すべきパラメータはあるものの，これまでの制御

MAP を使用しなくともエンジンの運転が可能であることが示された。また，簡易的な制御 MAP や統計モデルを用いた試験結果と比べても，次世代の燃焼を安定的に実現し，さらに過渡の性能を向上させ，工数削減の可能性を十分に有していることも示された。

この燃焼と吸排気を統合した制御系は，エンジン性能を決める着火や燃焼に影響を及ぼす状態量を受け渡しながら制御を行うものとなっており，これまでの適合作業者の経験的な部分に依存せず，物理的な因果関係を把握できることで，ほかのエンジンへの展開も容易となると考えられる。モデルに基づく制御設計をさらに精緻なもの，有用なものとするには，まだ考慮できていないような現象について，詳細な既存の物理モデルを簡素化して，制御モデルに組み込む手法の構築や，目標値もモデルによって導出するような仕組みを整えることである。

さらにその先には，自動車をドライバが操作するかぎりは，ドライバの特性や周囲の交通環境によって，運転操作が異なってくる。そのような状況変化に応じて，最適な制御目標値も変化すると考えられる。このような状況も考慮できるよう，IoT でリアルタイムに各車の走行データを収集し，収集された大量のデータを AI などにより処理し，各車の制御目標値や制御モデルのモデルパラメータの更新値として戻し，制御を行うような新たな展開が必要となってくると考えられる（**図 5.15**）。

究極の自動車用エンジン，パワートレインの制御を実現するアーキテクチャーを RAICA（Robust Artificial Intelligent Control Architecture）と名付け，SIP の中で構築したモデルベースト制御を基盤とし，今後は IoT や AI を活かして，ドライバの特性まで考慮できる制御システムの実現に向けた研究，開発を発展的に展開していく（**図 5.16**）。

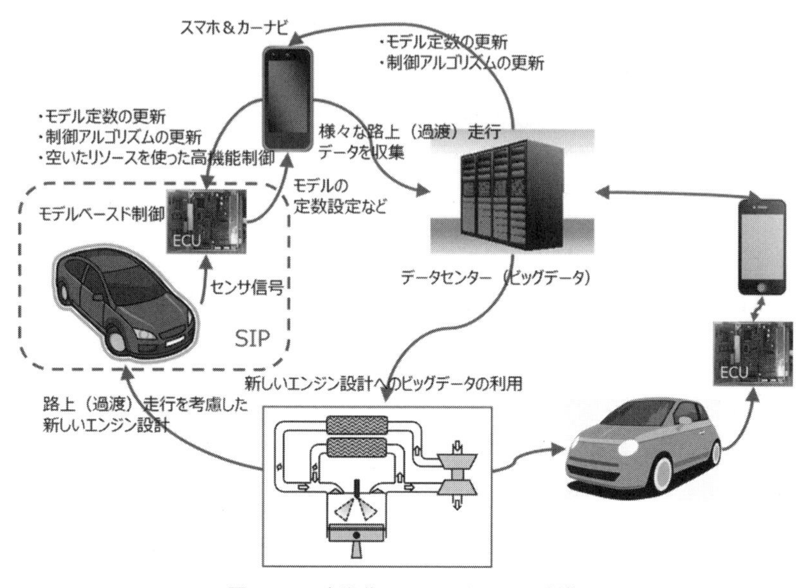

図 **5.15**　次世代のパワートレイン制御

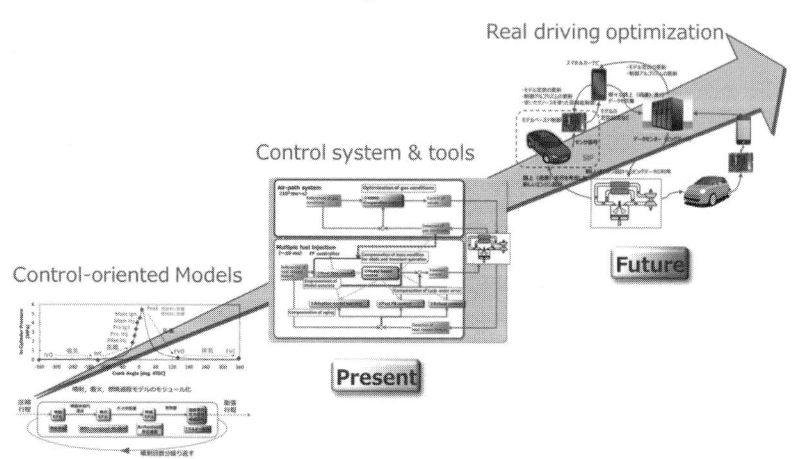

図 **5.16**　モデルベースト制御を基盤にした将来の発展を見据えた制御アーキテクチャー（RAICA）

引用・参考文献

まえがき

1) IEA Web サイト：https://www.iea.org/publications/freepublications/publication/ETP2012_free.pdf †

2) 内閣府 Web サイト：http://www8.cao.go.jp/cstp/gaiyo/sip/

3) SIP 革新的燃焼技術 Web サイト：http://www.jst.go.jp/sip/k01.html

1 章

1) 交通安全環境研究所 Web サイト：
https://www.ntsel.go.jp/kouenkai/h25/1_nishimoto.pdf

2) 国土交通省 Web サイト：http://www.mlit.go.jp/common/001184850.pdf

3) 国土交通省 Web サイト：http://www.mlit.go.jp/common/001191357.pdf

2 章

1) K. Yasuda, Y. Yamasaki, S. Kaneko, Y. Nakamura, N. Iida, and R. Hasegawa: Diesel Combustion Model for On-board Application, International Journal of Engine Research, Vol. 17(7), pp.748–765 (2016)

2) Y. Yamasaki, R. Ikemura, F. Shimizu, and S. Kaneko: Simple combustion model for a diesel engine with multiple fuel injections, International Journal of Engine Research, First Published November 22, DOI:10.1177/1468087417742764 (2017)

3) N. Ravi, A.F. Jungkunz, M.J. Roelle, and J.C. Gerdes, et al: A Physically Based Two-State Model for Controlling Exhaust Recompression HCCI in Gasoline Engines. ASME IMECE 2006–15331 (2006)

4) R.D. Reitz and F.B. Bracco: On the Dependence of Spray Angle and Other Spray Parameters on Nozzle Design and Operating Conditions, SAE Paper 790494 (1979)

5) J.C. Livengood and P.C. Wu: Correlation of Autoignition Phenomena in Internal Combustion Engines and Rapid Compression Machines. 5th Inter-

† 本書に記載する URL は，編集当時（2018 年 10 月）のものであり，変更される場合がある。

national Symposium on Combustion, pp.347–356 (1955)

6) 高橋 幹，山崎由大，酒向優太朗，金子成彦：ディーゼルエンジン制御モデルにおける燃料噴射段数の拡張，2017 内燃機関シンポジウム（福岡）

7) T. Fuyuto, M. Taki, R. Ueda, Y. Hattori, H. Kuzuyama, and T. Umehara : Noise and emissions reduction by second injection in diesel PCCI combustion with split injection, SAE International Journal of Engines, Vol. 7, No.4, pp.1900–1910 (2014)

8) 中山大輔，岡本雄樹，石井宏樹，柴田 元，小川英之：熱発生率の双峰化によるディーゼルエンジン燃焼騒音の低減と性能改善，自動車技術会論文集，Vol. 47, No. 3, pp.649–655（2016）

9) 一柳満久，高良章吾，禹 駿夏，松井大樹，田城賢一，鈴木 隆：ディーゼル機関におけるオンボード用壁温推定のための筒内ガス流動モデルの開発，自動車技術会論文集，Vol. 49, No. 2, pp.162–167（2018）

10) 一柳満久，松井大樹，禹 駿夏，木村俊之，鈴木 隆：ディーゼル機関におけるオンボード用圧縮ポリトロープ指数予測モデルの開発，自動車技術会論文集，Vol. 49, No. 2, pp.168–174（2018）

11) 西川兼康，藤田恭伸，大田治彦：燃焼ガスの熱力学的諸性質の実用簡易計算法について，九州大学大学院総合理工学報告，Vol. 1, No. 2, pp.31–37（1980）

12) 稲垣和久，上田松英，谷 俊宏，高松昌史，高巣祐介：サイクルシミュレーションによるディーゼル燃焼の過渡性能予測（第 3 報），自動車技術会論文集，Vol. 43, No. 1, pp.109–115（2012）

13) G.F. Hohenberg: Advanced approaches for heat transfer calculations, SAE Tech Paper, No. 790825 (1979)

14) C.D. Rakopoulos, G.M. Kosmadakis, and E.G. Pariotis: Critical evaluation of current heat transfer models used in CFD in-cylinder engine simulations and establishment of a comprehensive wall-function formulation, Applied Energy, Vol. 87, No. 5, pp.1612–1630 (2010)

15) T. Suzuki, Y. Oguri, and M. Yoshida: Heat transfer in the internal combustion engines, SAE Tech Paper, No. 2000-01-0300 (2000)

16) 一柳満久，定地隼生，松井大樹，イルマズ エミール，鈴木 隆：ディーゼル機関におけるオンボード用圧縮ポリトロープ指数予測モデルの過渡運転条件への適用，自動車技術会論文集，Vol. 49, No. 5, pp.938–943（2018）

3 章

1) 申 鉄龍，大畠 明：自動車エンジンのモデリングと制御，コロナ社（2011）

2) L. Guzzella and A. Amstutz: Control of Diesel Engines, IEEE Control Systems Magazine, Vol. 18, No. 5, pp.53–71 (1998)
3) L. Guzzella and C.H. Onder: Introduction to Modeling and Control of Internal Combustion Engine Systems, Springer (2010)
4) R. Isermann: Engine Modeling and Control—Modeling and Electronic Management of Internal Combustion Engines, Springer (2014)
5) M. Jankovic, M. Jankovic, and I. Kolmanovsky: Robust nonlinear controller for turbocharged diesel engines, Proc. of the American Control Conference, pp.1389–1394 (1998)
6) M. Jung and K. Glover: Calibrate Linear Parameter-Varying Control of a Turbocharged Diesel Engine, IEEE Trans. on Control Systems Technology, Vol. 14, No. 1, pp.45–62 (2006)
7) 江尻 革，佐々木 順，木下友介，藤本純也，丸山次人，下谷圭司：過渡特性改善のためのディーゼルエンジン吸排気系のモデリングと制御，計測自動制御学会論文集，Vol. 47, No. 9, pp.404–411 (2011)
8) 林 知史，小泉 純，平田光男，高橋 幹，山崎由大，金子成彦：離散化燃焼モデルを用いたディーゼルエンジン吸排気系のモデル構築とフィードフォワード制御，自動車技術会 春季大会学術講演会予稿集，20185307 (2018)
9) M. Jung, R.G. Ford, K. Glover, N. Collings, U. Chrsten, and M.J. Watts: Parameterization and Transient Validation of a Variable Geometry Turbocharger for Mean-Value Modeling at Low and Medium Speed-Load Points, SAE Technical Paper 2002-01-2729 (2002)
10) P. Moraal and I. Kolmanovsky: Turbocharger Modeling for Automotive Control Applications, SAE Technical Paper 1999-01-0908 (1999)
11) J.-P. Jensen, A.F. Kristensen, S.C. Sorenson, and N.Houbak: Mean Value Modeling of a Small Turbocharged Diesel Engine, SAE Technical Paper 910070 (1991)

4 章

1) 平田光男：実践ロバスト制御，コロナ社（2017）
2) K. Zhou, J.C. Doyle, and K. Glover（劉 康志，羅 正華 共訳）：ロバスト最適制御，コロナ社（1997）
3) 劉 康志：線形ロバスト制御，コロナ社（2002）
4) J.C. Doyle, B.A. Francis, and A.R. Tannenbaum（藤井隆雄 監訳）：フィードバック制御の理論—ロバスト制御の基礎理論—，コロナ社（1996）

5) G. Balas, R. Chiang, A. Packard, and M. Safonov: Robust Control Toolbox User's Guide, The MathWorks (2016)

6) 山口高司，平田光男，藤本博志ほか：ナノスケールサーボ制御，東京電機大学出版局（2007）

7) 吉田和夫，野波健蔵，小池裕二，横山 誠ほか：運動と振動の制御の最前線，共立出版（2007）

8) K. Glover and J.C. Doyle: State-space Formulae for All Stabilizing Controllers that Satisfy an H_∞-norm Bound and Relations to Risk Sensitivity, Systems & Control Letters, Vol. 11, pp.167–172 (1988)

9) 岩崎徹也：LMI と制御，昭晃堂（1997）

10) Y.D. Landau: Adaptive Control—The Model Reference Approach, Control and System Theory, Volume 8, Marcel Dekker, Inc. (1979)

11) 岩井善太，水本郁朗，大塚弘文：単純適応制御（SAC），森北出版（2008）

12) I. Mizumoto, T. Chen, S. Ohdaira, M. Kumon, and Z. Iwai: Adaptive Output Feedback Control of General MIMO Systems Using Multirate Sampling and Its Application to a Cart-Crane System, Automatica, Vol. 43, No. 12, pp.2077–2085 (2007)

13) I. Bar-Kana: Positive Realness in Multivariable Stationary Linear Systems. Journal of Franklin Institute, Vol. 328, No. 4, pp.403–417 (1991)

14) I. Mizumoto, D. Ikeda, T. Hirahata, and Z. Iwai: Design of Discrete Time Adaptive PID Control Systems with Parallel Feedforward Compensator, Control Engineering Practice, Vol. 18, No. 2, pp.168–176 (2010)

15) I. Mizumoto, S. Fujii, and J. Tsunematsu: Adaptive Combustion Control System Design of Diesel Engine via ASPR based Adaptive Output Feedback with a PFC, Journal of Robotics and Mechatronics, Vol. 28 No. 5, pp.664–673 (2016)

16) S. Fujii, S. Uchida, and I. Mizumoto: Adaptive Output Feedback Control with One-Step Output Predictive Forward Input for Discrete-Time Systems with a Relative Degree of Zero, Proceedings of the SICE Annual Conference 2017 (2017)

17) 藤井聖也，水本郁朗：入力直達項をもつ多入出力システムに対する適応フィードフォワードを併用した適応出力フィードバック制御系設計，電気学会論文誌 C（電子・情報・システム部門誌），Vol. 138, No. 5, pp.556–565（2018）

18) S. Fujii, S. Uchida, and I. Mizumoto: Adaptive Output Feedback Control

System Design with Adaptive PFC for Combustion Control of Diesel Engine, Proceedings of the 5th IFAC Conference on Engine and Powertrain Control, Simulation and Modeling (E-CoSM 2018), (2018)

19) K. Warwick, et al. (Edited): Neual networks for control and systems, *IEE Control Engineering Series 46*, Peter Peregriuns Ltd. (1992)

20) 岡谷貴之：深層学習，機械学習プロフェッショナルシリーズ，講談社（2015）

21) G. Cybenko: Approsimation by super positions of a sigmodial function, Mathematics of Control Signals and Systems, Vol. 2, pp.303–314 (1989)

22) R. Ikemura, Y. Yamasaki, and S. Kaneko: Study on Model Based Combustion Control of Diesel Engine with Multi Fuel Injection, Journal of Physics Conference Series, Vol. 744, No. 1, 012103 (2016)

23) S. Ikeda and H. Ohmori: Optimal Estimation of Value Function in Reinforcement Learning Concerning with Forgetting Factor and Discount Factor, SICE Annual Conference (SICE2016), pp.1539–1544 (2016)

24) H. Ohmori and A. Sano: A new adaptive law using regularization parameters for robust adaptive, Proceedings of the 26th Conference on Decision and Congtrol (1989)

25) J. Duchi and Y. Singer: Efficient Online and Batch Learning Using Forward Backward Splitting, Journal of Machine Learning Research, Vol. 10, pp.2899–2934 (2009)

26) 池村亮祐，山崎由大，金子成彦：ディーゼルエンジンの離散化燃焼モデルを用いた MIMO 制御システムの検討，第 59 回自動制御連合講演会（2016）

27) 高橋 幹，山崎由大，金子成彦，藤井聖也，水本郁朗：予混合的ディーゼル燃焼の二自由度制御，第 61 回自動制御連合講演会（2018）

28) 平田光男，鈴木雅康，山崎由大，金子成彦：H_∞ 制御理論による多段噴射ディーゼルエンジンの燃焼制御，自動車技術会 秋季大会学術講演会予稿集，20176065（2017）

29) 五味裕章，川人光男：フィードバック誤差学習による閉ループシステムの学習制御，システム制御情報学会論文誌，Vol. 4, No. 1, pp.37–47 (1991)

30) A. Miyamura and H. Kimura: Stability of feedback error learning scheme, Systems & Control Letters, Vol. 45, pp.303–316 (2002)

31) A. Basel, K. Hirata, and K. Sugimoto: Generalization of Feedback Error Learning (FEL) to MIMO Systems, Trans. of the Society of Instrument and Control Engineers, Vol. 43, No. 4, pp.293–302 (2007)

32) I. Mizumoto, D. Ikeda, T. Hirahata, and Z. Iwai: Design of discrete time adaptive PID control systems with parallel feedforward compensator, Control Engineering Practice, Vol. 18, No. 2, pp.168–176 (2010)
33) 藤井聖也，水本郁朗：入力直達項をもつ多入出力システムに対する適応フィードフォワードを併用した適応出力フィードバック制御系設計，電気学会論文誌 C, Vol. 138, No. 5, pp.556–565 (2018)
34) 江口 誠，大森浩充，高橋 幹，山崎由大，金子成彦：多層ニューラルネットワークを用いたフィードバック誤差学習による MIMO ディーゼルエンジンシステムの燃焼制御，第 60 回自動制御連合講演会，SaF3-3（2017）
35) J.S. Albus: A new approach to manipulator control: The cerebellar model articulation controller (cmac), Journal of Dynamic Systems, Measurement and Control, Vol. 97, pp.220–227 (1975)
36) T. Tamura, M. Eguchi, M. Qiao, and H. Ohmori: Diesel Engine Combustion Control with Triple Fuel Injections based on Cerebellar Model Articulation Controller (CMAC) in Feedback Error Learning, The Ninth International Conference on Modeling and Diagnostics for Advanced Engine Systems (COMODIA 2017), C110 (2017)
37) 林 知史，小泉 純，平田光男，高橋 幹，山崎由大，金子成彦：離散化燃焼モデルを用いたディーゼルエンジン吸排気系のモデル構築とフィードフォワード制御，自動車技術会 春季大会学術講演会予稿集，20185307 (2018)
38) 大塚敏之：非線形最適制御入門，コロナ社（2011）
39) M. Huang, H. Nakada, K. Butts, and I. Kolmanovsky: Nonlinear Model Predictive Control of a Diesel Engine Air Path, A Comparison of Constraint Handling and Computational Strategies, IFAC-PapersOnLine, Vol. 48, No. 23, pp.372–379 (2015)
40) 小泉 純，林 知史，平田光男，高橋 幹，山崎由大，金子成彦：H_∞ 制御理論によるディーゼルエンジン吸排気系のロバスト制御，計測自動制御学会 第 5 回制御部門マルチシンポジウム，Fr81-5（2018）
41) 平田光男，長谷川裕美：フィードバック型誤差モデルを用いた H_∞ 制御によるハードディスク制御系の高帯域化，電気学会論文誌 D, Vol. 128-D, No. 10, pp.1211–1218（2008）
42) M. Hirata, T. Hayashi, J. Koizumi, M. Takahashi, Y. Yamasaki, and S. Kaneko: Two-Degree-of-Freedom H_∞ Control of Diesel Engine Air Path System with Nonlinear Feedforward Controller, Proc. of IFAC E-CoSM (2018)

索　　　　引

【せ】

【そ】

【た】

【ち】

【て】

【と】

【に】

【ね】

【の】

【は】

【ひ】

【ふ】

【へ】

【ほ】

【ま】

【み】

【も】

―― 監修者・編著者略歴 ――

金子　成彦（かねこ　しげひこ）

1976年　東京大学工学部機械工学科卒業
1978年　東京大学大学院工学系研究科修士課程修了（舶用機械工学専攻）
1981年　東京大学大学院工学系研究科博士課程修了（舶用機械工学専攻）
　　　　工学博士
1981年　東京大学講師
1982年　東京大学助教授
1985～86年　マギル大学（カナダ）客員助教授
2003年　東京大学大学院教授
　　　　現在に至る

山﨑　由大（やまさき　ゆうだい）

1997年　慶應義塾大学理工学部機械工学科卒業
1999年　慶應義塾大学大学院理工学研究科前期博士課程修了（機械工学専攻）
2003年　慶應義塾大学大学院理工学研究科後期博士課程修了（総合デザイン工学専攻）
　　　　博士（工学）
2003年　東京大学大学院産学官連携研究員
2004年　東京大学大学院助手
2007年　東京大学大学院講師
2011～12年　ミュンヘン工科大学（ドイツ）訪問研究員
2014年　東京大学大学院准教授
　　　　現在に至る

基礎からわかる　自動車エンジンのモデルベースト制御

Model Based Control for Automotive Engines

2019 年 2 月 25 日　初版第 1 刷発行　★

検印省略

監修者	金子　成彦
編著者	山﨑　由大
著　者	大森　浩充
	平田　光男
	水本　郁朗
	一柳　満久
	松永　彰生
	神田　智博
発行者	株式会社　コロナ社
	代表者　牛来真也
印刷所	三美印刷株式会社
製本所	有限会社　愛千製本所

112–0011　東京都文京区千石 4–46–10
発行所　株式会社　コロナ社
CORONA PUBLISHING CO., LTD.
Tokyo Japan
振替 00140–8–14844・電話(03)3941–3131(代)
ホームページ　http://www.coronasha.co.jp

ISBN 978–4–339–04661–8　C3053　Printed in Japan　（中原）